Excel 数据分析

主　编　樊玲　曹聪

北京邮电大学出版社
www.buptpress.com

内 容 简 介

本书使用通俗易懂的语言、丰富的实例、简洁的图表和紧凑的数学公式，讲述了 Excel 在数据分析方面的应用。既介绍了相关的数理统计知识，又与 Excel 操作结合起来，借助可视化图表，为读者展示了 Excel 强大的数据分析能力。

本书内容包括 Excel 2019 简介、随机变量、抽样、参数估计、假设检验、方差分析、相关分析与回归分析、时间序列分析、聚类分析与判别分析。

本书可作为高等院校研究生、本科生及大学预科生的数据分析教材，也可供对数据分析感兴趣的 IT 人员、数据分析师、管理人员阅读参考。

图书在版编目(CIP)数据

Excel 数据分析 / 樊玲，曹聪主编. -- 北京：北京邮电大学出版社，2021.2
ISBN 978-7-5635-6252-7

Ⅰ. ①E… Ⅱ. ①樊… ②曹… Ⅲ. ①表处理软件 Ⅳ. ①TP391.13

中国版本图书馆 CIP 数据核字(2020)第 210325 号

策划编辑：刘纳新　姚　顺　**责任编辑**：刘春棠　**封面设计**：七星博纳

出版发行：北京邮电大学出版社
社　　址：北京市海淀区西土城路 10 号
邮政编码：100876
发 行 部：电话：010-62282185　传真：010-62283578
E-mail：publish@bupt.edu.cn
经　　销：各地新华书店
印　　刷：北京鑫丰华彩印有限公司
开　　本：787 mm×1 092 mm　1/16
印　　张：15.25
字　　数：401 千字
版　　次：2021 年 2 月第 1 版
印　　次：2021 年 2 月第 1 次印刷

ISBN 978-7-5635-6252-7　　定价：39.00 元

·如有印装质量问题，请与北京邮电大学出版社发行部联系·

前　　言

Excel是Office的基本组件，大家可能会经常用到，但大部分人对Excel知之甚少，甚至很多人只会用Excel画表格。本书就是想告诉大家，如何利用最常见的软件Excel来做听起来不那么常见的数据分析工作。

本书不是一本Excel初级教程，它介绍的是Excel数据分析工具和统计函数的应用，因此建议读者有一定的Excel基础。为了方便Excel初级读者学习，本书的第1章对Excel的基础知识以及与统计相关的函数和方法进行了简单介绍。本书也不是一本数理统计的教材。和很多工科读者的习惯一样，我们不对数理统计学的数学定理进行详细的证明和分析，仅学习定理并应用结论。霍金曾经说过，多写一个公式，就会少一半的读者。虽然我们一省再省，最后还是列出来一些基本的统计公式，方便大家查阅。

需要提醒读者的是，实验的过程中，软件能帮助我们快速地得到结论，但是在真正的实验中，并不能完全地依赖软件，一个优质的实验结果更来自你对实验目的的充分理解、对实验过程的独特设计。如果你希望这是一个傻瓜程序，不需要你思考，那么本书或许达不到你的要求。作为一本实验书，建议读者把对应的案例实际操作一遍。为了方便读者更好地学习和应用，本书实际案例的截图很多，阅读的时候需要对照图表和前文的公式或方法才能读懂，我们确实还没有找到更好的说明方法帮助大家理解。

数据是一种资源，可以重复使用、不断产生新的价值。数据到大数据，不仅是量的积累，更是质的飞跃。原本孤立的数据通过被整合、分析变得互相联通，然而大数据并不能被直接拿来使用，统计学依然是数据分析的灵魂。首先，大数据告知信息但不解释信息；其次，事物本身在不断地发展和变化，数据也随之发生着变化。通过数据分析，既研究如何从数据中把信息和规律提取出来，寻找最优化的方案，也研究如何把数据当中的不确定性量化出来。大数据的特点确实对数据分析提出了全新挑战。许多传统统计方法应用到大数据上，巨大的计算量和存储量往往使其难以承受；对结构复杂、来源多样的数据，如何建立有效的统计学模型也需要新的探索和尝试。对于新时代的数据科学而言，这些挑战同时也意味着巨大的机遇，也有可能会产生新的思想、方法和技巧。

本书参考了《概率论与数理统计(第 4 版)》(盛骤、谢式千、潘承毅编,高等教育出版社)、《Excel统计分析典型实例》(马俊编著,清华大学出版社)、《Excel 函数与公式应用大全》(Excel Home 编著,北京大学出版社),同时高诗琪同学参与了本书的编写、整理和统稿工作,在此一并表示感谢。

目　　录

第1章　Excel 简介

Microsoft Excel 是世界上应用最广泛的电子表格程序之一，同时也是 Microsoft Office 套件的一部分。Excel 可以进行各种数据的处理、统计分析和辅助决策操作、数据排序和筛选、自定义公式和文本输入等。Excel 中有大量的公式函数可以应用选择，使用 Microsoft Excel 可以执行计算、分析信息并管理电子表格或网页中的数据信息列表以及数据资料图表制作，支持 Visual Basic For Application 编程，以执行特定功能或重复性高的操作。目前，Microsoft Excel 被广泛应用于管理、统计财经、金融等众多领域。

Excel 的魅力在于它的通用性。虽然 Excel 的优势是进行数字计算，但它对于非数字应用也是非常有用的。Excel 的主要用途包括以下几个方面。

- 数值处理：创建预算、分析调查结果和实施所能想到的任何类型的财务分析。
- 创建图表：创建多种完全可自定义的图表。
- 组织列表：使用行—列布局有效地存储列表。
- 访问其他数据：从多种数据源导入数据。
- 创建图形：使用“形状”和全新的 Smart Art 创建具有专业观感的图表。
- 自动化复杂的任务：借助 Excel 的宏功能，通过单击一次鼠标，执行多次重复任务。

Excel 2019 是目前微软公司提供的 Excel 系列中最新的一个版本，能够以新的、直观的方式查看数据。

- 使用建议的图表和选择预测功能预览趋势。
- 使用 PowerPivot 快速关联表格、运行复杂计算。
- 查询、整理与合并企业及云数据源的数据。
- 使用 Tree Map（树状图）和 Waterfall（瀑布图）等新型图表实现数据可视化。
- 使用 Tell Me（告诉我）搜索栏获取 Excel 即时帮助。

Excel 2019 系统要求如表 1-1 所示。

表 1-1　Excel 2019 系统要求

处理器要求	1 000 MHz 或更快的 x86 或 x64 处理器，采用 SSE2 指令集
操作系统要求	Windows 7 或更高版本、Windows 10 Server、Windows Server 2012 R2、Windows Server 2008 R2 或 Windows Server 2012
内存要求	1 GB RAM（32 位）、2 GB RAM（64 位）
硬盘空间要求	3.0 GB 可用磁盘空间
显示要求	1 024 像素×768 像素分辨率
图形	图形硬件加速需要 DirectX 10 图形卡
多点触控	需要支持触控的设备才能使用任何多点触控功能。不过，所有功能始终可以通过键盘、鼠标、其他标准或无障碍输入设备来使用

本书所有案例均在 Excel 2019 环境下进行操作，除了 Excel 2019 新添的个别函数（如 IFS 等）以外，其余案例均可在 Excel 的其他版本环境下运行。

1.1 Excel 界面简介

在 Excel 中所做的工作是在一个工作簿文件中执行的，打开该文件后有其自己的窗口。可以根据需要打开任意多个工作簿。默认状态下，Excel 工作簿（2007 以后版本）使用 .xlsx 作为文件扩展名。本书均以 Excel 2019 为例，进行操作。

每个工作簿由一个或多个工作表组成，每个工作表由独立的单元格组成。每个单元格包括值、公式或文本。工作表也有不可见的绘图层，该层包含图表、图像和图形。通过单击工作簿窗口底部的标签可访问工作簿中的每个工作表。除此之外，工作簿还可以存储图表。“图表”显示一个单独的图，也可通过单击标签进行访问。Excel 2019 的界面介绍如图 1-1 所示。

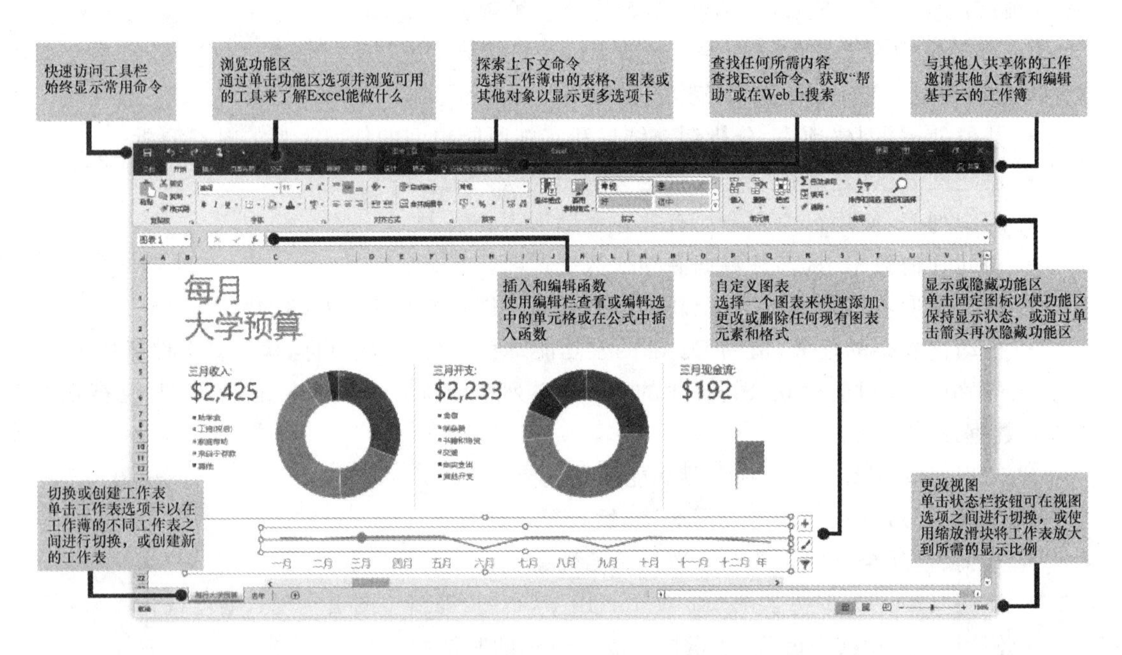

图 1-1　Excel 2019 界面介绍

表 1-2 对图中显示的各个项目进行简要的说明。

表 1-2　需了解的 Excel 界面的各个部分

名　称	描　述
活动单元格指示符	黑色的轮廓表示当前活动的单元格
应用程序关闭按钮	单击该按钮关闭 Excel
窗口关闭按钮	单击该按钮关闭活动中的工作簿
列字母	字母范围从 A 到 XFD 列——对应于工作表中 16 384 列中的每一列。可单击列标题选择单元格的整列
文件按钮	该按钮可引出编辑文档时的很多选项或者通用的 Excel 选项

续 表

名　称	描　述
公式栏	将信息或者公式输入 Excel 时，它们会出现在该栏中
水平滚动条	可水平滚动工作表
最大化/还原按钮	单击该按钮可以增加工作簿窗口的尺寸直到填满工作簿的整个工作区，如果窗口已经最大化，单击该按钮可以还原 Excel 窗口，使其不再填满整个屏幕
最小化程序按钮	单击该按钮最小化 Excel 窗口
窗口最小化按钮	单击该按钮最小化工作簿窗口
名称框	显示活动单元格地址或所选单元格名称、范围或对象
页面视图按钮	通过单击其中一个按钮可以更改工作簿的显示方式
快速访问工具栏	通过自定义来显示常用命令的工作栏
功能区	查找 Excel 命令的主位置，单击选项卡列表中的项目更改显示的功能区
行号	号码从 1 到 1 048 576——每个数字对应工作表中的一行。可以单击行号选择单元格中的整行
工作表标签	每一个类似笔记本的标签代表工作簿中的一个不同的表，一个工作簿中可以有任意数量的表，每个表的名字都显示在标签上。Excel 2019 在默认状态下，每个新建的工作簿含有 1 个表，可以通过单击"插入工作表"按钮添加一个新表
工作表标签滚动按钮	可滚动工作表标签以显示不可见的标签
选项卡列表	显示不同的功能区命令，类似于菜单
标题栏	显示程序的名称及当前工作簿的名称
垂直滚动条	可垂直滚动工作表
缩放(Zoom)控件	可任意放大或缩小工作表

Excel 2019 同样取消了传统的菜单操作方式，而使用各种功能区。在 Excel 2019 窗口上方看起来像菜单的名称其实是功能区的名称，当单击这些名称时并不会打开菜单，而是切换到与之相对应的功能区面板。每个功能区根据功能的不同又分为若干个组。

根据所选择的选项卡不同，功能区中可用的命令将有所不同。功能区按照一组相关的命令进行排列。下面简要说明 Excel 的选项卡。

(1)"开始"选项卡中包括剪贴板、字体、对齐方式、数字、样式、单元格和编辑几个组，如图 1-2 所示。此功能主要用于对 Excel 2019 表格进行文字编辑和单元格的格式设置，是最常用的功能区。

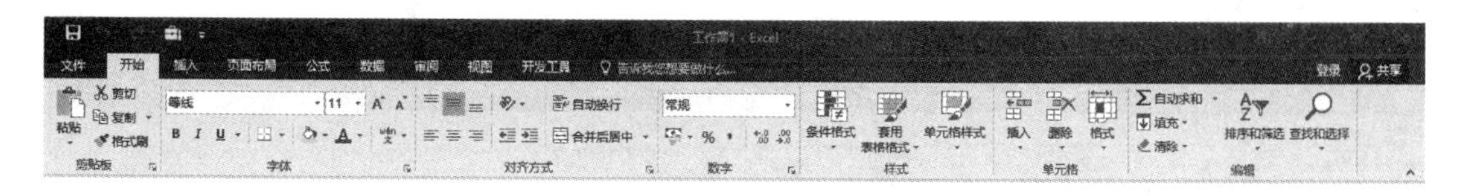

图 1-2　"开始"选项卡

(2)"插入"选项卡中包括表格、插图、加载项、图表、演示、迷你图、筛选器、链接、文本和符号几个组，如图 1-3 所示。当需要在工作表中插入各种对象时选择该选项卡。

图 1-3 “插入”选项卡

(3)“页面布局”选项卡中包括主题、页面设置、调整为合适大小、工作表选项、排列几个组，如图 1-4 所示。此功能用于帮助用户设置 Excel 2019 工作簿页面样式，包括影响整个工作表外观的命令，也包含打印设置。

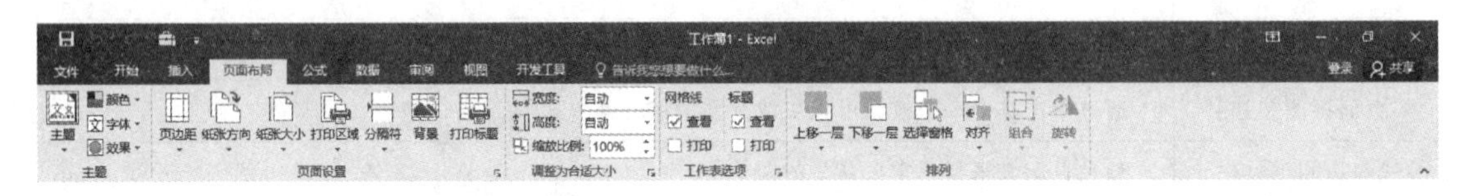

图 1-4 “页面布局”选项卡

(4)“公式”选项卡包括函数库、定义的名称、公式审核和计算几个组，如图 1-5 所示。此功能主要用于在 Excel 2019 表格中进行各种数据计算。

图 1-5 “公式”选项卡

(5)“数据”选项卡包括获取外部数据、获取和转换、连接、排序和筛选、数据工具、预测、分级显示和分析几个分组，如图 1-6 所示。此功能主要用于在 Excel 2019 表格中进行数据处理相关的操作。

图 1-6 “数据”选项卡

(6)“审阅”选项卡包括校对、中文简繁转换、见解、语言、批注和更改几个组，如图 1-7 所示。此功能主要用于对 Excel 2019 表格进行校对和修订等操作，也包含拼写检查、翻译文字、添加批注或保护工作表工具。

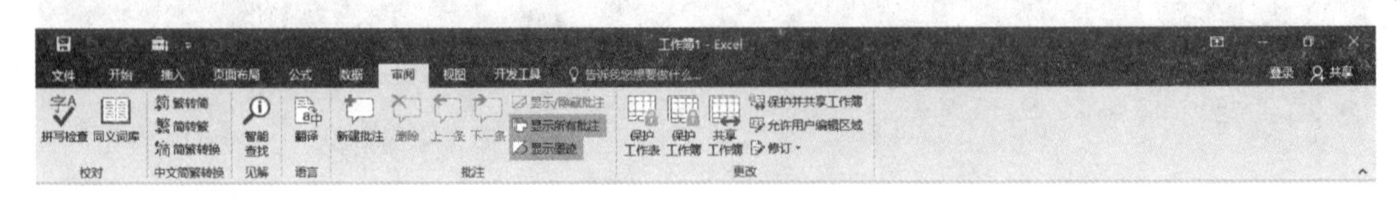

图 1-7 “审阅”选项卡

(7)“视图”选项卡包括工作簿视图、显示、显示比例、窗口和宏几个分组，如图 1-8 所示。

此功能主要用于设置 Excel 2019 表格窗口的视图类型。

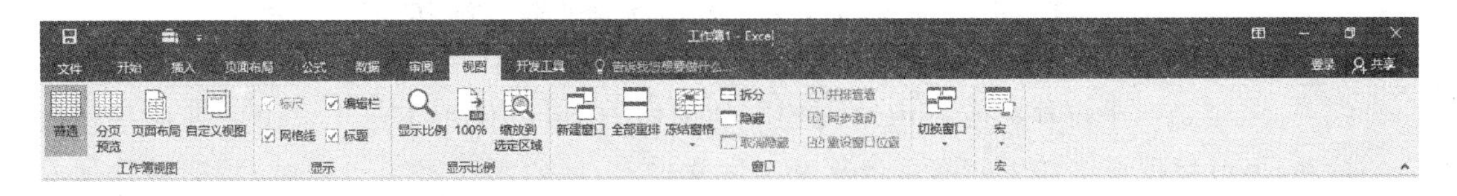

图 1-8　“视图”选项卡

(8) “开发工具”选项卡包括代码、加载项、控件和 XML 几个组,如图 1-9 所示。此功能主要是方便程序员使用,利用它可以进行一些编程工作,插入表单控件和 Activex 控件等。

图 1-9　“开发工具”选项卡

注意:“开发工具”选项卡在默认状态下是不可见的,需要用户选择添加显示。要显示“开发工具”选项卡,选择“Excel 按钮”菜单中的“选项”命令,并选择“自定义功能区”,勾选“主选项卡”中的“开发工具”复选框,如图 1-10 所示。

图 1-10　添加“开发工具”选项卡

1.2 Excel 公式与函数初步

Excel 不仅是一个可在列或行中输入数字的网格，还可以使用 Excel 求出一列或一行数字的总和，也可根据自己插入的变量计算抵押贷款付款、解答数学或工程问题、找到最佳情况方案。

Excel 公式是 Excel 工作表中进行数值计算的等式，Excel 公式用于对工作表中的数据执行计算或其他操作。Excel 公式的组成包括一个等号"＝"和一个或者多个运算码。运算码包含下列所有内容或其中之一：函数、引用、运算符和常量，如图 1-11 所示。

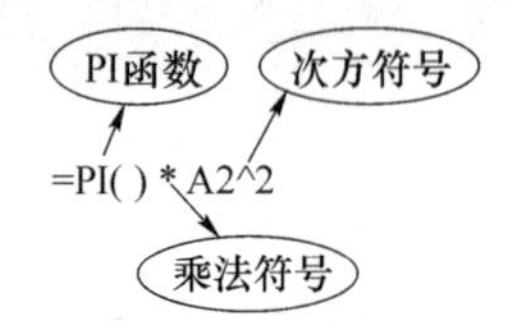

图 1-11 Excel 公式

- 函数：PI( ) 函数返回 PI 值：3.14159……
- 引用：A2 返回单元格 A2 中的值。
- 常量：直接输入公式中的数字或文本值，如 2。
- 运算符：*（星号）运算符表示数字的乘积，而 ^（脱字号）运算符表示数字的乘方。

1. 运算符

运算符可指定要对公式元素执行的计算类型。Excel 遵循常规数学规则进行计算，即括号、指数、加减乘除，或首字母缩写 PEMDAS (Please Excuse My Dear Aunt Sally)。可使用括号更改计算次序。

计算运算符分为 4 种不同类型：算术、比较、文本连接和引用。

(1) 算术运算符

若要进行基本的数学运算（如加法、减法、乘法或除法）、合并数字以及生成数值结果，可使用表 1-3 所示的算术运算符。

表 1-3 算术运算符

算术运算符	含　义	示　例
＋(加号)	加法	＝3＋3
-(减号)	减法 负数	＝3－3 ＝－3
*(星号)	乘法	＝3 * 3
/(正斜杠)	除法	＝3/3
%(百分号)	百分比	30%
^(脱字号)	乘方	＝3^3

(2) 比较运算符

可使用表 1-4 所示的运算符比较两个值。使用这些运算符比较两个值时，结果为逻辑值

TRUE 或 FALSE。

表 1-4　比较运算符

比较运算符	含　义	示　例
＝(等号)	等于	＝A1＝B1
＞(大于号)	大于	＝A1＞B1
＜(小于号)	小于	＝A1＜B1
＞＝(大于或等于号)	大于或等于	＝A1＞＝B1
＜＝(小于或等于号)	小于或等于	＝A1＜＝B1
＜＞(不等号)	不等于	＝A1＜＞B1

(3) 文本连接运算符

可以使用与号（&）连接(联接)一个或多个文本字符串，以生成一段文本，如表 1-5 所示。

表 1-5　文本连接运算符

文本连接运算符	含　义	示　例
&(与号)	将两个值连接(或串联)起来产生一个连续的文本值	(1) ＝"North"&"wind" 的结果为 "Northwind" (2) A1 代表 "Last name",B1 代表 "First name",则 ＝A1&", "&B1 的结果为 "Last name, First name"

(4) 引用运算符

可以使用表 1-6 所示的引用运算符对单元格区域进行合并计算。

表 1-6　引用运算符

引用运算符	含　义	示　例
:	区域运算符，生成一个对两个引用之间所有单元格的引用(包括这两个引用)	B5:B15
,	联合运算符，将多个引用合并为一个引用	＝SUM(B5:B15,D5:D15)
(空格)	交集运算符，生成一个对两个引用中共有单元格的引用	B7:D7 C6:C8

2. 公式

公式的录入有三种方法。

(1) 直接输入

例如，要计算算式 2×3＋5，那么在相应单元格内输入"＝2 * 3＋5"，如图 1-12 所示。

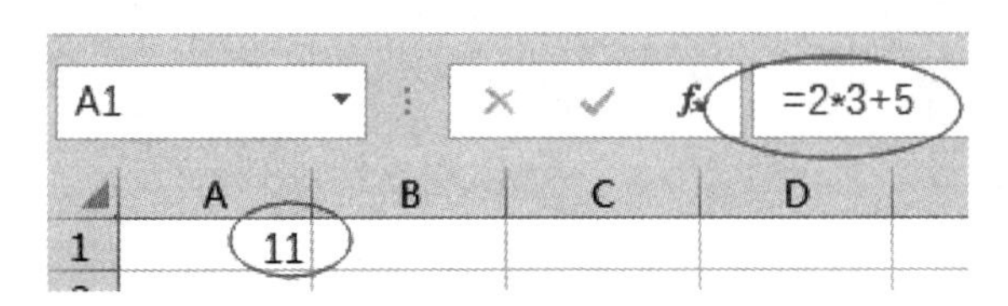

图 1-12　直接输入数据

输出单元格显示结果“11”，而编辑框内显示公式“＝2 * 3＋5”。

如果在公式中使用常量而不是对单元格的引用（例如＝2 * 3＋5），则仅在修改公式时结果才会变化。通常，为了轻松查找和更改常量，会将常量放置在指定单元格内，然后在公式中引用这些单元格。

（2）输入计算式

有时候我们需要对指定单元格的值进行计算，而不是具体的数值计算，这时计算结果会随着指定单元格值的变化而变化。

例 1.1 在图 1-13 中，将单元格 A1、B1 和 C1 中的值相加。

	A	B	C
1	7	96	42
2	23	3	23
3	27	29	22
4	71	47	52
5	70	95	6
6	65	36	92

图 1-13 求和数据

要将单元格 A1、B1 和 C1 中的值相加，那么在单元格内输入“＝A1＋B1＋C1”，如图 1-14 所示。

D1 ▾ : × ✓ fx =A1+B1+C1

	A	B	C	D	E
1	7	96	42	145	
2	23	3	23		
3	27	29	22		
4	71	47	52		
5	70	95	6		
6	65	36	92		

图 1-14 输入计算式

输出单元格显示结果“145”，而编辑框内显示公式“＝A1＋B1＋C1”。

（3）调用函数输入

例 1.1 也可以调用函数完成求和运算，在相应单元格中输入 “＝SUM（A1：C1）”，如图 1-15 所示。

D1 ▾ : × ✓ fx =SUM(A1:C1)

	A	B	C	D	E
1	7	96	42	145	
2	23	3	23		
3	27	29	22		
4	71	47	52		
5	70	95	6		
6	65	36	92		

图 1-15 调用函数输入

3. 函数

表 1-7 为最常用的 10 个 Excel 函数。

表 1-7　Excel 中常用的 10 个函数

函　数	说　明
SUM	此函数用于对单元格中的值求和
IF	此函数用于在条件为真时返回一个值,条件为假时返回另一个值
LOOKUP	需要查询一行或一列并查找另一行或列中相同位置的值时,使用此函数
VLOOKUP	如果需要按行查找表或区域中的内容,使用此函数。例如,按员工号查找某位员工的姓氏,或通过查找员工的姓氏查找该员工的电话号码(就像使用电话簿)
MATCH	此函数用于在单元格区域中搜索某项,然后返回该项在单元格区域中的相对位置
CHOOSE	此函数用于根据索引号从最多 254 个数值中选择一个
DATE	此函数用于返回代表特定日期的连续序列号。此函数在公式而非单元格引用提供年、月和日的情况中非常有用
DAYS	此函数用于返回两个日期之间的天数
FIND、FINDB	函数 FIND 和 FINDB 用于在第二个文本串中定位第一个文本串。这两个函数返回第一个文本串的起始位置的值,该值从第二个文本串的第一个字符算起
INDEX	此函数用于返回表格或区域中的值或值的引用

下面以最常见的 IF 函数为例,对 Excel 中的函数进行介绍。IF 函数主要的功能是对结果值和期待值进行逻辑比较,判断是否满足某个条件,如果满足该条件则返回一个值,如果不满足则返回另一个值。

IF 函数语法为

IF(Logical_test,Value_if_true,Value_if_false)

IF 函数参数如图 1-16 所示。

- Logical_test:必需,表示判断的条件。
- Value_if_true:必需,表示如果判断条件为真时显示的值。
- Value_if_false:必需,表示如果判断条件为假时显示的值。

因此,IF 语句可能有两个结果。第一个结果是比较结果为 True,第二个结果是比较结果为 False。

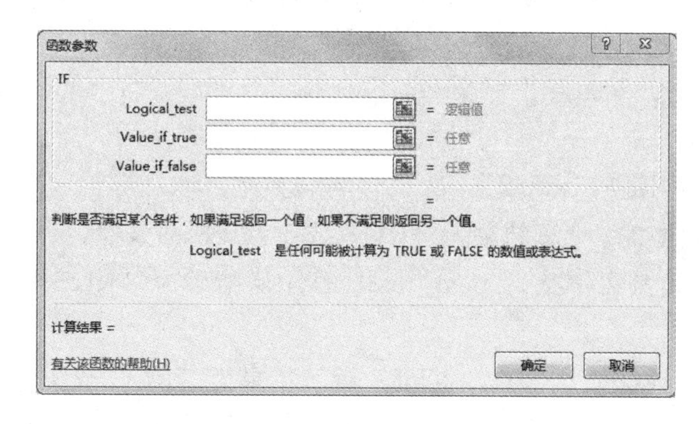

图 1-16　IF 函数参数

例如“=IF(C2="Yes",1,2)”,该公式表示,如果单元格 C2 的值为“Yes”,则返回 1,否则返回 2。

IF 函数可用于计算文本和数值,还可用于计算错误。不仅可以检查一项内容是否等于另一项内容并返回单个结果,还可以根据需要使用数学运算符并执行其他计算。此外,还可将多个 IF 函数嵌套在一起来执行多个比较。

注意:

① 如果要在公式中使用文本,需要将文字用引号括起来(例如“Text”)。唯一的例外是使用 TRUE 和 FALSE 时,Excel 能自动理解它们。

② IF 函数中符号的输入法必须选择英文半角。

例如“=IF(C2>B2,"Over Budget","Within Budget")”,该公式表示如果单元格 C2 的值大于单元格 B2 的值,则返回“Over Budget”,否则就返回“Within Budget”。

例如“=IF(C2>B2,C2-B2,0)”,该公式表示如果单元格 C2 的值大于单元格 B2 的值,则返回单元格 C2 与 B2 的差,否则返回 0。

例如“=IF(E7="Yes",F5*0.0825,0)”,该公式表示如果单元格 E7 的值为“Yes”,则计算单元格 F5 的值与 8.25% 的乘积,否则返回 0。

通常来说,将文本常量(可能需要时不时进行更改的值)直接代入公式的做法不是很好,因为将来很难找到和更改这些常量。最好将常量放入自己的单元格,一目了然,也便于查找和更改。对于简单 IF 函数而言,只有两个结果 True 或 False,而嵌套 IF 函数有 3~64 个结果。

例如“=IF(D2=1,"YES",IF(D2=2,"No","Maybe"))”,该公式表示如果单元格 D2 的值等于 1,则返回文本“Yes”,如果单元格 D2 的值等于 2,则返回文本“No”,如果都不满足的话,返回文本“Maybe”。

注意:公式的末尾有两个右括号。需要两个括号来完成两个 IF 函数,如果在输入公式时未使用两个右括号,Excel 将尝试为你更正。

IF 函数返回对一个条件的逻辑比较,当需要进行多个条件的逻辑比较时,IF 函数不得不使用嵌套 IF 语句的方式解决。由于多个条件按正确顺序输入可能非常难构建、测试和更新,Excel 2019 提供了一个新函数 IFS,可以执行对多个条件的逻辑比较,取代多个嵌套 IF 语句,并且有多个条件时更方便阅读。

IFS 函数检查是否满足一个或多个条件,且返回符合第一个 TRUE 条件的值。IFS 函数语法具有下列参数:

IFS(Logical_test1, Value_if_true1, [Logical_test2, Value_if_true2], [Logical_test3,Value_if_true3], …)

IFS 函数参数如图 1-17 所示。

- Logical_test1:必需,计算结果为 TRUE 或 FALSE 的条件。
- Value_if_true1:必需,当 Logical_test1 的计算结果为 TRUE 时要返回结果。可以为空。
- Logical_test2…Logical_test127:可选,计算结果为 TRUE 或 FALSE 的条件。
- Value_if_true2…Value_if_true127:可选,当 Logical_test*N* 的计算结果为 TRUE 时要返回结果。每个 Value_if_true*N* 对应于一个条件 Logical_test*N*。可以为空。

IFS 语句可能有多个结果，不同的结果返回不同的值。

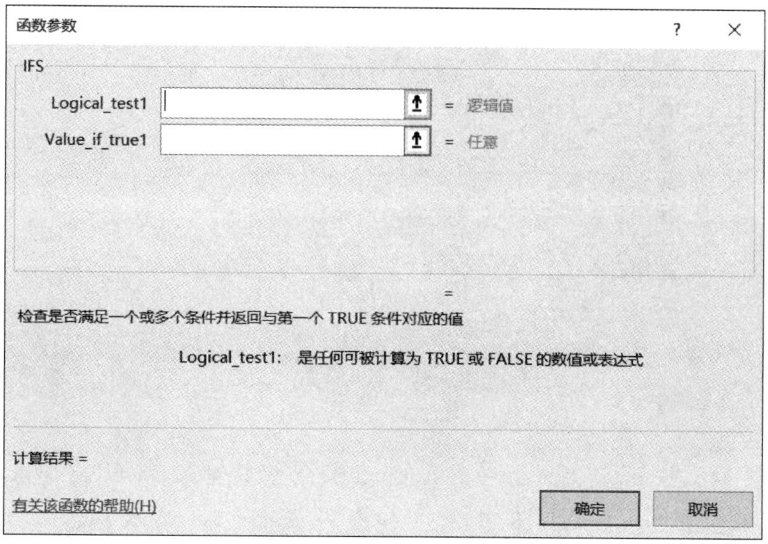

函数参数 ? ×

IFS

Logical_test1 = 逻辑值

Value_if_true1 = 任意

=

检查是否满足一个或多个条件并返回与第一个 TRUE 条件对应的值

Logical_test1: 是任何可被计算为 TRUE 或 FALSE 的数值或表达式

计算结果 =

有关该函数的帮助(H) 确定 取消

图 1-17 IFS 函数参数

注意：IFS 函数允许测试最多 127 个不同的条件。IFS 函数的目的在于取代 IF 的多次嵌套，因此不建议在 IF 或 IFS 语句中嵌套过多条件。

例如，如图 1-18 所示，单元格 A2:A6 的公式为

= IFS(A2>89,"A",A2>79,"B",A2>69,"C",A2>59,"D",TRUE,"F")

即如果 A2 大于 89，则返回“A”，如果 A2 大于 79，则返回“B”，依此类推，对于所有小于 59 的值，返回“F”。

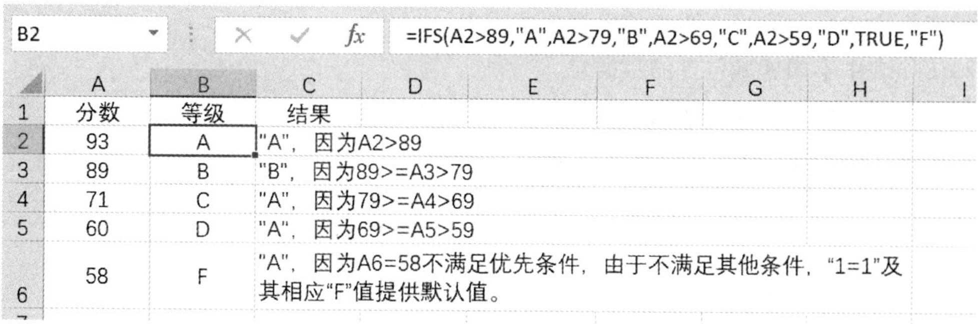

B2 =IFS(A2>89,"A",A2>79,"B",A2>69,"C",A2>59,"D",TRUE,"F")

	A	B	C
1	分数	等级	结果
2	93	A	"A"，因为A2>89
3	89	B	"B"，因为89>=A3>79
4	71	C	"A"，因为79>=A4>69
5	60	D	"A"，因为69>=A5>59
6	58	F	"A"，因为A6=58不满足优先条件，由于不满足其他条件，"1=1"及其相应"F"值提供默认值。

图 1-18 IFS 函数

又例如，如图 1-19 所示，单元格 G7 中的公式是

= IFS(F2 = 1,D2,F2 = 2,D3,F2 = 3,D4,F2 = 4,D5,F2 = 5,D6,F2 = 6,D7,F2 = 7,D8)

即如果单元格 F2 中的值等于 1，则返回的值位于单元格 D2，如果单元格 F2 中的值等于 2，则返回的值位于单元格 D3，依此类推，如果其他条件均不满足，则最后返回的值位于单元格 D8。

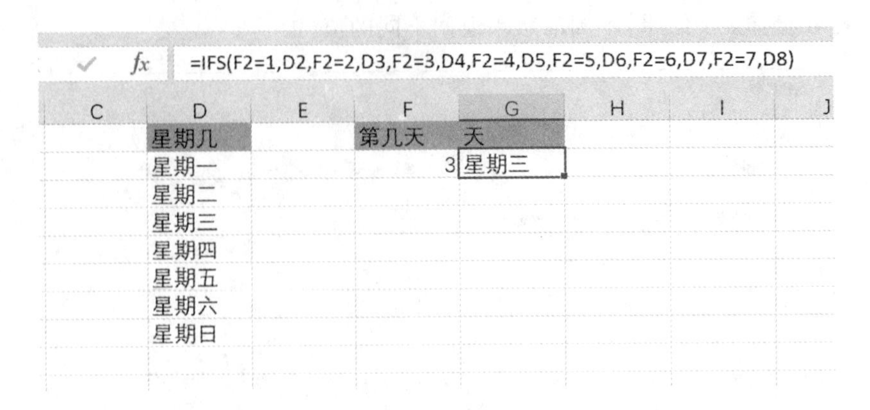

图 1-19　IFS 函数

注意：

① 若要指定默认结果，请对最后一个 Logical_test 参数输入 TRUE。如果不满足其他任何条件，则将返回相应值。在图 1-18 中，行 6 和行 7(成绩为 58)展示了这一结果。

② 如果提供了 Logical_test 参数，但未提供相应的 Value_if_true，则此函数显示"你为此函数输入的参数过少"的错误消息。

1.3　Excel 中的单元格引用

单元格引用是指对工作表中的单元格或单元格区域的引用，它可以在公式中使用，以便 Microsoft Excel 可以找到需要公式计算的值或数据。

在一个或多个公式中，可以使用单元格引用来引用：

- 工作表中一个或多个相邻单元格内的数据；
- 工作表中不同区域包含的数据；
- 同一工作簿的其他工作表中的数据。

单元格引用示例如表 1-8 所示。

表 1-8　单元格引用示例

公　式	引　用	返　回
=C2	单元格 C2	单元格 C2 中的值
=A1:F4	单元格 A1 到 F4	所有单元格中的值，但必须在输入公式后按 Ctrl+Shift+Enter 组合键
=资产-债务	名为"资产"和"债务"的单元格	名为"资产"的单元格减去名为"债务"的单元格的值
{=Week1+Week2}	名为 Week1 和 Week2 的单元格区域	作为数组公式，名为 Week1 和 Week 2 的单元格区域的值的和
=Sheet2! B2	Sheet2 上的单元格 B2	Sheet2 上单元格 B2 中的值

单元格的引用方式包括相对引用、绝对引用和混合引用，不同的引用方式通过使用"$"进行区分，使用 F4 进行切换。默认情况下，单元格引用是相对的。

1. 相对引用

相对引用是指公式所在的单元格与公式中引用的单元格之间的位置是相对的，如果公式所在的单元格位置发生了变化，那么所引用的单元格也会随之发生变化。

所以在相对引用中，通过复制或其他操作移动函数后，Excel 会自动调整移动后函数的相对引用，使之能够引用相对于当前函数所在单元格位置的其他单元格。

例如，若把包含相对单元格引用的公式从单元格 A2 复制到单元格 C2，那么实际上公式里所有的相对引用单元格都会保持行号不变，而列号向右移动两列。也就是说，包含相对单元格引用的公式会因为将它从一个单元格复制到另一个单元格而改变。

继续例 1.1，将鼠标指针移动到单元格 D1 的右下角，鼠标指针变成黑色十字形(如图 1-20 所示)，按住鼠标左键向下拖拽，那么单元格 D1 内的公式就会被复制到单元格 D2～D6 内(如图 1-21 所示)，值得注意的是，如果将单元格 D1 中的公式“＝SUM(A1:C1)”复制到单元格 D2，D2 中的公式将向下调整一行，成为“＝SUM(A2:C2)”。如果将公式复制到单元格 D3，D3 中的公式将向下调整一行，成为“＝SUM(A3:C3)”(如图 1-22 所示)。

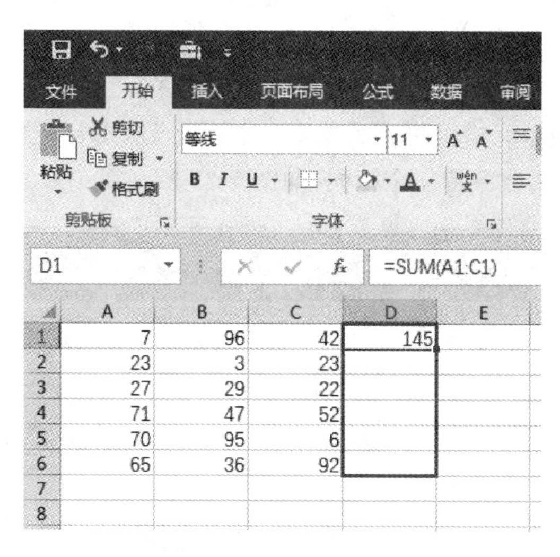

图 1-20　求和公式

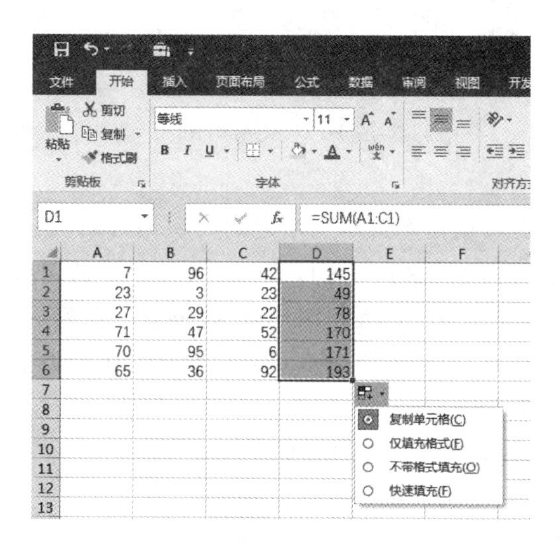

图 1-21　相对引用

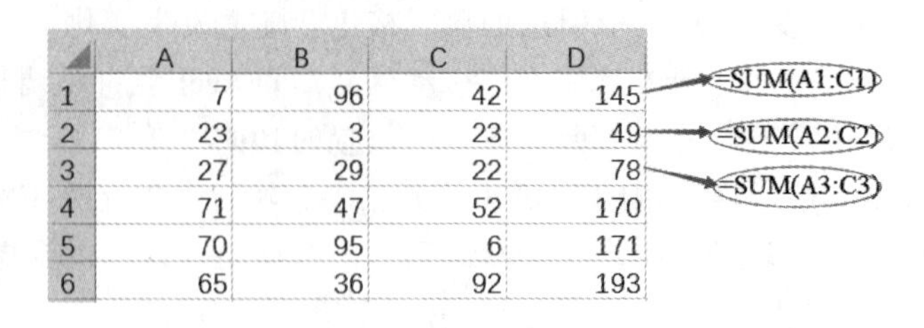

图 1-22 各行公式中的相对引用

2. 绝对引用

绝对引用是指被引用的单元格与公式所在单元格的位置是绝对的，也就是不管公式被复制到什么位置，公式中所引用的单元格位置都不会发生变化，其书写形式为 $A$1。一个“$”就是一把锁，锁住行或者列。绝对引用中有两把锁，锁“$”在谁的前面就是锁住谁。例如，$A$1 中就有两把锁 $，一把锁行，一把锁列。

例 1.1 中，如果希望在复制时保留此示例中的原始单元格引用，需要在列(A 和 B)和行(1) 之前加上符号 $ 来使单元格引用变为绝对。然后，当从 D1 复制公式“=SUM($A$1:$C$1)”到 D2 时，该公式会保持完全相同，如图 1-23 所示。

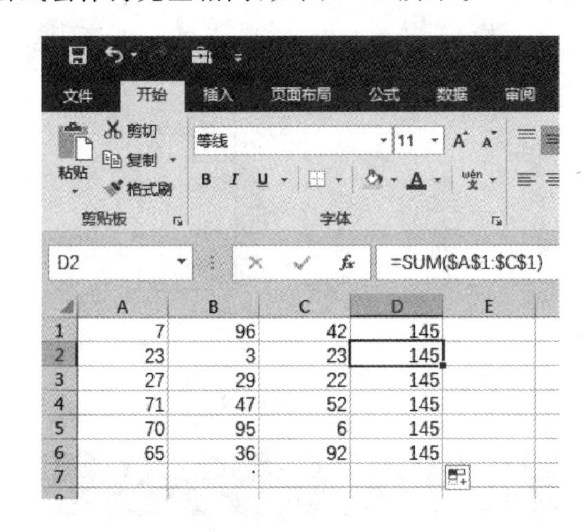

图 1-23 绝对引用

3. 混合引用

混合引用是一种介于相对引用和绝对引用之间的引用，即在引用的单元格的行和列之中一个是相对的，一个是绝对的，如 $A1、A$1，其中 $ 在哪个字符之前，哪个就是绝对的。

在不频繁的情况下，如果希望使单元格引用变为“混合”，在列或行前加“$”符号以“锁定”列或行(例如，$A2 或 B$3)。可用以下步骤更改单元格引用的类型。

(1) 选择包含公式的单元格。

(2) 在“编辑栏”按钮图像中，选择要更改的引用。

(3) 按 F4 键在引用类型之间切换。

表 1-9 总结了当将包含引用的公式向下和向右复制两个单元格时引用类型的更新方式。

表 1-9　相对引用、绝对引用与混合引用

对于正在复制的公式	如果引用是	它会更改为
正从 A1 被复制到向下和向右移两个单元格的公式	\$A\$1(绝对列和绝对行)	\$A\$1(引用是绝对的)
	A\$1(相对列和绝对行)	C\$1(引用是混合型)
	\$A1(绝对列和相对行)	\$A3(引用是混合型)
	A1(相对列和相对行)	C3(引用是相对的)

例 1.2　某公司有 A～F 共 6 类产品，利润率均为 20%，单价和销售量分布如表 1-10 所示，试求各类别以及汇总的销售额与利润。

表 1-10　产品的单价和销售量

类别	单价	销售量	销售额	利润
A	30	10		
B	26	13		
C	32	9		
D	40	5		
E	25	13		
F	19	20		
G	40	3		
汇总				

【实验步骤】

(1) 销售额等于单价乘以销售量，首先计算 A 类别的销售额，在单元格 F4 中输入"=D4 * E4"，并回车。

(2) 拖动单元格 F4 填充柄，将公式复制到单元格 F5 到 F10。

(3) 利润等于销售额乘以利润率，在单元格 G4 中输入"=F4 * \$G\$2"，并回车，如图 1-24 所示。

(4) 按照上述操作复制 G4 公式到 G5 至 G10 单元格。

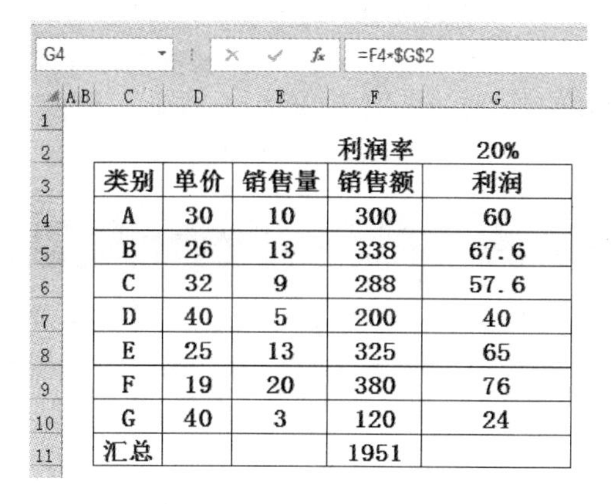

G4　=F4*\$G\$2

			利润率	20%
类别	单价	销售量	销售额	利润
A	30	10	300	60
B	26	13	338	67.6
C	32	9	288	57.6
D	40	5	200	40
E	25	13	325	65
F	19	20	380	76
G	40	3	120	24
汇总			1951	

图 1-24　绝对引用的应用

注意：步骤(3)中如在单元格 G4 中输入“＝F4 * G2”，拖动 G4 的填充柄，复制公式后，就会发现 G5：G10 单元格出现如图 1-25 所示的错误。查看单元格 G5，发现单元格 E5 书写的公式为“＝F5 * G3”，而单元格 E3 并不是需要的利润率所在单元格，因此就会出现错误。错误原因是利润率应该是绝对引用，无论哪个公式对利润率的引用都是 G2 单元格，这个引用不能随着公式位置的变化而发生变化。

G4 =F4*G2

	C	D	E	F	G
1					
2				利润率	20%
3	类别	单价	销售量	销售额	利润
4	A	30	10	300	60
5	B	26	13	338	#VALUE!
6	C	32	9	288	17280
7	D	40	5	200	#VALUE!
8	E	25	13	325	5616000
9	F	19	20	380	#VALUE!
10	G	40	3	120	673920000
11	汇总			1951	

图 1-25　相对引用的错误使用

1.4　Excel 分析工具库

Excel 2019 使用“分析工具库”执行复杂数据分析。如果需要开展复杂的统计或工程分析，则可使用“分析工具库”以节省步骤和时间。Excel“分析工具库”为每项分析提供数据和参数，将使用适当的统计或工程宏函数来计算并将结果显示在输出表格中。除了输出表格以外，某些工具还可以生成图表。

“分析工具库”实际上是一个外部宏(程序)模块，专门为用户提供一些高级统计函数和实用的数据分析工具。利用数据分析工具库可以构造反映数据分布的直方图，可以从数据集合中随机抽样，获得样本的统计测度，可以进行时间数列分析和回归分析，还可以对数据进行傅里叶变换和其他变换等。

这些数据分析函数一次只能在一个工作表上使用。当在分组的工作表上执行数据分析时，结果将显示在第一个工作表，而其余的工作表中则显示清空格式的表格。要对其余的工作表执行数据分析，可使用分析工具分别对每个工作表重新计算。

分析工具库包括方差分析、相关系数、协方差、描述统计、指数平滑、F 检验、傅里叶分析、直方图、移动平均、随机数发生器、排位与百分比排位、回归、抽样、t 检验和 z 检验。要使用这些工具，需在“数据”选项卡上的“分析”组中单击“数据分析”，如图 1-26 所示。

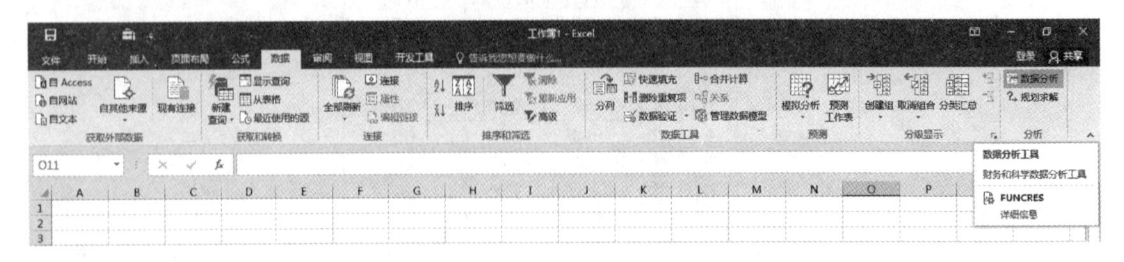

图 1-26　“数据分析”工具

如果“数据分析”命令不可用，则需要加载分析工具库加载宏程序。

加载分析工具库加载宏程序的步骤如下。

(1) 选择“文件”选项卡，单击“选项”，然后单击“加载项”类别。在“管理”框中，选择“Excel 加载项”，再单击“转到”按钮，如图 1-27 所示。

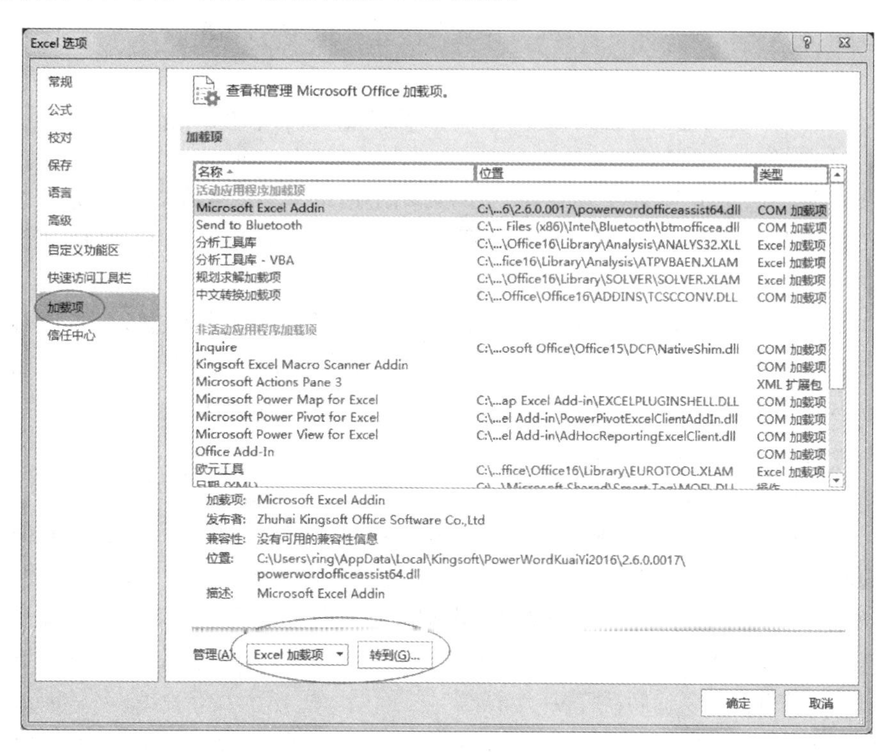

图 1-27　添加 Excel 加载项

(2) 在“加载宏”对话框中，勾选“分析工具库”复选框，然后单击“确定”按钮，如图 1-28 所示。如果“可用加载宏”框中未列出“分析工具库”，请单击“浏览”按钮以找到它。如果系统提示计算机当前未安装分析工具库，请单击“是”按钮进行安装。

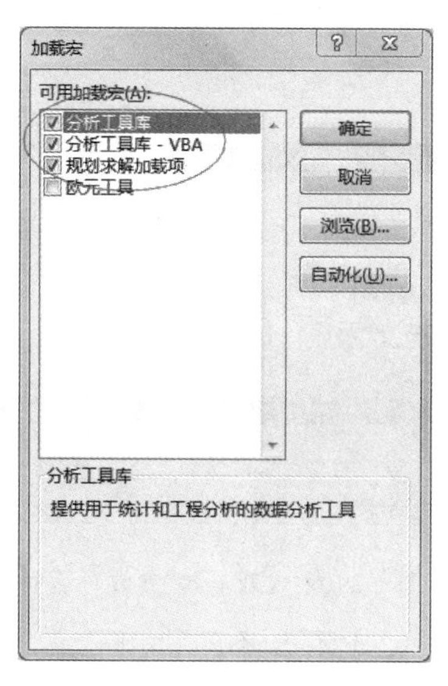

图 1-28　添加“分析工具库”与“规划求解加载项”

注意：

① 若要包括用于分析工具库的 Visual Basic for Application（VBA）函数，可以按加载分析工具库的相同方式加载“分析工具库-VBA”加载宏。在“可用加载宏”框中，勾选“分析工具库-VBA”复选框。

② 若要包括用于分析工具库的“规划求解”，那么勾选“规划求解加载项”复选框。

1.5 Excel 中的规划求解问题

规划求解是 Microsoft Excel 加载项程序，可用于模拟分析。使用“规划求解”查找目标单元格中公式的优化值或最大最小值，受限或受制于工作表上其他公式单元格的值。“规划求解”与一组用于计算目标和约束单元格中公式的单元格(称为决策变量或变量单元格)一起工作。“规划求解”调整决策变量单元格中的值以满足约束单元格上的限制，并产生对目标单元格期望的结果。简单来说，使用“规划求解”可通过更改其他单元格来确定一个单元格的优化值或最大最小值。例如，可以更改计划的广告预算金额，并查看对计划利润额产生的影响。

规划求解的整个工作过程如下。

首先建立 Excel 规划求解模型，即把实际问题用 Excel 表达出来，确定可变单元格、目标单元格和约束条件所对应的单元格区域。然后用 Excel 公式和函数建立可变单元格和目标单元格之间的联系。设置规划求解工具对话框即设置目标单元格、可变单元格和遵守的约束。可以看到，Excel 规划求解工具把复杂问题的求解过程变得相当简单。使用 Excel 规划求解工具的核心是建立实际问题的 Excel 规划求解模型，即建立可变单元格和目标单元格之间的联系。如果模型建好了，问题就解决了一大半。

在“数据”选项卡的“分析”组中，单击“规划求解”，即可弹出“规划求解参数”对话框，如图 1-29 所示。

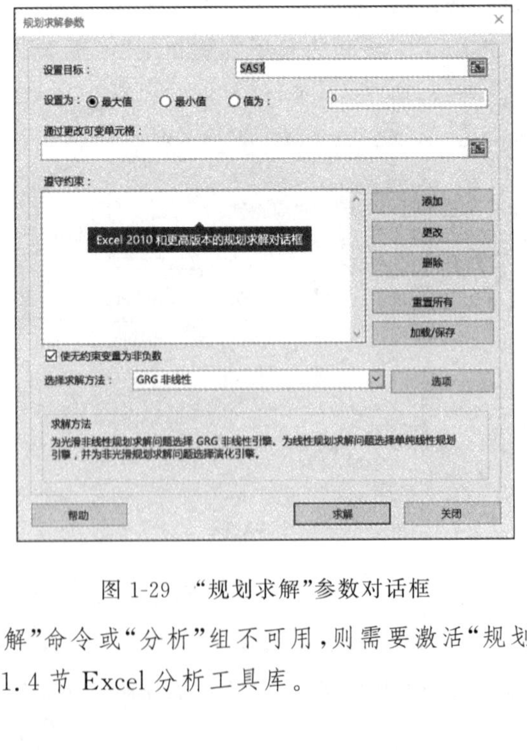

图 1-29 “规划求解”参数对话框

注意：如果“规划求解”命令或“分析”组不可用，则需要激活“规划求解”加载项。Excel 激活加载项的方法请参阅 1.4 节 Excel 分析工具库。

在“设置目标”框中，输入目标单元格的单元格引用或名称。目标单元格必须包含公式。执行下列操作之一：若要使目标单元格的值尽可能大，则单击“最大值”单选按钮；若要使目标单元格的值尽可能小，则单击“最小值”单选按钮；若要使目标单元格为确定值，则单击“值”单选按钮，然后在文本框中输入数值。在“通过更改可变单元格”框中，输入每个决策变量单元格区域的名称或引用。用逗号分隔不相邻的引用。可变单元格必须直接或间接与目标单元格相关联。最多可以指定 200 个可变单元格。

在“遵守约束”框中，通过执行下列操作输入任何要应用的约束。

(1) 在“规划求解参数”对话框中，单击“添加”按钮。

(2) 在“单元格引用”框中，输入要对其中数值进行约束的单元格区域的单元格引用或名称。

(3) 单击希望在引用单元格和约束之间使用的关系(“＜＝”、“＝”、“＞＝”、“int”、“bin”或“dif”)。如果单击“int”单选按钮，则“约束”框中会显示“整数”。如果单击“bin”单选按钮，则“二进制”将出现在“约束”框中。如果单击“dif”单选按钮，则“all different”将出现在“约束”框中。

(4) 如果在“约束”框中选择关系 ＜＝、＝ 或 ＞＝，请输入数字、单元格引用或名称、公式。

(5) 要接受约束并添加另一个约束，可单击“添加”按钮；要接受约束条件并返回“规划求解参数”对话框，则单击“确定”按钮。

在“规划求解参数”对话框中选择以下三种算法或求解方法中的任意一种，其中广义简约梯度“GRG 非线性”用于计算平滑非线性问题；“LP Simplex 单纯线性规划”用于计算线性问题；“演化”用于非平滑问题。单击“求解”按钮，再执行下列操作之一：若要在工作表中保存求解值，在“规划求解结果”对话框中单击“保存规划求解的解”单选按钮；若要在单击“求解”按钮之前恢复原值，请单击“恢复原值”单选按钮。在计算的过程中，如需中断求解过程，可按 Esc 键。

Excel 利用找到的有关决策变量单元格的最后值重新计算工作表。要在“规划求解”找到解决方案后创建基于解决方案的报告，单击“报表”框中的报告类型，然后单击“确定”按钮。此报告是在工作簿中的一个新工作表上创建的。如果“规划求解”未找到解决方案，则只有部分报表可用或全部不可用。要将决策变量单元格值保存为可以稍后显示的方案，可在“规划求解结果”对话框中单击“保存方案”按钮，然后在“方案名”框中输入方案的名称。

例 1.3　假如我们有 1 000 元钱，要买齐 5 种商品，每种商品至少要买一件或以上，每种商品的价格如图 1-30 所示，如果希望恰好把 1 000 元钱用掉，每种商品应该各买多少件？

	价格	数量
商品1	41	
商品2	51	
商品3	23	
商品4	29	
商品5	65	

图 1-30　5 种商品的价格

【实验步骤】

(1) 设置目标表达式

作为使用 Excel 规划求解工具的第一步，也是最重要的一步，必须把问题用 Excel 表达出来，变成 Excel 规划求解工具能够理解的模型。

如图 1-31 所示，把单元格 C2:C6 命名为“可变单元格”，设置数量的初始值都是 1，把单元格 B8 命名为“目标单元格”。在目标单元格中输入公式：

" = SUMPRODUCT(B2:B6 * C2:C6)"

用来计算当前商品的总价。该公式也可以写成

" = SUMPRODUCT(B2:B6,C2:C6)"

	A	B	C	D	E
1		价格	数量		
2	商品1	41	1		
3	商品2	51	1		
4	商品3	23	1		
5	商品4	29	1		
6	商品5	65	1		
7					
8	已经花掉	209	"=SUMPRODUCT(B2:B6*C2:C6)"		

图 1-31 计算可变单元格

注意：

SUMPRODUCT()函数在给定的几组数组中，将数组间对应的元素相乘，并返回乘积之和。

SUMPRODUCT()函数语法：

SUMPRODUCT(array1, [array2], [array3], ...)

SUMPRODUCT 函数语法具有下列参数。

- array1：必需，其相应元素需要进行相乘并求和的第一个数组参数。
- array2, array3, …：可选，2～255 个数组参数，其相应元素需要进行相乘并求和。

(2) 选择“数据”选项卡“分析”组中的“规划求解”命令，弹出“规划求解参数”对话框，并按照图 1-32 填写参数。

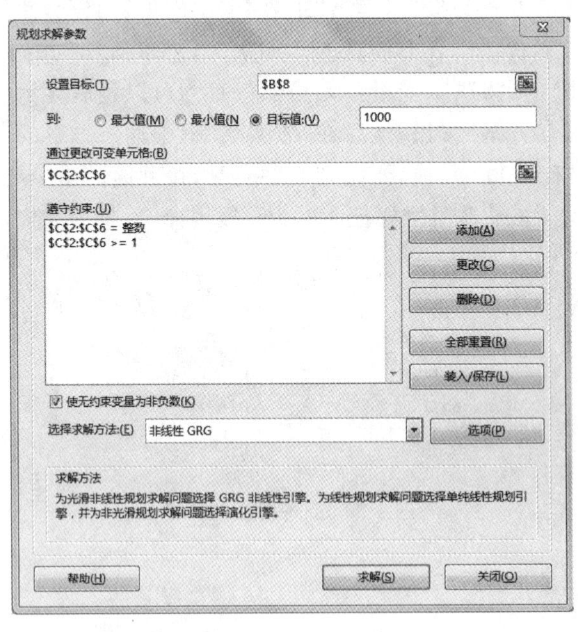

图 1-32 设置规划求解参数

- 设置目标：$B$8。
- 到：选中“目标值”单选按钮，设置为 1000；
- 遵守约束 1：单击“添加”按钮，设置数量必须都大于等于 1，即 $C$2：$C$6>=1，如图 1-33 所示。

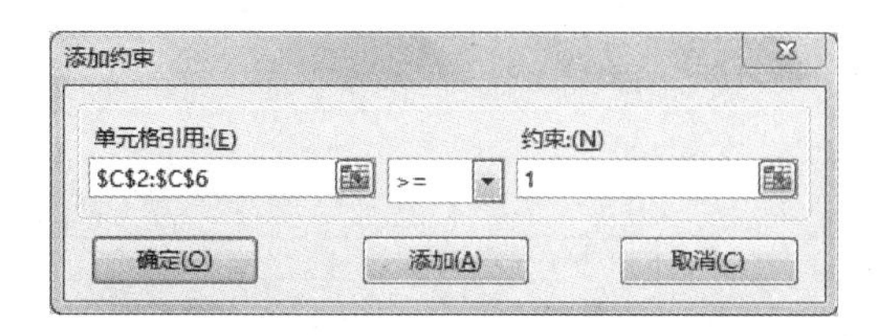

图 1-33　添加数量必须大于等于 1 的约束条件

继续单击“添加”按钮，设置数量必须是整数，即 $C$2：$C$6 为“int”，如图 1-34 所示。

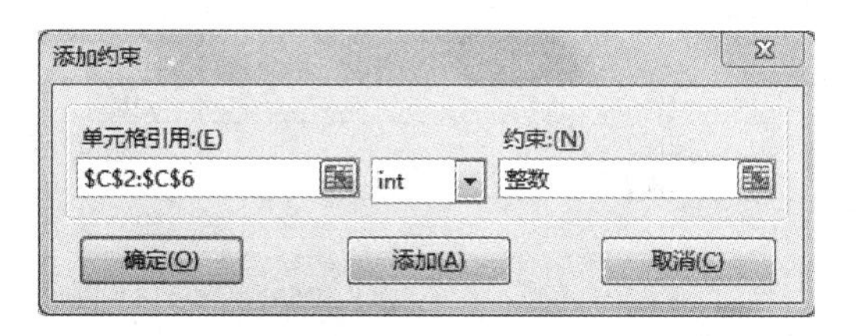

图 1-34　添加数量必须为整数的约数条件

- 选择求解方法：GRG 非线性。
- 单击“求解”按钮，运算如图 1-35 所示。

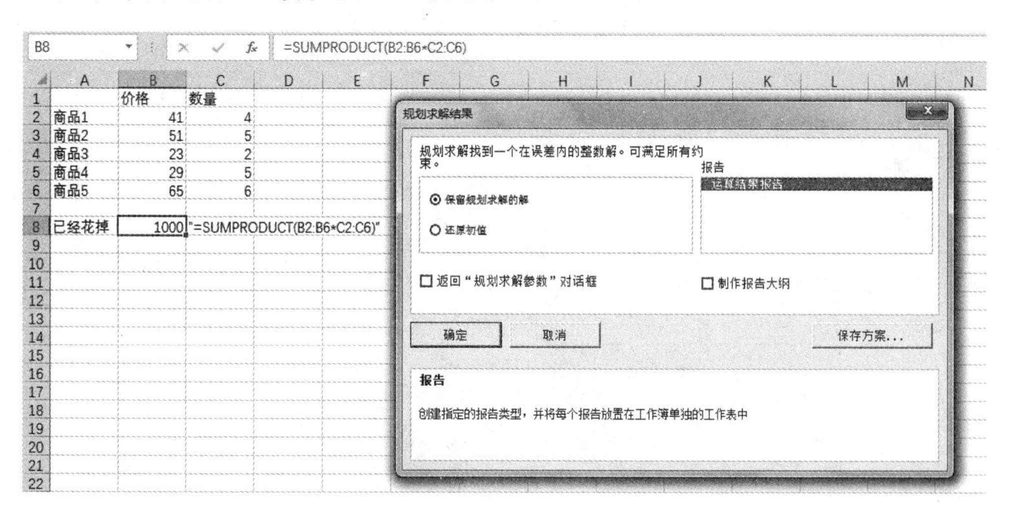

图 1-35　规划求解结果

【结论】运算结果报告如图 1-36 所示，如果希望恰好把 1 000 元钱花掉，商品 1 的数量为 4，商品 2 的数量为 5，商品 3 的数量为 2，商品 4 的数量为 5，商品 5 的数量为 6。

规划求解选项
最大时间 无限制, 迭代 无限制, Precision .000001
收敛 .0001, 总体大小 100, 随机种子 0, 中心派生
最大子问题数目 无限制, 最大整数解数目 无限制, 整数允许误差 1%, 假设为非负数

目标单元格 (目标值)

单元格	名称	初值	终值
$B$8	已经花掉 价格	209	1000

可变单元格

单元格	名称	初值	终值	整数
$C$2	商品1 数量	1	4	整数
$C$3	商品2 数量	1	5	整数
$C$4	商品3 数量	1	2	整数
$C$5	商品4 数量	1	5	整数
$C$6	商品5 数量	1	6	整数

约束

单元格	名称	单元格值	公式	状态	型数值
$B$8	已经花掉 价格	1000	$B$8=1000	到达限制值	0
$C$2	商品1 数量	4	$C$2>=1	未到限制值	3
$C$3	商品2 数量	5	$C$3>=1	未到限制值	4
$C$4	商品3 数量	2	$C$4>=1	未到限制值	1
$C$5	商品4 数量	5	$C$5>=1	未到限制值	1
$C$6	商品5 数量	6	$C$6>=1	未到限制值	5
$C$2:$C$6=整数					

图 1-36 运算结果报告

1.6 综合实验

下面通过制作九九乘法表熟悉一下 Excel 的一些基本函数以及混合引用。

【实验 1.1】 制作图 1-37 所示的九九乘法表。

	A	B	C	D	E	F	G	H	I	J
1	九九乘法表									
2		1	2	3	4	5	6	7	8	9
3	1	1×1=1								
4	2	2×1=2	2×2=4							
5	3	3×1=3	3×2=6	3×3=9						
6	4	4×1=4	4×2=8	4×3=12	4×4=16					
7	5	5×1=5	5×2=10	5×3=15	5×4=20	5×5=25				
8	6	6×1=6	6×2=12	6×3=18	6×4=24	6×5=30	6×6=36			
9	7	7×1=7	7×2=14	7×3=21	7×4=28	7×5=35	7×6=42	7×7=49		
10	8	8×1=8	8×2=16	8×3=24	8×4=32	8×5=40	8×6=48	8×7=56	8×8=64	
11	9	9×1=9	9×2=18	9×3=27	9×4=36	9×5=45	9×6=54	9×7=63	9×8=72	9×9=81

图 1-37 九九乘法表最终样式

【实验步骤】

(1) 在单元格 C2 内输入"=IF($A3<B$2,"",$A3&"×"&B$2&"="&$A3*B$2)"。

函数解析:

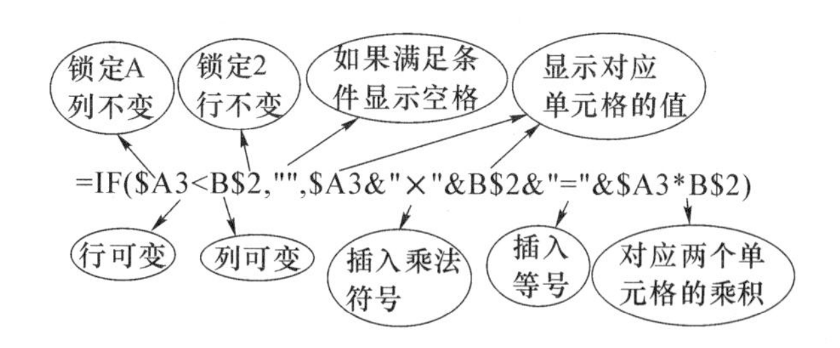

注意：

① “=IF($A3<B$2,"",$A3&"×"&B$2&"="&$A3*B$2)”的语法意义为，假如单元格 A3 的值小于单元格 B2 的值，那么就显示空值，否则显示这两个值的乘积。

② $A3 是混合引用锁定 A 列不锁定行，B$2 不锁定列锁定第二行，这样在复制公式的过程中，乘数都被锁定在 A 列的数值和第二行的数值。

③ & 是字符串的合并符号，""内是字符串。

结果如图 1-38 所示。

B3　=IF($A3<B$2,"",$A3&"×"&B$2&"="&$A3*B$2)

	九九乘法表								
	1	2	3	4	5	6	7	8	9
1	1×1=1								
2									
3									
4									
5									
6									
7									
8									
9									

图 1-38　B3 单元格的乘法公式

（2）拖动单元格 B2 的填充柄，将公式复制到单元格 B3 到 B11，如图 1-39 所示。

图 1-39　按列复制公式

（3）拖动 B2:B11 的填充柄，将公式复制到单元格 C 到 J 列，如图 1-40 所示。

（4）选中单元格“B3:J11”，依次选择“开始”→“样式”→“条件格式”→“突出显示单元格规则”→“其他规则”，如图 1-41 所示。

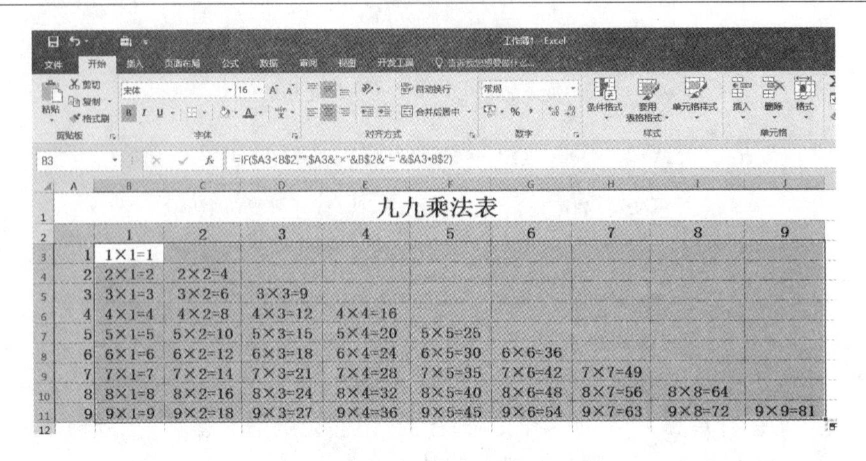

图 1-40 按行复制公式

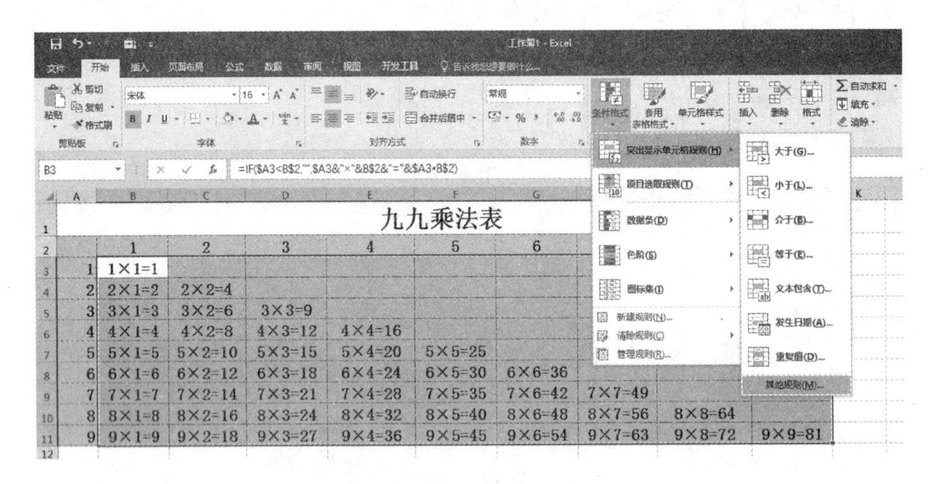

图 1-41 选择条件格式

(5) 在弹出的“新建格式规则”对话框中，选择规则类型为“只为包含以下内容的单元格设置格式”，编译规则说明选择“无空值”，预览格式按钮选择适合的颜色，如图 1-42 所示。

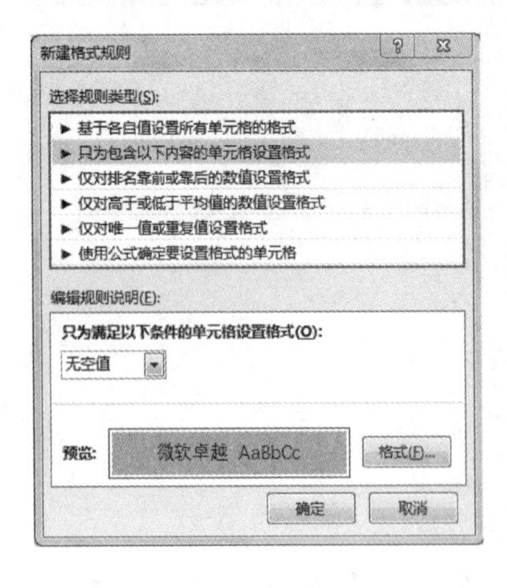

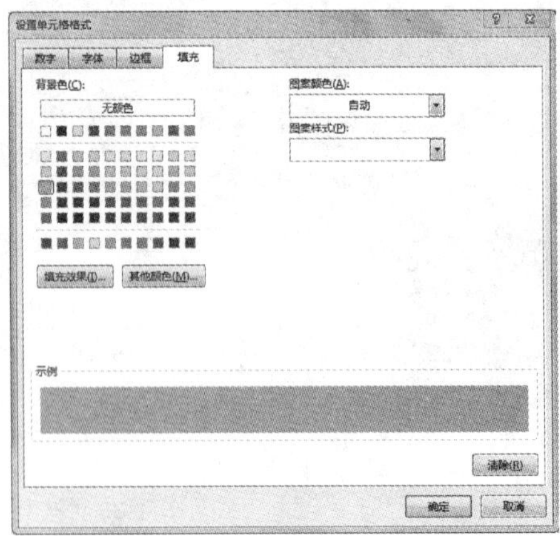

图 1-42 设置条件格式

九九乘法表就制作完毕了，如图 1-37 所示。

第2章 随机变量

在一定条件下，并不总是出现相同结果的现象称为随机现象。对于随机现象，即使在相同条件下重复进行实验，每次结果也未必相同。即使知道随机现象所有过去的状况，它未来的发展却仍然不能完全肯定。例如，以同样的方式抛掷硬币，可能正面向上，也可能反面向上。走到某十字路口时，可能正好是红灯，也可能正好是绿灯。概率论和统计就是研究这类随机现象的数学工具。

随机现象具有两个特点：

(1) 随机现象的结果至少有两个；

(2) 至于哪一个出现，事先并不知道。

要研究一个随机现象，首先要罗列出它的一切可能发生的基本结果，这些基本结果被称为样本点。随机现象一切可能样本点的全体称为这个随机现象的样本空间，通常记为Ω。

随机变量(Random Variable)表示随机现象中各种结果的实值函数，也就是一切可能的样本点。例如，某一时间内公共汽车站等车乘客人数、电话交换台在一定时间内收到的呼叫次数等，都是随机变量的实例。

随机变量与模糊变量不确定性的本质差别在于，随机变量的结果可能在某一范围内随机变化，具体取什么值在测定之前是无法确定的，但测定的结果是确定的，多次重复测定所得到的测定值具有统计规律性；而模糊变量的测定结果仍具有不确定性，即模糊性。

按照随机变量可能取得的值，可以把随机变量分为离散型随机变量和连续型随机变量。

2.1 离散分布

有些随机变量全部可能取到的值是有限个或可列无限多个，这种随机变量称为离散型随机变量。例如，某城市的120急救电话台一昼夜收到的呼唤次数就是离散型随机变量，而如果用T记灯泡的使用寿命，T的可能取值充满一个区间，是无法按一定次序一一列举的，所以灯泡的使用寿命T是一个非离散型随机变量。

要掌握一个离散型X的统计规律，必须且只需知道X的所有可能取值以及取每一个可能取值的概率。设离散型随机变量X所有可能取的值为$x_k(k=1,2,\cdots)$，X取各个值的概率，即事件$\{X=x_k\}$的概率为

$$P\{X=x_k\}=p_k, k=1,2,\cdots$$

由概率的定义，p_k满足如下两个条件：

① $p_k \geqslant 0, k=1,2,\cdots$；

② $\sum_{k=1}^{\infty} p_k = 1$。

我们称$P\{X=x_k\}=p_k(k=1,2,\cdots)$为离散型随机变量$X$的分布律。分布律也可以用表

格的形式来表示，如表 2-1 所示。

表 2-1　离散型随机变量分布律

X	x_1	x_2	…	x_n	…
p_k	p_1	p_2	…	p_n	…

表 2-1 直观地表示了随机变量 X 取各个值的概率的规律，X 取各个值的概率值之和为 1，可以想象成：概率 1 以一定规律分布在各个可能值上。

设 X 是离散型随机变量，它的概率分布是：$P\{X=x_k\}=p_k, k=1,2,\cdots$。如果 $\sum_{k=1}^{\infty}|x_k|p_k$ 有限，定义 X 的数学期望

$$E(X)=\sum_{k=1}^{\infty}x_k p_k$$

方差

$$D(X)=\sigma^2=E(x_k-E(x_k))^2=\sum_{k=1}^{\infty}p_k(x_k-\mu)^2$$

下面介绍两种非常重要的离散型随机变量。

2.1.1　二项分布与二项分布函数

设随机变量 X 只可能取 0 与 1 两个值，它的分布律是

$$P\{X=0\}=1-p,\quad P\{X=1\}=p$$

其中 $0<p<1$，则称 X 服从以 p 为参数的(0,1)分布或两点分布。

(0,1)分布的分布律也可写成表 2-2 所示的形式。

表 2-2　(0,1)分布

X	0	1
概率	$1-p$	p

假设实验 E 只有两个可能的结果：A 和 $\overline{A}$，则称 E 为伯努利(Bernoulli)实验。那么

$$P(A)=p,\quad P(\overline{A})=1-p$$

其中 $0<p<1$。将 E 独立重复地进行 n 次，则称这一串重复的独立实验为 n 重伯努利实验。

这里"独立"是指在每次实验中 $P(A)=p$ 保持不变，每次实验的结果互不影响。n 重伯努利实验是一种很重要的数学模型，它有广泛的应用，是研究得最多的模型之一。

以 X 表示 n 重伯努利实验中事件 A 发生的次数，X 是一个随机变量，X 的分布律为

$$P\{X=k\}=C_n^k p^k(1-p)^{n-k},\quad k=0,1,\cdots,n$$

记 $q=1-p$，那么 $P\{X=k\}=C_n^k p^k q^{n-k}$。

X 的数学期望为 $\mu=np$，方差为 $\sigma^2=np(1-p)$。

Excel 2019 中有三个二项分布相关函数，可以用来计算二项分布的概率与反函数值。

1. BINOM.DIST 函数

BINOM.DIST 函数返回一元二项式分布的概率，用于处理固定次数的实验或实验问题，前提是任意实验的结果仅为成功或失败两种情况，实验是独立实验，且在整个实验过程中成功的概率固定不变。例如，BINOM.DIST 可以计算三个即将出生的婴儿中两个是男孩的概率。

BINOM.DIST 函数语法：

```
BINOM.DIST(number_s,trials,probability_s,cumulative)
```

其中参数表示：

- number_s：必需，实验的成功次数。
- trials：必需，独立实验次数。
- probability_s：必需，每次实验成功的概率。
- cumulative：必需，决定函数形式的逻辑值。
  - ◇ 如果 cumulative 为 TRUE(1)，则 BINOM.DIST 返回累积分布函数，即最多存在 number_s 次成功的概率；
  - ◇ 如果 cumulative 为 FALSE(0)，则返回概率密度函数，即存在 number_s 次成功的概率。

注意：

① 二项式概率密度函数为 $P\{X=k\}=C_n^k p^k q^{n-k}$，累积二项式分布函数的公式为 $\sum_{k=1}^{n} P\{X=k\}=\sum_{k=1}^{n} C_n^k p^k q^{n-k}$。

② Excel 在以前的版本中提供的一元二项式分布函数为 BINOMDIST，虽然此函数仍可向后兼容，但大家应该考虑从现在开始使用新函数，因为 BINOMDIST 函数在 Excel 的将来版本中可能不再可用。

例 2.1 一张考卷上有 5 道选择题，每道题列出 4 个可能的答案，其中只有一个答案是正确的。某学生靠猜测至少能答对 4 道题的概率是多少？

【方法 1】使用 BINOM.DIST 概率函数

① 在单元格 A1 中输入"= BINOM.DIST(4,5,0.25,0)"，返回答对 4 道题的概率。

BINOM.DIST 概率密度函数解析：

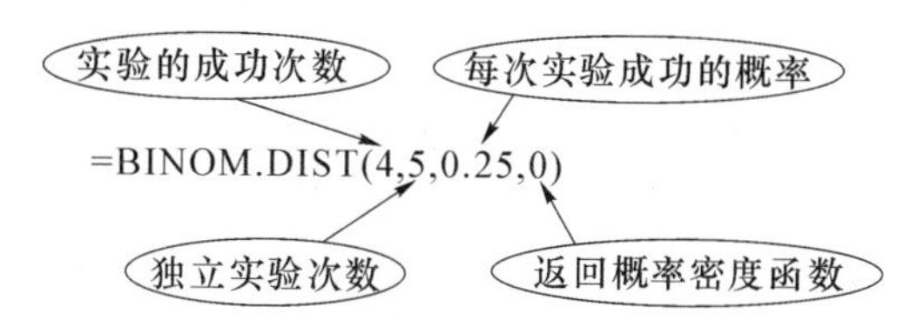

② 在单元格 B1 中输入"= BINOM.DIST(5,5,0.25,0)"，返回答对 5 道题的概率。

③ 在单元格 C1 中输入"=A1+B1"，返回答对 4 道题与 5 道题的概率之后，结果显示为 0.015 625。

【方法 2】使用 BINOM.DIST 概率累积函数

在单元格 A2 中输入"=1-BINOM.DIST(3,5,0.25,1)"，结果显示为 0.015 625。

BINOM.DIST 概率累积函数解析：

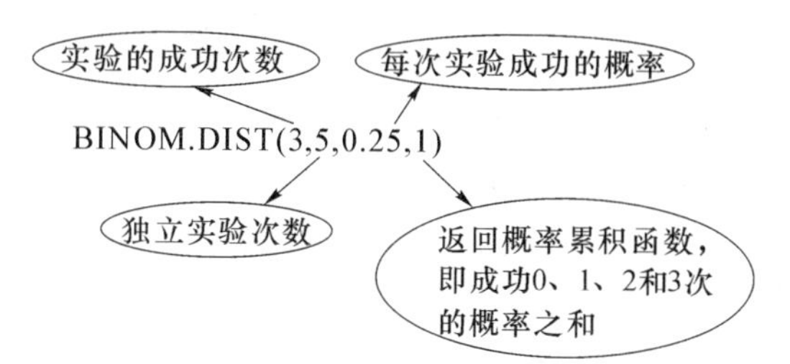

这里 BINOM. DIST(3,5,0.25,1)表示最多答对 3 次的概率累积函数,所有情况的概率之和为 1,所以 1－BINOM. DIST(3,5,0.25,1)表示去掉答对 0、1、2 和 3 次成功的概率,剩下的就是至少答对 4 次的概率。

2. BINOM. DIST. RANGE 函数

BINOM. DIST. RANGE 函数使用二项式分布返回实验结果的概率,也能返回在指定成功次数之间的概率。

BINOM. DIST. RANGE 函数语法:

BINOM.DIST.RANGE(trials,probability_s,number_s,[number_s2])

其中参数表示:

- trials:必需,独立实验次数,必须大于或等于 0。
- probability_s:必需,每次实验成功的概率,必须大于或等于 0 并小于或等于 1。
- number_s:必需,实验成功次数,必须大于或等于 0 并小于或等于 trials。
- number_s2:可选,如提供,则返回实验成功次数将介于 number_s 和 number_s2 之间的概率,必须大于或等于 number_s 并小于或等于 trials。

下面仍然以例 2.1 为例。

【方法 3】使用 BINOM. DIST. RANGE 函数,如图 2-1 所示。

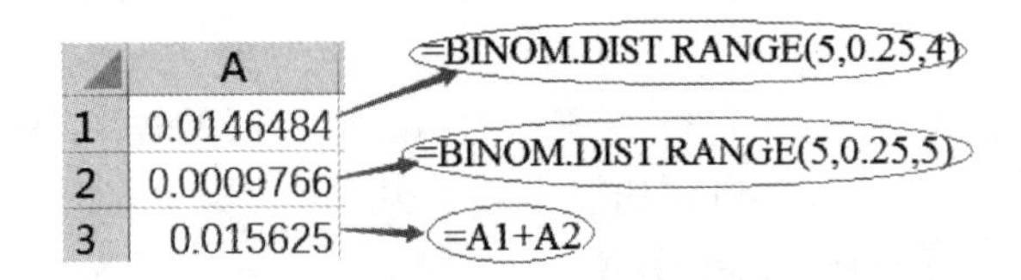

图 2-1　BINOM. DIST. RANGE 函数的使用

① 在单元格 A1 中输入"＝BINOM. DIST. RANGE(5,0.25,4)",返回答对 4 道题的概率,结果为 0.014 648。

② 在单元格 A2 中输入"＝BINOM. DIST. RANGE(5,0.25,5)",返回答对 5 道题的概率,结果为 0.000 977。

③ 在单元格 A3 中输入"＝A1＋A2",返回答对 4 道题与 5 道题的概率之后,结果显示为 0.015 625。

注意:在方法 3 中 BINOM. DIST. RANGE 函数第 4 个参数缺省,此处 BINOM. DIST. RANGE 函数的功能等同于方法 1 中的 BINOM. DIST 概率密度函数。

【方法 4】使用 BINOM. DIST. RANGE 函数的范围

在单元格 A2 中输入"＝BINOM. DIST. RANGE(5,0.25,4,5)",结果显示为 0.015 625。

BINOM. DIST. RANGE 函数解析:

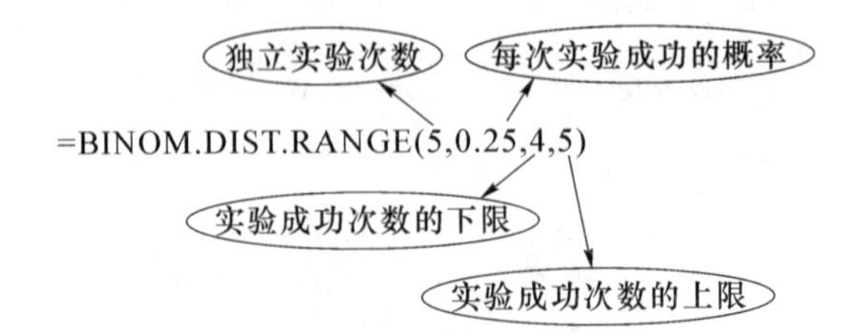

3. BINOM.INV 函数

BINOM.INV 函数返回一个数值，它是使得累积二项式分布的函数值大于等于临界值的最小整数。

BINOM.INV 函数语法：

```
BINOM.INV(trials,probability_s,alpha)
```

BINOM.INV 函数语法具有以下参数：

- trials：必需，伯努利实验次数。
- probability_s：必需，一次实验中成功的概率。
- alpha：必需，临界值。

注意：在以前的版本中，CRITBINOM 函数返回一个数值，它是使得累积二项式分布的函数值大于等于临界值的最小整数。但是现在 CRITBINOM 函数已被替换为 BINOM.INV 函数，BINOM.INV 函数可提供更高的精确度，其名称更好地反映其用法。虽然 CRITBINOM 函数仍可向后兼容，但我们仍应该考虑从现在开始使用新函数，因为此函数在 Excel 的将来版本中可能不再可用。

仍然以例 2.1 为例，那么"=BINOM.INV(5,0.25,0.75)"显示的结果为 2，所表示的实际意义是，5 道选择题正确率为 0.25，那么 75%的可能性答对 2 道题。

例 2.2 某种产品使用寿命超过 10 000 小时的为合格品。已知一只该产品合格的概率为 0.72，从中随机抽取 50 只产品，为了保证 90%的合格率，那么抽取的 50 只产品中至少需要包含几只合格品？

【实验步骤】

在选中单元格中输入"=BINOM.INV(50,0.72,0.9)"，显示结果为 40。

BINOM.INV 函数解析：

独立实验次数　临界值

=BINOM.INV(50,0.72,0.9)

每次实验成功的概率

即在抽取的 50 只产品中，如果至少有 40 只合格品，就能保证合格率达到 90%。

2.1.2 泊松分布

泊松分布主要用来描述某时段时间内随机事件发生不同次数的概率，对应的概率分布为

$$P(X)=\frac{\lambda^X e^{-\lambda}}{X!}$$

概率分布函数为

$$F(X) = P(X_i \leqslant x) = \sum_{X_i \leqslant x} \frac{\lambda^{X_i} e^{-\lambda}}{X_i!}$$

期望与方差为

$$\mu=\sigma^2=\lambda$$

具有泊松分布的随机变量在实际应用中是很多的。例如，某一服务设施在一定时间内到达的人数、电话交换机接到呼叫的次数、汽车站台的候车人数、机器出现的故障数、自然灾害发

生的次数、一块产品上的缺陷数、显微镜下单位分区内的细菌分布数等。

Excel 2019 提供的泊松分布函数为 POISSON. DIST 函数。

POISSON. DIST 函数返回泊松分布的概率。

POISSON. DIST 函数语法：

```
POISSON.DIST(x,mean,cumulative)
```

POISSON. DIST 函数语法具有下列参数：

- x：必需，事件数。
- mean：必需，期望值。
- cumulative：必需，逻辑值，确定所返回的概率分布的形式。
  - ◇ 如果 cumulative 为 TRUE(1)，则 POISSON. DIST 返回发生的随机事件数在 0(含 0)和 x(含 x)之间的累积泊松概率；
  - ◇ 如果 cumulative 为 FALSE(0)，则 POISSON 返回发生的事件数正好是 x 的泊松概率密度函数。

注意：在以前的版本中，POISSON 函数返回泊松分布，此函数已被替换为 POISSON. DIST，POISSON. DIST 函数可提供更高的精确度，其名称更好地反映其用法。虽然 POISSON 函数仍可向后兼容，但仍应该考虑从现在开始使用新函数，因为此函数在 Excel 的将来版本中可能不再可用。

例 2.3 某公共汽车站早上 9 点到 10 点的候车人数符合泊松分布，已知这一时间段平均候车人数为 63 人，那么今天该汽车站早上 9 点到 10 点的候车人数为 55 人的概率是多少？今天该汽车站早上 9 点到 10 点的候车人数低于 55 人的概率是多少？

【实验步骤】

(1) 在选中单元格中输入"＝POISSON. DIST(55,63,0)"，显示结果为 0.032，即该汽车站今天早上 9 点到 10 点的候车人数为 55 人的概率是 0.032。

POISSON 概率密度函数解析：

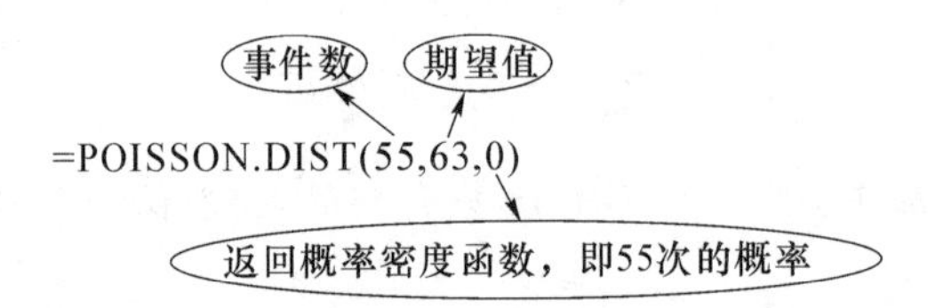

(2) 在选中单元格中输入"＝POISSON. DIST(55,63,1)"，显示结果为 0.173，即该汽车站今天早上 9 点到 10 点的候车人数少于 55 人的概率是 0.173。

POISSON. DIST 概率累积函数解析：

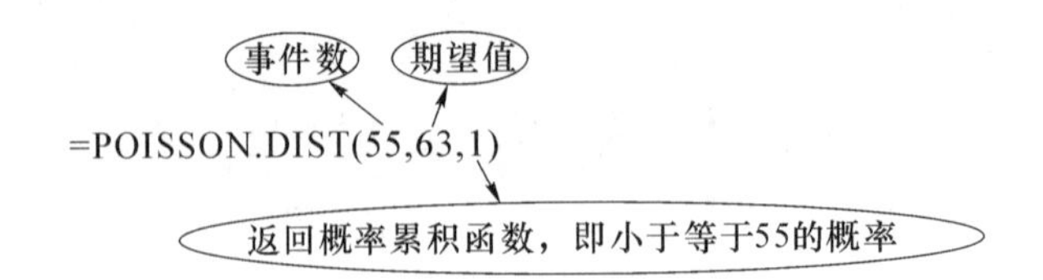

2.2 正态分布

2.2.1 一般正态分布

正态分布(Normal Distribution)又称为高斯分布(Gaussian Distribution),是一个在数学、物理及工程等领域都非常重要的概率分布,在统计学的许多方面有着重大的影响力。

连续型随机变量 X 的密度函数为

$$f(x)=\frac{1}{\sqrt{2\pi}\sigma}e^{-\frac{(x-\mu)^2}{2\sigma^2}}\quad(-\infty<x<+\infty)$$

其中,$-\infty<\mu<+\infty,\sigma>0$。

正态分布是概率论中最重要的分布,这可以由以下情形加以说明。

(1) 正态分布是自然界及工程技术中最常见的分布之一,大量的随机现象都是服从或近似服从正态分布的。可以证明,如果一个随机指标受到诸多因素的影响,但其中任何一个因素都不起决定性作用,则该随机指标一定服从或近似服从正态分布。

(2) 正态分布有许多良好的性质,这些性质是其他许多分布所不具备的。

(3) 正态分布可以作为许多分布的近似分布。

正态分布能被广泛应用的真正原因是中心极限定理(如图 2-2 所示)——多个独立统计量的和的平均值符合正态分布。

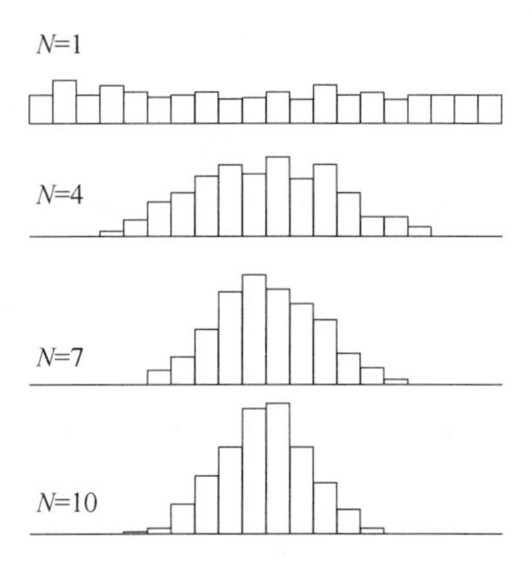

图 2-2 中心极限定理

图 2-2 中,随着统计量个数的增加,它们和的平均值越来越符合正态分布。

根据中心极限定理,如果一个事物受到多种因素的影响,不管每个因素本身是什么分布,它们加总后,结果的平均值就是正态分布。举例来说,人的身高既有先天因素,也有后天因素。男性身高和女性身高都是正态分布,但男女混合人群的身高不是正态分布。每一种因素对男性或者女性身高的影响都是一个统计量,不管这些统计量本身是什么分布,它们和的平均值符合正态分布。

许多事物都受到多种因素的影响,这导致了正态分布的常见。这就会出现一个问题,正态分布是对称的(高个子与矮个子的比例相同),但是很多真实世界的分布是不对称的。比如,财富的分布就是不对称的,在美国财富分布的报告中可以看到,最富有的1%的富人占有财富总量的40%,而底层的70%的人只占有财富总量的7%,即富人的有钱程度远远超出穷人的贫穷程度,即财富分布曲线有右侧的长尾。财富明明也受到多种因素的影响,怎么就不是正态分布呢?原来正态分布只适合各种因素累加的情况,如果这些因素不是彼此独立的,会互相加强影响,那么就不是正态分布了。统计学家发现,如果各种因素对结果的影响不是相加,而是相乘,那么最终结果不是正态分布,而是对数正态分布,即 x 的对数值 $\log(x)$满足正态分布。

尽管正态变量的取值范围是$(-\infty,+\infty)$,但它的值落在$(\mu-3\sigma,\mu+3\sigma)$内几乎是肯定的事,这就是"$3\sigma$"法则。

- 函数曲线下 68.268 949%的面积在$(\mu-\sigma,\mu+\sigma)$范围内。
- 函数曲线下 95.449 974%的面积在$(\mu-2\sigma,\mu+2\sigma)$范围内。
- 函数曲线下 99.730 020%的面积在$(\mu-3\sigma,\mu+3\sigma)$范围内。
- 函数曲线下 99.993 666%的面积在$(\mu-4\sigma,\mu+4\sigma)$范围内。

Excel 2019 提供两个正态分布函数。

1. NORM.DIST 函数

NORM.DIST 函数返回指定平均值和标准偏差的正态分布函数。

NORM.DIST 函数语法:

```
NORM.DIST(x,mean,standard_dev,cumulative)
```

NORM.DIST 函数语法具有下列参数:

- x:必需,需要计算其分布的数值。
- mean:必需,分布的算术平均值。
- standard_dev:必需,分布的标准偏差。
- cumulative:必需,决定函数形式的逻辑值。
  - ◇ 如果 cumulative 为 TRUE(1),则 NORM.DIST 返回累积分布函数;
  - ◇ 如果 cumulative 为 FALSE(0),则返回概率密度函数。

注意:Excel 早期的正态分布函数是 NORMDIST(x,mean,standard_dev,cumulative)。

2. NORM.INV 函数

NORM.INV 函数返回指定平均值和标准偏差的正态累积分布函数的反函数值。

NORM.INV 函数语法:

```
NORM.INV(probability,mean,standard_dev)
```

NORM.INV 函数语法具有下列参数:

- probability:必需,对应于正态分布的概率。
- mean:必需:分布的算术平均值。
- standard_dev:必需,分布的标准偏差。

备注:

① 如果 mean = 0 且 standard_dev = 1,则 NORM.INV 使用标准正态分布(请参阅函数 NORM.S.INV)。

② 如果已给定概率值,则 NORM.INV 使用 NORM.DIST(x, mean, standard_dev, TRUE) = probability 求解数值 x。因此,NORM.INV 的精度取决于 NORM.DIST 的精度。

③ Excel 早期的正态分布函数是 NORMINV(probability,mean,standard_dev)。

例 2.4 将一个温度调节器放置在贮存着某种液体的容器内,调节器整定在 90 ℃,液体的温度 X 是一个随机变量,且 $X\sim N(90,0.5^2)$。求 X 小于 89 ℃的概率,以及 99%的概率下温度不会超过多少?

【解答】

(1) 在选中单元格中输入"=NORM. DIST(89,90,0.5,1)",显示结果为 0.022 75。即若 $d=90$ ℃,X 小于 89 ℃的概率是 0.022 75。

NORM. DIST 函数解析:

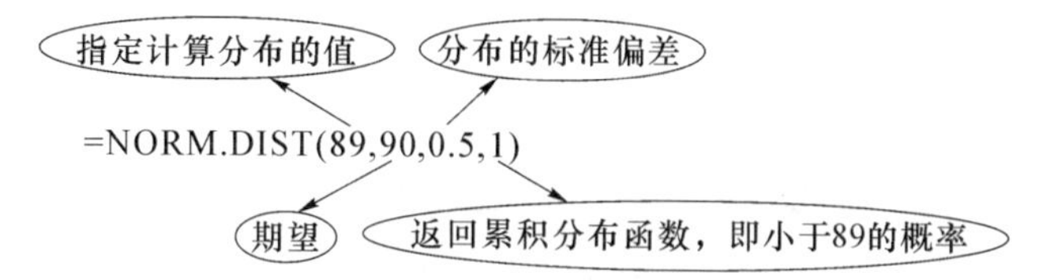

(2) 在选中单元格中输入"=NORM. INV(0.99,90,0.5)",显示结果为 91.16。即在 99% 的概率下该温度调节器的温度不会超过 91.16 ℃。

NORM. INV 函数解析:

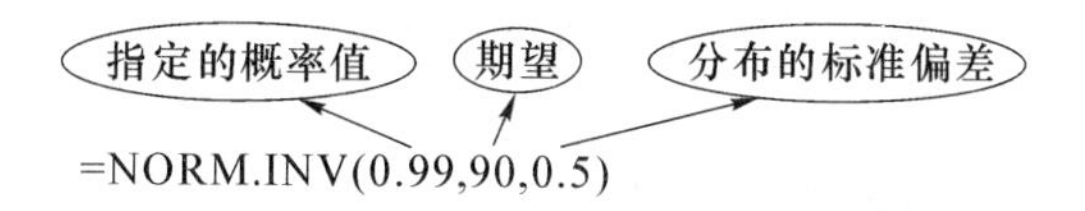

2.2.2　标准正态分布

标准正态分布又称为 U 分布,是以 0 为均数、以 1 为标准差的正态分布,记为 $N(0,1)$。

$$\Phi(x)=\frac{1}{\sqrt{2\pi}}e^{-\frac{x^2}{2}}\quad(-\infty<x<+\infty)$$

标准正态分布曲线下面积分布规律是:在 $-1.96\sim+1.96$ 范围内曲线下的面积等于 0.950 0,在 $-2.58\sim+2.58$ 范围内曲线下面积为 0.990 0。统计学家还制定了一张统计用表(自由度为∞时),借助图 2-3 就可以估计出某些特殊 μ_1 和 μ_2 值范围内的曲线下面积。

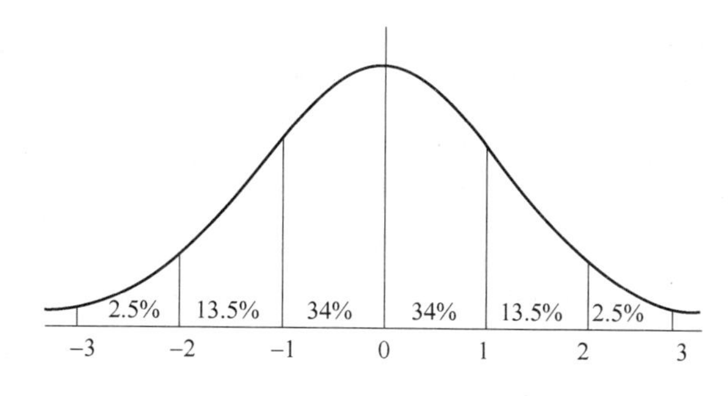

图 2-3　标准正态分布规律

一般来说,如果正态分布 $X\sim N(\mu,\sigma^2)$,那么可以通过一个线性变换的标准化操作将正态分布化成标准正态分布,如图 2-4 所示。

$$Z=\frac{X-\mu}{\sigma}\sim N(0,1)$$

根据"3σ"法则,标准正态分布满足:

- 函数曲线下 68.268 949%的面积在(−1,1)范围内。
- 函数曲线下 95.449 974%的面积在(−2,2)范围内。
- 函数曲线下 99.730 020%的面积在(−3,3)范围内。

- 函数曲线下 99.993 666%的面积在(−4,4)范围内。

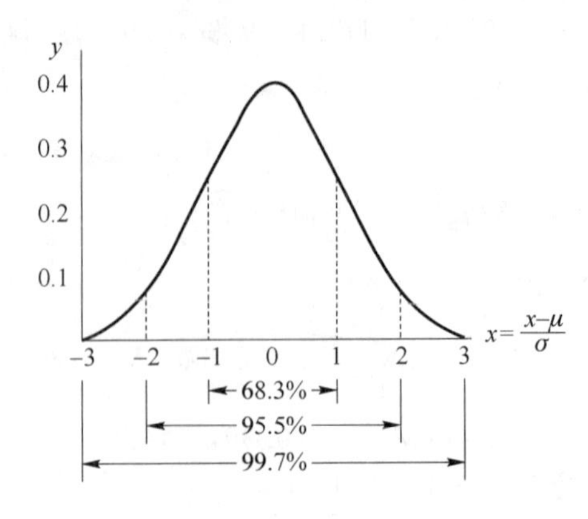

图 2-4　转化为标准正态分布

Excel 2019 为标准正态分布提供了两个函数。

1. NORM. S. DIST 函数

NORM. S. DIST 函数返回标准正态分布函数,可以使用此函数代替标准正态曲线面积表。

NORM. S. DIST 函数语法:

```
NORM.S.DIST(z,cumulative)
```

NORM. S. DIST 函数语法具有下列参数:

- z:必需,需要计算其分布的数值。
- cumulative:必需,cumulative 是决定函数形式的逻辑值。
  - ◇ 如果 cumulative 为 TRUE(1),则返回累积分布函数;
  - ◇ 如果 cumulative 为 FALSE(0),则返回概率密度函数。

2. NORM. S. INV 函数

NORM. S. INV 函数返回标准正态累积分布函数的反函数值。该分布的平均值为 0,标准偏差为 1。

NORM. S. INV 函数语法:

```
NORM.S.INV(probability)
```

NORM. S. INV 函数的参数 probability 是必需的,对应于正态分布的概率。

备注:

① 如果已给定概率值,则 NORM. S. INV 使用 NORM. S. DIST(z, TRUE) = probability 求解数值 z。因此,NORM. S. INV 的精度取决于 NORM. S. DIST 的精度。NORM. S. INV 使用迭代搜索技术。

② Excel 提供的早期正态分布函数的反函数值为 NORMSINV(probability)。

例 2.5　随机选择某些数值,分别计算这些数值的正态分布累积概率,然后反求这些数值。

【实验步骤】

(1) 在单元格 A1:C1 中分别输入“随机数”、“标准正态分布累积函数”和“反求数值”。

(2) 选择“数据”选项卡“分析”组的“数据分析”命令,在对话框中选择“随机数发生器”,如图 2-5 所示。

(3) 在“随机数发生器”对话框中选择合适的参数,如图 2-6 所示。

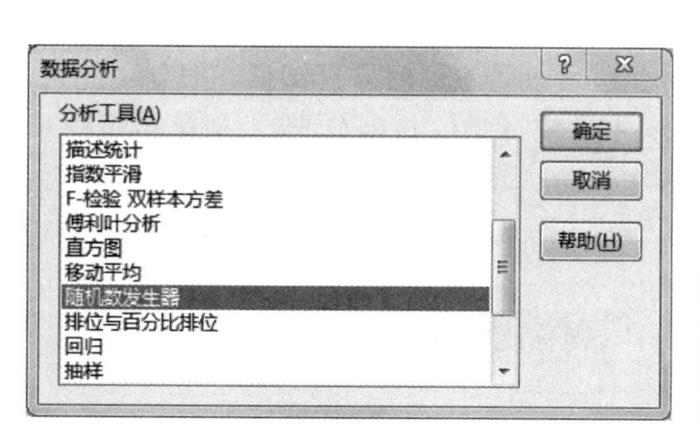

图 2-5　随机数发生器

图 2-6　“随机数发生器”对话框

- 变量个数:1;
- 随机数个数:10;
- 分布:正态;
- 平均值:0;
- 标准偏差:1;
- 输出区域:A2。

单击“确定”按钮后,生成 10 个满足正态分布的随机数。

(4) 选中单元格 B2,输入“=NORM. S. DIST(A2,1)”,在 B3:B11 区域中复制该公式。

(5) 选中单元格 C2,输入“=NORM. S. INV(B2)”,在 C3:C11 区域中复制该公式。最终结果如图 2-7 所示。

B2　=NORM.S.DIST(A2,1)

	A	B	C	D
1	随机数	标准正态分布累积函数	反求数值	
2	0.006311	0.502517611	0.006311	
3	0.20128	0.579760286	0.20128	
4	-2.02996	0.021180054	-2.02996	
5	1.215465	0.887905536	1.215465	
6	0.210734	0.583452762	0.210734	
7	0.009218	0.50367729	0.009218	
8	0.100804	0.540146913	0.100804	
9	-1.36755	0.085726435	-1.36755	
10	1.014823	0.844904964	1.014823	
11	0.831244	0.797082113	0.831244	

C2　=NORM.S.INV(B2)

	A	B	C	D
1	随机数	标准正态分布累积函数	反求数值	
2	0.006311	0.502517611	0.006311	
3	0.20128	0.579760286	0.20128	
4	-2.02996	0.021180054	-2.02996	
5	1.215465	0.887905536	1.215465	
6	0.210734	0.583452762	0.210734	
7	0.009218	0.50367729	0.009218	
8	0.100804	0.540146913	0.100804	
9	-1.36755	0.085726435	-1.36755	
10	1.014823	0.844904964	1.014823	
11	0.831244	0.797082113	0.831244	

图 2-7　标准正态分布累积函数与反求数值

2.3　抽样分布

在数理统计中,我们往往研究有关对象的某一项数量指标,例如研究某种型号灯泡的寿命这一数量指标。为此,考虑与这一数量指标相联系的随机实验,对这一数量指标进行实验或观察。我们将实验的全部可能的观察值称为总体,这些值不一定都不相同,数目上也不一定是有限的,每一个可能观察值称为个体。总体中所包含的个体的个数称为总体的容量。容量为有限的称为有限总体,容量为无限的称为无限总体。

在实际中,总体的分布一般是未知的,或只知道它具有某种形式而其中包含着未知参数。在数理统计中,人们都是通过从总体中抽取一部分个体,根据获得的数据来对总体分布作出推断的,被抽出的部分个体叫作总体的一个样本。

统计量的分布称为抽样分布。在使用统计量进行统计推断时常需知道它的分布。当总体的分布函数已知时,抽样分布是确定的,然而要求出统计量的精确分布,一般来说是困难的。本节介绍来自正态总体的几个常用统计量的分布。

2.3.1 χ^2 分布

设 $X_1, X_2, \cdots, X_n$ 是来自总体 $N(0,1)$ 的样本,则称统计量

$$\chi^2 = X_1^2 + X_2^2 + \cdots + X_n^2$$

服从自由度为 n 的 χ^2 分布,记为 $\chi^2 \sim \chi^2(n)$。此处,自由度是指()式右端包含的独立变量的个数。

χ^2 分布通常用于研究样本中某些事物变化的百分比,例如人们一天中用来看电视的时间所占的比例。χ^2 分布与 χ^2 测试相关联。使用 χ^2 测试可比较观察值和预期值。例如,某项遗传学实验可能假设下一代植物将呈现出某一组颜色。通过使用该函数比较观察结果和理论值,可以确定初始假设是否有效。

$\chi^2(n)$分布的概率密度为

$$f(y)=\begin{cases}\dfrac{1}{2^{n/2}\Gamma(n/2)}y^{n/2-1}\mathrm{e}^{-y/2}, & y>0\\ 0, & \text{其他}\end{cases}$$

χ^2 分布的上分位点:对于给定的正数 α,$0<\alpha<1$,满足条件

$$P\{\chi^2 > \chi_\alpha^2(n)\} = \int_{\chi_\alpha^2(n)}^{\infty} f(y)\mathrm{d}y = \alpha$$

Excel 2019 提供的关于 χ^2 分布的函数有以下 4 个。

1. CHISQ. DIST 函数

CHISQ. DIST 函数返回 χ^2 分布的左尾概率。

CHISQ. DIST 函数语法:

```
CHISQ.DIST(x,deg_freedom,cumulative)
```

CHISQ. DIST 函数语法具有以下参数:

- x:必需,用来计算分布的数值。
- deg_freedom:必需,自由度数。
- cumulative:必需,决定函数形式的逻辑值。
  - ◇ 如果 cumulative 为 TRUE,则返回累积分布函数;
  - ◇ 如果 cumulative 为 FALSE,则返回概率密度函数。

2. CHISQ. DIST. RT 函数

CHISQ. DIST. RT 函数返回 χ^2 分布的右尾概率。

CHISQ. DIST. RT 函数语法:

```
CHISQ.DIST.RT(x,deg_freedom)
```

CHISQ.DIST.RT 函数语法具有以下参数：

- x：必需，用来计算分布的数值。
- deg_freedom：必需，自由度数。

3. CHISQ.INV 函数

CHISQ.INV 函数返回 χ^2 分布的左尾概率的反函数，即返回指定概率的 χ^2 分布的左尾区间点。

CHISQ.INV 函数语法：

```
CHISQ.INV(probability,deg_freedom)
```

CHISQ.INV 函数语法具有以下参数：

- probability：必需，与 χ^2 分布相关联的概率。
- deg_freedom：必需，自由度数。

4. CHISQ.INV.RT 函数

CHISQ.INV.RT 函数返回 χ^2 分布的右尾概率的反函数，即右尾区间点。

如果 probability = CHISQ.DIST.RT(x,...)，则 CHISQ.INV(probability,...) = x。使用此函数可比较观察结果与理论值，以确定初始假设是否有效。

CHISQ.INV.RT 函数语法：

```
CHISQ.INV.RT(probability,deg_freedom)
```

CHISQ.INV.RT 函数语法具有以下参数：

- probability：必需，与 χ^2 分布相关联的概率。
- deg_freedom：必需，自由度数。

2.3.2　*t* 分布

设 $X \sim N(0,1)$，$Y \sim \chi^2(n)$，且 X、Y 相互独立，则称随机变量

$$t = \frac{X}{\sqrt{Y/n}}$$

服从自由度为 n 的 t 分布，记为 $t \sim t(n)$。

t 分布又称学生(Student)分布。$t(n)$分布的概率密度函数为

$$h(t) = \frac{\Gamma[(n+1)/2]}{\sqrt{\pi n}\,\Gamma(n/2)}\left(1+\frac{t^2}{n}\right)^{-(n+1)/2}, \quad -\infty < t < \infty$$

t 分布的上分位点：对于给定的 α，$0<\alpha<1$，满足条件

$$P\{t > t_\alpha(n)\} = \int_{t_\alpha(n)}^{\infty} h(t)\,\mathrm{d}t = \alpha$$

的点 $t_\alpha(n)$就是 $t(n)$分布的上 α 分位点。

Excel 2019 提供的关于 t 分布的函数有以下 5 个。

1. T.TEST 函数

T.TEST 函数返回与学生 t 检验相关的概率，使用函数 T.TEST 确定两个样本是否可能来自两个具有相同平均值的基础总体。

T.TEST 函数语法：

```
T.TEST(array1,array2,tails,type)
```

T. TEST 函数语法具有下列参数：

- array1：必需，第一个数据集。
- array2：必需，第二个数据集。
- tails：必需，指定分布尾数。如果 tails = 1，则 T. TEST 使用单尾分布。如果 tails = 2，则 T. TEST 使用双尾分布。
- type：必需，要执行的 t 检验的类型。

2. T. DIST 函数

T. DIST 函数返回学生的左尾 t 分布。t 分布用于小型样本数据集的假设检验。可以使用该函数代替 t 分布的临界值表。

T. DIST 函数语法：

```
T.DIST(x,deg_freedom, cumulative)
```

T. DIST 函数语法具有以下参数：

- x：必需，需要计算分布的数值。
- deg_freedom：必需，一个表示自由度数的整数。
- cumulative：必需，决定函数形式的逻辑值。如果 cumulative 为 TRUE，则 T. DIST 返回累积分布函数；如果为 FALSE，则返回概率密度函数。

注意：

① T. DIST. 2T(x，deg_freedom)返回学生双尾的 t 分布。

② T. DIST. RT(x，deg_freedom)返回学生右尾的 t 分布。

3. T. INV 函数

T. INV 函数返回学生的 t 分布的左尾反函数。

T. INV 函数语法：

```
T.INV(probability,deg_freedom)
```

T. INV 函数语法具有下列参数：

- probability：必需，与学生的 t 分布相关的概率。
- deg_freedom：必需，代表分布的自由度数。

4. T. INV. 2T 函数

T. INV. 2T 函数返回学生 t 分布的双尾反函数。

T. INV. 2T 函数语法：

```
T.INV.2T(probability,deg_freedom)
```

T. INV. 2T 函数语法具有下列参数：

- probability：必需，与学生的 t 分布相关的概率。
- deg_freedom：必需，代表分布的自由度数。

注意：

① T. INV. 2T 返回 t 值，P(|X|>t) = probability，其中 X 为服从 t 分布的随机变量，且 P(|X|>t)=P(X<−t or X>t)。

② 通过将 probability 替换为 2 * probability，可以返回单尾 t 值。例如，对于概率为 0.05 以及自由度为 10 的情况，使用 T. INV. 2T(0.05，10)(返回 2.281 39)计算双尾值。对于相同概率和自由度的情况，可以使用 T. INV. 2T(2 * 0.05，10)(返回 1.812 462)计算单尾值。

③ 如果已给定概率值，则 T. INV. 2T 使用 T. DIST. 2T(x，deg_freedom，2) =

probability 求解数值 x。因此,T.INV.2T 的精度取决于 T.DIST.2T 的精度。

5. CONFIDENCE.T 函数

CONFIDENCE.T 函数使用学生的 t 分布返回总体平均值的置信区间。

CONFIDENCE.T 函数语法:

```
CONFIDENCE.T(alpha,standard_dev,size)
```

CONFIDENCE.T 函数语法具有以下参数:

- alpha:必需,用来计算置信水平的显著性水平。置信水平等于 100 * (1-alpha)%,亦即,如果 alpha 为 0.05,则置信水平为 95%。
- standard_dev:必需,数据区域的总体标准偏差,假定为已知。
- size:必需,样本大小。

注意:以前的 Excel 版本还提供了 TDIST、TINV 和 TTEST 函数,这几个函数已被替换为上面介绍的一个或多个新函数,新函数可提供更高的精确度,其名称更好地反映其用法。虽然 TDIST、TINV 和 TTEST 函数仍可向后兼容,但在 Excel 的将来版本中可能不再可用。

2.3.3 F 分布

设 $U\sim\chi^2(n_1)$,$V\sim\chi^2(n_2)$,且 U、V 相互独立,则称随机变量

$$F=\frac{U/n_1}{V/n_2}$$

服从自由度为 (n_1,n_2) 的 F 分布,记为 $F\sim F(n_1,n_2)$。

$F(n_1,n_2)$ 分布的概率密度为

$$\varphi(y)=\begin{cases}\dfrac{\Gamma[(n_1+n_2)/2](n_1+n_2)^{n_1/2}y^{(n_1/2)-1}}{\Gamma(n_1/2)\Gamma(n_2/2)[1+(n_1y/n_2)]^{(n_1+n_2)/2}}, & y>0\\ 0, & \text{其他}\end{cases}$$

F 分布的上分位点:对于给定的 α,$0<\alpha<1$,满足条件

$$P\{F>F_\alpha(n_1,n_2)\}=\int_{F_\alpha(n_1,n_2)}^{\infty}\varphi(y)\mathrm{d}y=\alpha$$

Excel 2019 提供的关于 F 分布的函数有以下 3 个。

1. F.TEST 函数

F.TEST 函数返回 F 检验的结果,即当 array1 和 array2 的方差无明显差异时的双尾概率。使用此函数可确定两个示例是否有不同的方差。例如,给定公立和私立学校的测验分数,可以检验各学校间测验分数的差别程度。

F.TEST 函数语法:

```
F.TEST(array1,array2)
```

F.TEST 函数语法具有下列参数:

- array1:必需,第一个数组或数据区域。
- array2:必需,第二个数组或数据区域。

2. F.DIST 函数

F.DIST 函数返回 F 概率分布函数的函数值,该函数可以确定两组数据是否存在变化程

度上的不同。例如,分析进入中学的男生、女生的考试分数,来确定女生分数的变化程度是否与男生不同。

F.DIST 函数语法:

```
F.DIST(x,deg_freedom1,deg_freedom2,cumulative)
```

F.DIST 函数语法具有下列参数:

- x:必需,用来计算函数的值。
- deg_freedom1:必需,分子自由度。
- deg_freedom2:必需,分母自由度。
- cumulative:必需,决定函数形式的逻辑值。
  ◇ 如果 cumulative 为 TRUE(1),则 F.DIST 返回累积分布函数;
  ◇ 如果为 FALSE(0),则返回概率密度函数。

注意:F.DIST.RT(x,deg_freedom1,deg_freedom2, cumulative)返回两个数据集的(右尾)*F* 概率分布(变化程度)。使用此函数可以确定两组数据是否存在变化程度上的不同。

3. F.INV 函数

F.INV 函数返回 *F* 概率分布函数的反函数值。如果 p=F.DIST(x,...),则 F.INV(p,...)=x。在 *F* 检验中,可以使用 *F* 分布比较两组数据中的变化程度。例如,可以分析美国和加拿大的收入分布,判断两个国家是否有相似的收入变化程度。

F.INV 函数语法:

```
F.INV(probability,deg_freedom1,deg_freedom2)
```

F.INV 函数语法具有下列参数:

- probability:必需,*F* 累积分布的概率值。
- deg_freedom1:必需,分子自由度。
- deg_freedom2:必需,分母自由度。

注意:F.INV.RT(probability,deg_freedom1,deg_freedom2)返回(右尾)*F* 概率分布函数的反函数值。

2.4 统计函数

2.4.1 常见统计函数

1. AVERAGE 函数

AVERAGE 函数返回参数的平均值(算术平均值)。例如,如果范围 A1:A20 包含数字,则公式 =AVERAGE(A1:A20) 将返回这些数字的平均值。

AVERAGE 函数语法:

```
AVERAGE(number1, [number2], ...)
```

AVERAGE 函数语法具有下列参数:

- number1:必需,要计算平均值的第一个数字、单元格引用或单元格区域。
- number2, ...:可选,要计算平均值的其他数字、单元格引用或单元格区域,最多可包含255个。

注意：

① 参数可以是数字或者是包含数字的名称、单元格区域或单元格引用。逻辑值和直接输入到参数列表中代表数字的文本被计算在内。

② 如果区域或单元格引用参数包含文本、逻辑值或空单元格，则这些值将被忽略；但包含零值的单元格将被计算在内。如果参数为错误值或为不能转换为数字的文本，将会导致错误。

③ 若要在计算中包含引用中的逻辑值和代表数字的文本，请使用 AVERAGEA 函数。

④ 若要对符合某些条件的值计算平均值，请使用 AVERAGEIF 函数或 AVERAGEIFS 函数。

2. AVERAGEIF 函数

AVERAGEIF 函数返回某个区域内满足给定条件的所有单元格的平均值(算术平均值)。

AVERAGEIF 函数语法：

```
AVERAGEIF(range, criteria, [average_range])
```

AVERAGEIF 函数语法具有下列参数：

- range：必需，要计算平均值的一个或多个单元格，其中包含数字或包含数字的名称、数组或引用。
- criteria：必需，形式为数字、表达式、单元格引用或文本的条件，用来定义将计算平均值的单元格。例如，条件可以表示为 32、"32"、">32"、"苹果" 或 B4。
- average_range：可选，计算平均值的实际单元格组。如果省略，则使用 range。

注意：可以在条件中使用通配符，即问号(?)和星号(*)。问号匹配任意单个字符；星号匹配任意一串字符。如果要查找实际的问号或星号，请在字符前输入波形符(～)。

3. COUNT 函数

COUNT 函数计算包含数字的单元格个数以及参数列表中数字的个数。使用 COUNT 函数获取区域中或一组数字中的数字字段中条目的个数。

COUNT 函数语法：

```
COUNT(value1, [value2], ...)
```

COUNT 函数语法具有下列参数：

- value1：必需，要计算其中数字的个数的第一项、单元格引用或区域。
- value2, ...：可选，要计算其中数字的个数的其他项、单元格引用或区域，最多可包含 255 个。

注意：这些参数可以包含或引用各种类型的数据，但只有数字类型的数据才被计算在内。

4. COUNTIF 函数

COUNTIF 函数是一个统计函数，用于统计满足某个条件的单元格的数量。

COUNTIF 函数语法：

```
COUNTIF(range,criteria)
```

COUNTIF 函数参数说明：

- range 是一个或多个要计数的单元格，其中包括数字或名称、数组或包含数字的引用。
- criteria 为确定哪些单元格将被计算在内的条件，其形式可以为数字、表达式、单元格引用或文本。

注意: 条件范围只能是单元格引用,统计条件支持通配符“*”与“?”。

例 2.6 某商店水果存货如图 2-8 所示。

	A	B	C
1	数据	数量	单价
2	苹果	32	3
3	橙子	54	5
4	桃子	75	6
5	苹果	86	4

图 2-8 某商店水果存货量及单价

AVERAGE 函数应用及说明如表 2-3 所示。

表 2-3 AVERAGE 函数应用及说明

公 式	说 明
=AVERAGE(A2:A5,"苹果",C2:C5)	计算单元格 A2:A5 中苹果的平均单价,结果为“3.5”
=AVERAGE(A2:A5,A2,C2:C5)	计算单元格 A2:A5 中苹果的平均单价,结果为“3.5”
=AVERAGE(A2:A5,"? 子",C2:C5)	计算单元格 A2:A5 中最后一个字是“子”的水果的平均单价,结果为“5.5”

COUNTIF 函数应用及说明如表 2-4 所示。

表 2-4 COUNTIF 函数应用及说明

公 式	说 明
=COUNTIF(A2:A5,"苹果")	统计单元格 A2 到 A5 中包含“苹果”的单元格的数量。结果为“2”
=COUNTIF(A2:A5,A4)	统计单元格 A2 到 A5 中包含“桃子”(A4 中的值)的单元格的数量。结果为“1”
=COUNTIF(B2:B5,">55")	统计单元格 B2 到 B5 中值大于 55 的单元格的数量。结果为“2”
=COUNTIF(B2:B5,"<>"&B4)	统计单元格 B2 到 B5 中值不等于 75 的单元格的数量。与号 (&) 合并比较运算符不等于 (<>) B4 中的值,其含义等同于=COUNTIF(B2:B5,"<>75")。结果为“3”
=COUNTIF(A2:A5,"*")	统计单元格 A2 到 A5 中包含任何文本的单元格的数量。通配符星号 (*) 用于匹配任意字符。结果为“4”
=COUNTIF(A2:A5,"????? es")	统计单元格 A2 到 A5 中正好为 7 个字符且以字母“es”结尾的单元格的数量。通配符问号 (?) 用于匹配单个字符。结果为“2”

注意: 所有的符号,包括“:”、“?”、“*”、“,”和“( )”都必须是英文半角符号,否则 Excel 会按照文本进行处理或者报错。

2.4.2 标准差与方差函数

方差与标准差都是用来描述数据离散程度的,标准差在方差基础上多了个根号。由于标准差和均值的量纲(单位)是一致的,在描述一个波动范围时标准差比方差更方便,比如一个班男生的平均身高是 170 cm,标准差是 10 cm,那么方差就是 100 cm^2。可以进行的比较简便的描述是本班男生身高分布是(170±10)cm,方差就无法做到这点。因此,在 Excel 实验中使用标准差要更多,大家在实验的时候务必注意到方差与标准差的区别。

Excel 2019 为标准差和方差分别提供了两个函数,即样本标准差(方差)函数和总体标准差(方差)函数。

1. 标准差

(1) 样本标准差 STDEV.S 函数

STDEV.S 函数是基于样本估算标准偏差(忽略样本中的逻辑值和文本),标准偏差可以测量值在平均值附近分布的范围大小。STDEV.S 函数的计算公式如下:

$$S=\sqrt{S^2}=\sqrt{\frac{\sum_{i=1}^{n}(X_i-\overline{X})^2}{n-1}}$$

STDEV.S 函数语法:

```
STDEV.S(number1,[number2],...)
```

STDEV.S 函数语法具有下列参数:

- number1:必需,对应于总体样本的第一个数值参数。也可以用单一数组或对某个数组的引用来代替用逗号分隔的参数。
- number2,...:可选,对应于总体样本的 2～254 个数值参数。也可以用单一数组或对某个数组的引用来代替用逗号分隔的参数。

注意:STDEV.S 函数假设其参数是总体样本。如果数据代表整个总体,请使用 STDEV.P 计算标准偏差。

(2) 总体标准差 STDEV.P 函数

STDEV.P 函数计算基于以参数形式给出的整个样本总体的标准偏差(忽略逻辑值和文本),标准偏差可以测量值在平均值(中值)附近分布的范围大小。STDEV.P 函数的计算公式如下:

$$S=\sqrt{S^2}=\sqrt{\frac{\sum_{i=1}^{n}(X_i-\overline{X})^2}{n}}$$

STDEV.P 函数语法:

```
STDEV.P(number1,[number2],...)
```

STDEV.P 函数语法具有下列参数:

- number1:必需,对应于总体的第一个数值参数。
- number2,...:可选,对应于总体的 2～254 个数值参数。也可以用单一数组或对某个数组的引用来代替用逗号分隔的参数。

注意:

① STDEV.P 假定其参数是整个总体。如果数据代表总体样本,请使用 STDEV 计算标准偏差。

② 对于大样本容量,函数 STDEV.S 和 STDEV.P 计算结果大致相等。

③ 如果要使计算包含引用中的逻辑值和代表数字的文本,请使用 STDEVPA 函数。

另外,Excel 早期还提供了 STDEV 函数、STDEVP 函数和 STDEVA 函数,这些函数已被替换为上述介绍的新函数,新函数可提供更高的精确度,其名称更好地反映其用法。虽然这些函数仍可向后兼容,但在 Excel 的将来版本中可能不再可用。

2. 方差

(1) 样本标准差 VAR.S 函数

VAR.S 函数是基于样本方差(忽略样本中的逻辑值和文本)的,VAR.S 函数的计算公式如下:

$$S^2 = \frac{\sum_{i=1}^{n}(X_i - \overline{X})^2}{n-1}$$

VAR.S 函数语法:

```
VAR.S(number1,[number2],...)
```

VAR.S 函数语法具有下列参数:

- number1:必需,对应于总体样本的第一个数值参数。也可以用单一数组或对某个数组的引用来代替用逗号分隔的参数。
- number2,...:可选,对应于总体样本的 2~254 个数值参数。也可以用单一数组或对某个数组的引用来代替用逗号分隔的参数。

(2) 总体标准差 VAR.P 函数

VAR.P 函数计算基于整个样本总体的方差(忽略逻辑值和文本),VAR.P 函数的计算公式如下:

$$S^2 = \frac{\sum_{i=1}^{n}(X_i - \overline{X})^2}{n}$$

VAR.P 函数语法:

```
VAR.P(number1,[number2],...)
```

VAR.P 函数语法具有下列参数:

- number1:必需,对应于总体的第一个数值参数。
- number2,...:对应于总体的 2~254 个数值参数。也可以用单一数组或对某个数组的引用来代替用逗号分隔的参数。

2.5 综合实验

【实验 2.1】 正态分布函数实验

有甲、乙、丙 3 家投资公司对某投资组合的收益标准差预计相同,都认为是 0.05。但是这 3 家投资公司对于投资组合的平均收益估计不同,分别认为是 0.1、0.2 和 0.3。根据这些信息,绘制出 3 家投资公司对投资组合期望收益的分布情况。

【实验步骤】

(1) 在单元格 A2 中输入“-0.1”。

(2) 选中单元格 A2,选择“开始”选项卡“编辑”组“填充”下列菜单中的“序列”命令,在“序列”命令对话框中填写合适的参数，如图 2-9 所示。

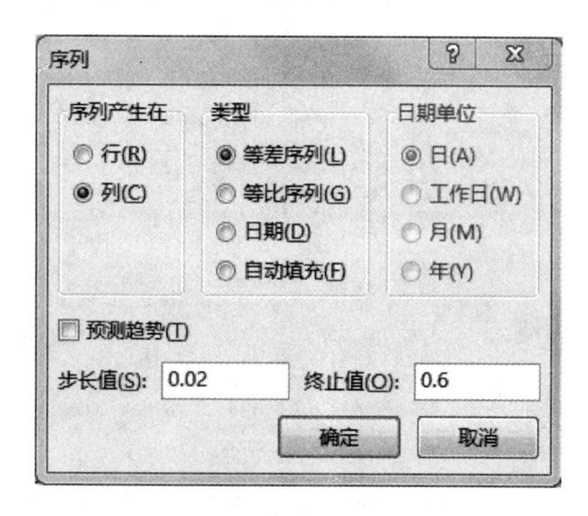

图 2-9　生成等差序列

(3) 选中单元格 B2，输入“＝NORM. DIST(A2，$B$1，0.05，0)”。

NORM. DIST 函数解析：

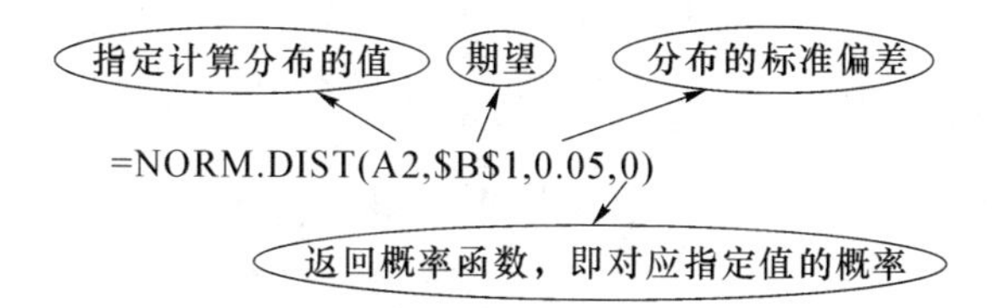

将公式复制到区域 B3:B37，如图 2-10 所示。

B2　=NORM.DIST(A2,0.1,0.05,0)

	A	B	C	D	E
1	平均收益	甲			
2	-0.1	0.002677			
3	-0.08	0.012238			
4	-0.06	0.047682			
5	-0.04	0.158309			
6	-0.02	0.447891			
7	0	1.079819			
8	0.02	2.218417			
9	0.04	3.883721			
10	0.06	5.793831			

图 2-10　求均值为 0.1 的正态分布函数值

(4) 选中单元格 C2，输入“＝NORM. DIST(A2，0. 2，0. 05，0)”，将公式复制到区域 C3:C37。

(5) 选中单元格 D2，输入“＝NORM. DIST(A2，0. 3，0. 05，0)”，将公式复制到区域 D3:D37，结果如图 2-11 所示。

(6) 选中区域 B1:D37，依次选择“插入”→“图表”→“折线图”→“二维折线图”→“带数据标记的折线图”命令，如图 2-12 所示。

平均收益	甲	乙	丙
-0.1	0.002677	1.2152E-07	1.01045E-13
-0.08	0.012238	1.2365E-06	2.28831E-12
-0.06	0.047682	1.0722E-05	4.41598E-11
-0.04	0.158309	7.9226E-05	7.26192E-10
-0.02	0.447891	0.00049885	1.01763E-08
0	1.079819	0.0026766	1.21518E-07
0.02	2.218417	0.01223804	1.23652E-06
0.04	3.883721	0.04768176	1.07221E-05
0.06	5.793831	0.15830903	7.9226E-05
0.08	7.365403	0.44789061	0.000498849
0.1	7.978846	1.07981933	0.002676605
0.12	7.365403	2.21841669	0.012238039
0.14	5.793831	3.8837211	0.047681764
0.16	3.883721	5.79383106	0.158309032
0.18	2.218417	7.36540281	0.447890606
0.2	1.079819	7.97884561	1.07981933
0.22	0.447891	7.36540281	2.218416694
0.24	0.158309	5.79383106	3.8837211
0.26	0.047682	3.8837211	5.793831055
0.28	0.012238	2.21841669	7.365402806
0.3	0.002677	1.07981933	7.978845608
0.32	0.000499	0.44789061	7.365402806
0.34	7.92E-05	0.15830903	5.793831055
0.36	1.07E-05	0.04768176	3.8837211
0.38	1.24E-06	0.01223804	2.218416694
0.4	1.22E-07	0.0026766	1.07981933
0.42	1.02E-08	0.00049885	0.447890606
0.44	7.26E-10	7.9226E-05	0.158309032
0.46	4.42E-11	1.0722E-05	0.047681764
0.48	2.29E-12	1.2365E-06	0.012238039
0.5	1.01E-13	1.2152E-07	0.002676605
0.52	3.8E-15	1.0176E-08	0.000498849
0.54	1.22E-16	7.2619E-10	7.9226E-05
0.56	3.33E-18	4.416E-11	1.07221E-05
0.58	7.76E-20	2.2883E-12	1.23652E-06
0.6	1.54E-21	1.0105E-13	1.21518E-07

图 2-11　甲、乙、丙三家公司投资组合期望收益正态分布函数值

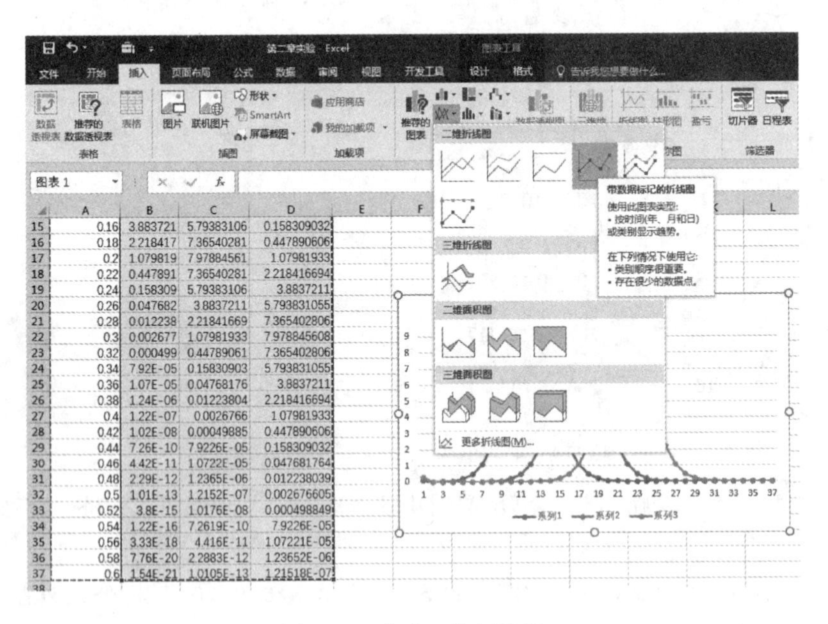

图 2-12　生成二维折线图

生成初始图表如图 2-13 所示。

(7) 选中初始图表，选择“图表”工具“设计”选项卡“数据”组的“选择数据”命令，在“选择数据源”对话框中单击“水平(分类)轴标签”下方的“编辑”按钮，如图 2-14 所示。

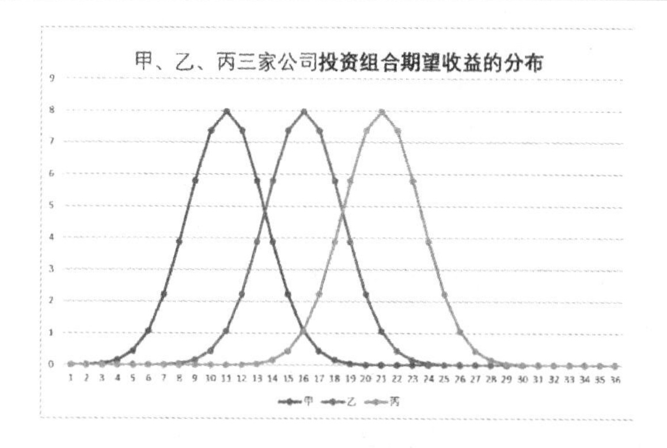

图 2-13　初始图表

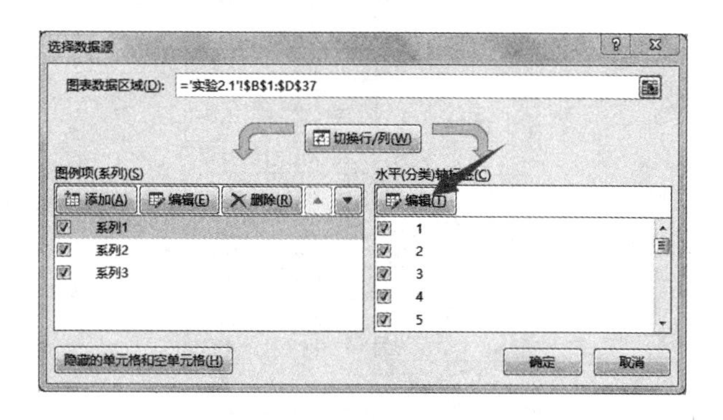

图 2-14　选择数据源

在“编辑”对话框中，选择 A1:A37 区域，如图 2-15 所示。

图 2-15　选择轴标签

整理后得到甲、乙、丙三家公司投资组合期望收益分布图，如图 2-16 所示。

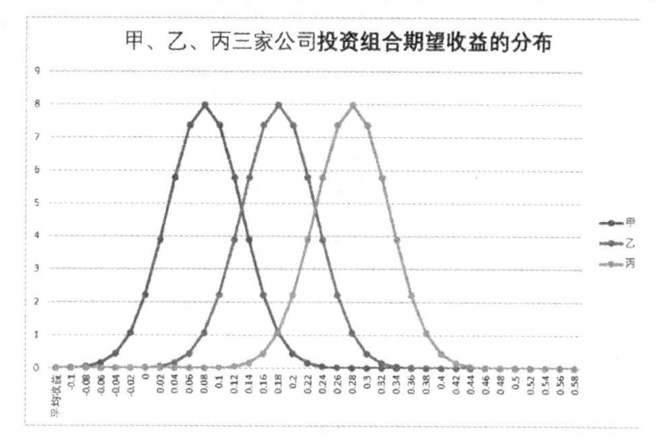

图 2-16　甲、乙、丙三家公司投资组合期望收益分布图

【实验 2.2】 抽样分布常见函数实验

已知某公司 2014—2017 年第一季度的两个数据，如图 2-17 所示。

(1) 统计每年一月份的“数据二”的和；

(2) 统计“数据一”和“数据二”区域数字的个数；

(3) 统计“数据一”中以字母 A 开始的数据的个数；

(4) 统计“数据一”中值小于 20 的数据的个数；

(5) 统计四年来二月份的“数据二”的平均值；

(6) 统计“数据二”中大于等于 10 小于等于 25 的数据个数。

	A	B	C	D
1	年份	月份	数据一	数据二
2	14年	1月	A1	2
3		2月	A2	6
4		3月	B3	13
5	15年	1月	B4	5
6		2月	C5	9
7		3月	A6	7
8	16年	1月	D7	12
9		2月	A8	31
10		3月	B9	55
11	17年	1月	A10	21
12		2月	B11	4
13		3月	C12	6

图 2-17 某公司第一季度数据表

【实验步骤】

(1) 在指定单元格中输入“=SUMIF(B2:B13,"1 月",D2:D13)”，结果为 40。

SUMIF 函数解析：

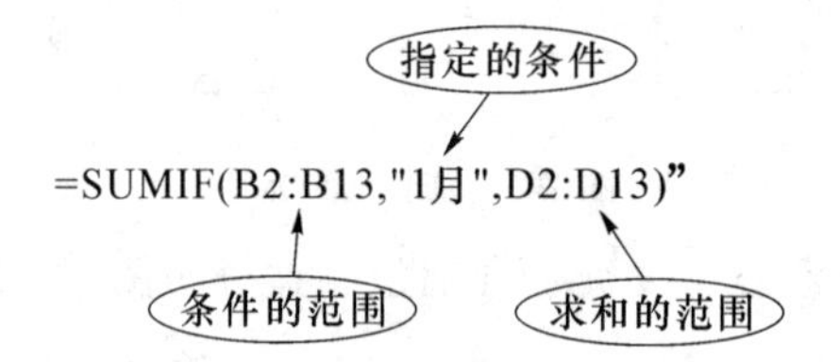

(2) 在指定单元格中输入“=COUNT(C2:D13)”，结果为 12。

COUNT 函数解析：

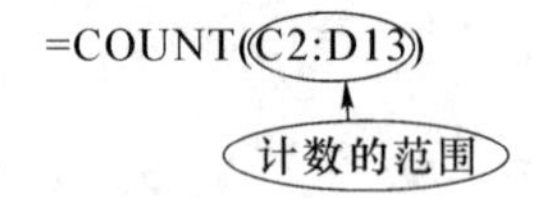

(3) 在指定单元格中输入“=COUNTIF(C2:C13,"A＊")”，结果为 5。

COUNTIF 函数解析：

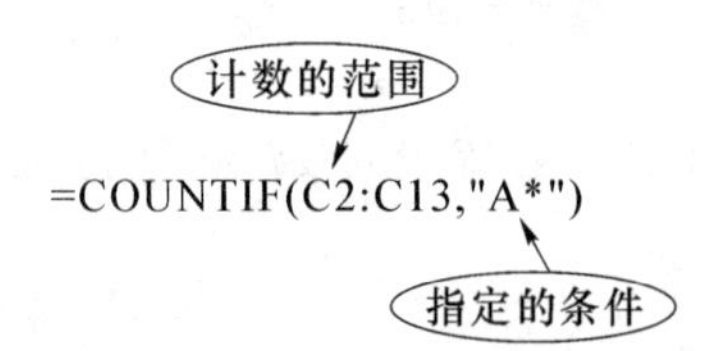

(4) 在指定单元格中输入“＝COUNTIF(D2:D13,"＜20")”,结果为 9。

COUNTIF 函数解析：

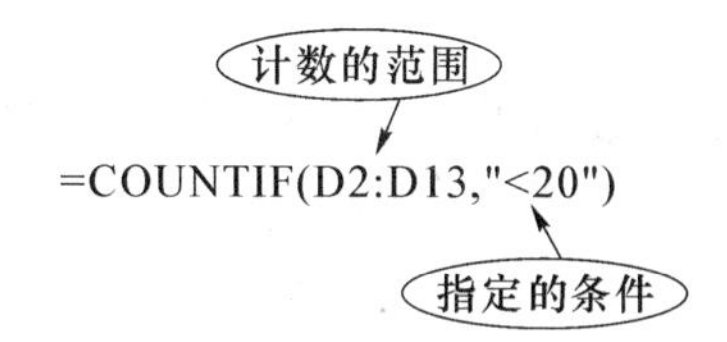

(5) 在指定单元格中输入“＝AVERAGEIF(B2:B13,B3,D2:D13)”,结果为 12.5。

AVERAGEIF 函数解析：

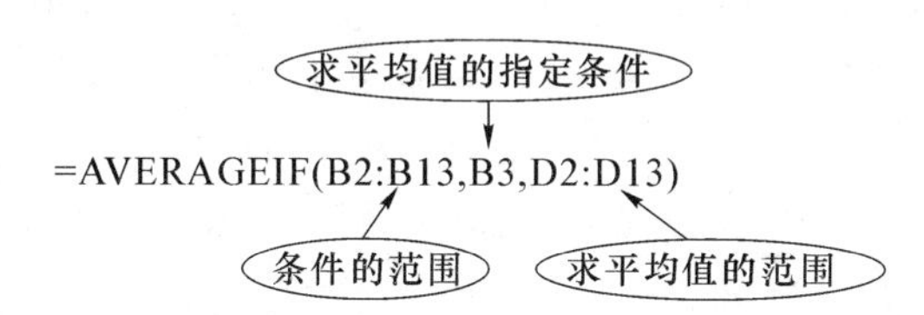

(6) 在指定单元格中输入“＝COUNTIF(D2:D13,"＜＝25")-COUNTIF(D2:D13,"＜10")”,结果为 3。

COUNTIF(D2:D13,"＜＝25")表示在 D2:D13 单元格区域内小于等于 25 的数字的个数,结果为 10;COUNTIF(D2:D13,"＜10")表示在 D2:D13 单元格区域内小于 10 的数字的个数,结果为 7;它们的差即为大于等于 10 小于等于 25 的数字的个数。

第3章 抽　　样

样本(Sample)是从总体中抽出的一部分个体。样本中所包含的个体数目称样本容量或含量,用符号 N 或 n 表示。样本有大小之分,大样本(Large Sample)的容量一般在 30 以上,小样本(Small Sample)的容量在 30 以下。一般而言,样本越大从总体中提取的信息就越多,对总体的代表性就越好,因此一般情况都抽取大样本进行研究。

抽样又称取样,是指从待研究的总体中抽取一部分个体作为样本,对这些样本进行分析、研究以此来估计和推断总体特性的过程。抽样是科学实验、质量检验、社会调查普遍采用的一种经济有效的工作和研究方法,抽样的基本要求是要保证所抽取的样本对总体具有充分的代表性。样本作为总体的缩影,因此选取样本的过程必须非常谨慎,否则就会对总体的判断造成很大的偏差。

1936 年,民主党人罗斯福担任美国总统期满,共和党人兰登与他竞选总统。当时著名的杂志《文学摘要》组织大约 240 万人参加了预测谁是下一任总统的民意测验,结果预测兰登将以 57%对 43%的优势获胜。当时《文学摘要》杂志影响力很大,自 1916 年之后的连续五届总统选举中,《文学摘要》杂志都正确地预测出获胜的一方。而当时名不见经传的盖洛普刚刚成立盖洛普民意调查研究所,他们根据一个约 5 万人的样本得出了不一样的结论,预测罗斯福会以 56%对 44%的优势获胜。

在这次竞选总统的预测调研中,《文学摘要》杂志样本远远大于盖洛普民意调查的样本量,那么是不是样本数大结果就更加准确呢?实际的结果却是,罗斯福以 62%对 38%的优势胜出。从常理来看,《文学摘要》调查的样本量比盖洛普高达几十倍,样本越多,结论不是应该更可靠吗?罗斯福的实际得票率为 62%,《文学摘要》杂志的预测为 43%,误差达到 19%。《文学摘要》杂志的大样本调查为什么反而出现更大的误差呢?

后来经过研究发现,出现偏差的主要原因在于《文学摘要》杂志选取样本有偏性。《文学摘要》杂志是根据电话簿和俱乐部会员的名册,将问卷邮寄给 1 000 万人。当时美国四个家庭中仅有一家装电话,这样《文学摘要》杂志选取的样本有排斥穷人的选择偏性,所以《文学摘要》杂志的民意测验非常不利于民主党人罗斯福,结论出现了比较大的偏差。此外,《文学摘要》杂志调查的 1 000 万人中只有 240 万人回答了问卷,不回答者可能非常有别于回答者,这 240 万人代表不了被邮寄问卷的 1 000 万人。所以当出现不回答率偏高的时候,谨防不回答偏性。

因此,我们在进行抽样时,必须充分考虑样本对总体的代表性。明确调查对象总体的内涵和外延,选择恰当的抽样方法,最后还需评估样本质量。

3.1 抽样方法

抽样方法可简单地分为两大类:概率抽样和非概率抽样。

概率抽样又称为随机抽样，总体中哪个成员被抽取完全取决于客观机会，任何一个个体被抽中都属于相互独立的随机事件，例如简单随机抽样、整群抽样。

非概率抽样则是有意识地选取样本的抽样方法，样本的抽取往往不随机，例如周期抽样。

还有一些综合型的抽样方法，将概率抽样与非概率抽样结合在一起，例如等距抽样、分层抽样。具体的方法在后面会一一介绍。

抽样是少数样本代替总体进行研究的过程，因此一定会产生误差。样本的误差按其性质可以分为两类：一类是抽样误差，它是由于抽选样本的随机性而产生的误差。只有采用概率抽样的方式才可能估计抽样误差。另一类是非抽样误差，它是指除抽样误差以外的、由于各种原因而引起的误差。在概率抽样、非概率抽样和全面调查中，非抽样误差都有可能存在。

如果采用了概率抽样方法，那么我们可以估计出抽样误差的大小，还可以通过选择样本量的大小来控制抽样误差。在谨慎执行的抽样调查中，抽样误差通常不大。而非抽样误差相对比较难以估计和控制。下面我们具体来看一下抽样的方法。

3.1.1 简单随机抽样

一般的，设一个总体个数为 N，如果通过逐个抽取的方法抽取一个样本，且每次抽取时，每个个体被抽到的概率相等，这样的抽样方法为简单随机抽样，也称为纯随机抽样。简单随机抽样是其他抽样方法的基础，适用于总体个数较少的情况，也可以作为综合抽样中部分样品的抽样方法。简单随机抽样又分为重复抽样与不重复抽样。

重复抽样又称放回式抽样，每次从总体中抽取的样本经检验之后，又重新放回总体，参加下次抽样。Excel 可以通过随机函数与随机数发生器生成随机数实现简单随机抽样。

不重复抽样也叫作不重置抽样、无放回抽样。不重复抽样是从总体中每抽取一个样本后，不再将其放回总体内，因而任何单位一经抽出，就不会有再被抽取的可能性。不重复抽样中，每个样本最多只有一次被抽中的机会。随着抽中样本个数的不断增多，剩下的样本被抽中的机会不断增大(条件概率)。一般来说，不重复抽样的误差小于重复抽样的误差。当总体个数较大时，我们用重复抽样近似不重复抽样。

简单随机抽样在整个抽样过程中完全遵循随机原则，因此在 Excel 中要实现简单随机抽样，有以下四种方法。

1. 使用 RAND 函数进行抽样

RAND 函数的功能是产生大于等于 0 及小于 1 的平均分布随机数，每次计算工作表时都将返回一个新的随机实数。其表达式为

```
RAND( )
```

函数无参数。

如果要使用 RAND 函数生成一个随机数，并且使之不随单元格计算而改变，可以在编辑栏中输入“＝RAND( )”，保持编辑状态，然后按 F9 键，将公式永久性地改为随机数。对于多个包含 RAND( )函数的单元格，也可以复制后，使用“选择性粘贴”对话框中“粘贴”组的“数值”选项(如图 3-1 所示)，将随机函数的值保存在指定单元格内。

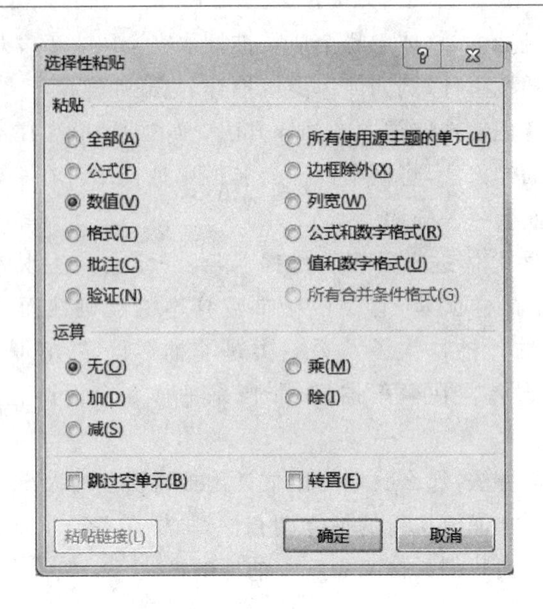

图 3-1　选择性粘贴

注意：这里必须使用“选择性粘贴”中的只粘贴“数值”，将函数保存为数值，否则当通过在其他单元格中输入公式或日期重新计算工作表，或者通过手动重新计算(按 F9 键)时，会使用 RAND 函数为任何公式生成一个新的随机数。

在实际应用时，经常会指定随机数在某一个范围之间，例如要使用 RAND 函数生成 a 与 b 之间的随机实数，那么公式为

= RAND( ) * (b - a) + a

例 3.1　某工厂需要从 120 个产品中可重复地随机抽取 15 个产品检验。现在需要通过 Excel 的 RAND 函数选择产品编号，如图 3-2 所示。

B5　=ROUND(1+RAND()*($B$1-1),0)

	A	B	C	D	E	F
1	总体数	120				
2	样本数	15				
3						
4		抽样号码				
5	1	70				
6	2	118				
7	3	50				
8	4	49				
9	5	38				
10	6	55				
11	7	58				
12	8	37				
13	9	118				
14	10	38				
15	11	65				
16	12	69				
17	13	33				
18	14	47				
19	15	26				

图 3-2　使用 RAND 函数进行抽样

【实验步骤】

步骤1:在单元格B5中,输入"=ROUND(1+RAND( )*($B$1-1),0)",并将该公式复制到B5:B19单元格中,得到的数据即为1~120之间的随机数。

函数解析:

四舍五入取整　0~1间的随机数　总体数-1,即119

=ROUND(1+RAND( )*($B$1-1),0)

随机取0~1之间的一个随机小数,这个小数乘以比整体数小1的整数,将乘积增加1,最后四舍五入。

注意:RAND函数返回的是实数,而不是整数,因此需配合使用ROUND(number, num_digits)函数。

ROUND函数将数字四舍五入到指定的位数。ROUND函数语法:

ROUND(number, num_digits)

ROUND函数参数:

- number:必需,要四舍五入的数字。
- num_digits:必需,要进行四舍五入运算的位数。
  - ◇ 如果num_digits大于0(零),则将数字四舍五入到指定的小数位数。
  - ◇ 如果num_digits等于0,则将数字四舍五入到最接近的整数。
  - ◇ 如果num_digits小于0,则将数字四舍五入到小数点左边的相应位数。
  - ◇ 若要始终进行向上舍入(远离0),请使用ROUNDUP函数。
  - ◇ 若要始终进行向下舍入(朝向0),请使用ROUNDDOWN函数。

例如,ROUND(3.56,1)表示将3.56四舍五入为1位小数,运算结果为3.6。

步骤2:选中单元格C5,单击鼠标右键,选择"选择性粘贴"中的"数值",将随机数保存为数值。

思考:在步骤1中为什么不直接用ROUND(RAND( )*$B$1)呢?

因为RAND( )有可能取到0,因此ROUND(RAND( )*$B$1)也可能取到0值,但是在抽样中不允许出现0的情况,为了避免取到0,所以使用ROUND(1+RAND( )*($B$1-1))的公式。

2. 使用RANDBETWEEN函数进行抽样

RANDBETWEEN函数的功能是返回位于两个指定数之间的一个随机整数。每次计算工作表时都将返回一个新的随机整数。

函数表达式:

= RANDBETWEEN (bottom, top)

RANDBETWEEN函数语法具有下列参数:

- bottom:必需,是RANDBETWEEN能返回的最小整数。
- top:必需,是RANDBETWEEN能返回的最大整数。

例3.2 某工厂需要从120个产品中可重复地随机抽取15个产品检验。现在需要通过Excel的RANDBETWEEN函数选择产品编号。

【实验步骤】

步骤 1:在单元格 B5 中,输入“= RANDBETWEEN($E$1, $E$2)”,并将该公式复制到 B5:B19 单元格中,得到的数据即为 1～120 之间的随机整数,如图 3-3 所示。

B5 =RANDBETWEEN($E$1,$E$2)

	A	B	C	D	E	F
1	总体数	120		最小值	1	
2	样本数	15		最大值	120	
3						
4		抽样号码				
5	1	38				
6	2	30				
7	3	100				
8	4	55				
9	5	80				
10	6	63				
11	7	97				
12	8	17				
13	9	90				
14	10	104				
15	11	44				
16	12	44				
17	13	71				
18	14	44				
19	15	18				
20						

图 3-3　使用 RANDBETWEEN 函数进行抽样

函数解析:

步骤 2:选中单元格 C5,单击鼠标右键,选择“选择性粘贴”中的“数值”,将随机数保存为数值。

注意:RANDBETWEEN 函数在选中指定范围的随机整数时,比 RAND 函数使用更简单。同样的,当通过在其他单元格中输入公式或日期重新计算工作表,或者通过手动重新计算(按 F9 键)时,会使用 RANDBETWEEN 函数为任何公式生成一个新的随机数。

3. 通过 Excel 随机数发生器产生随机数实现简单随机抽样

“随机数发生器”分析工具可选择均匀分布、正态分布、伯努利分布、二项式分布、泊松分布、模式分布和离散分布中的任一个分布,产生独立随机数字,并通过概率分布表示样本总体中的主体特征。例如,可使用正态分布来表示人体身高的总体特征,或者使用只有两项可能结果的伯努利分布来表示掷币实验结果的总体特征。

例 3.3　需从某班级 120 名学生中随机抽取 15 名参加学校学生代表会议,现在需要通过 Excel 的随机数发生器完成抽取任务。

【实验步骤】

步骤 1:选择“数据”选项卡,然后选择“分析”组的“数据分析”工具中的“随机数发生器”,如图 3-4 所示。

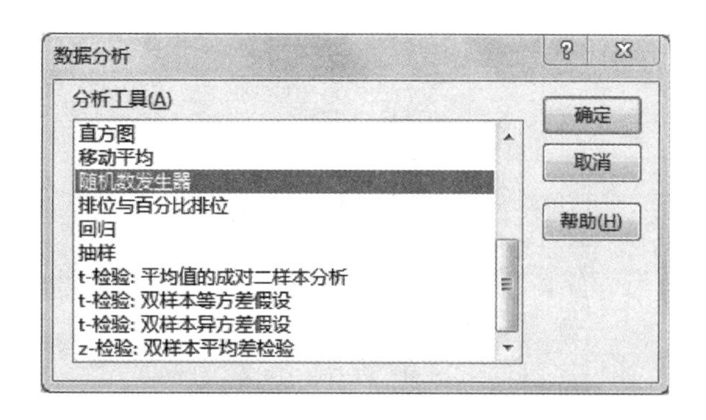

图 3-4　选择“随机数发生器”

步骤 2:设置“随机数发生器”参数,如图 3-5 所示。

- 变量个数为 1;
- 随机数个数为 15;
- 分布为“均匀”;
- 参数介于“1”与“120”;
- 输出区域为“＄B＄2”。

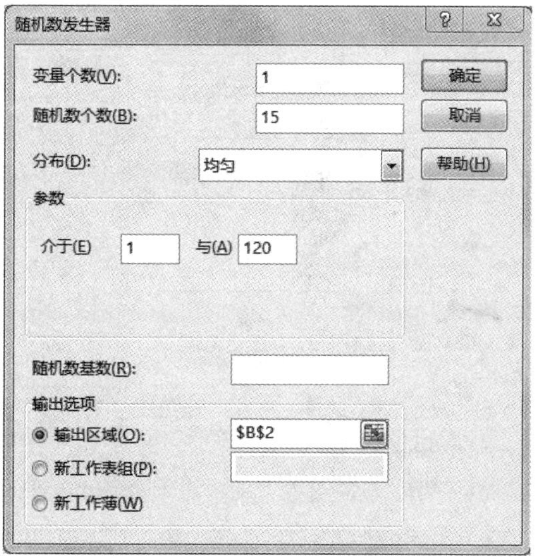

图 3-5　设置“随机数发生器”参数

步骤 3:在单元格 C2 中输入“＝ROUND(B2,0)”,并将该公式复制到 B2:B13 单元格中,得到的数据即为 1 到 120 之间的随机整数,如图 3-6 所示。

注意:随机数发生器不仅仅可以为均匀分布选取随机数,还适用于正态分布、伯努利分布、二项式分布、泊松分布、模式分布和离散分布,如图 3-7 所示。使用时可以根据研究对象的具体分布,在随机数发生器对话框中进行选择。

4. 通过抽样宏实现简单随机抽样

前面的三种简单随机抽样均适用于连续编号的情况,当遇到编号不连续或者在指定的编号内抽样的情况时,可以使用抽样宏实现简单随机抽样。抽样分析工具以数据源区域为总体,从而为其创建一个样本。当总体太大而不能进行处理或绘制时,可以选用具有代表性的样本。

C2 =ROUND(B2,0)

	A	B	C	D
1	编号	学生编号	抽样	
2	1	104.7795	105	
3	2	82.75689	83	
4	3	36.54347	37	
5	4	62.44115	62	
6	5	65.16855	65	
7	6	53.68148	54	
8	7	38.7225	39	
9	8	112.3189	112	
10	9	104.4418	104	
11	10	79.64815	80	
12	11	15.9154	16	
13	12	103.0835	103	
14	13	102.2446	102	
15	14	12.54518	13	
16	15	95.49327	95	

图 3-6　将随机数四舍五入

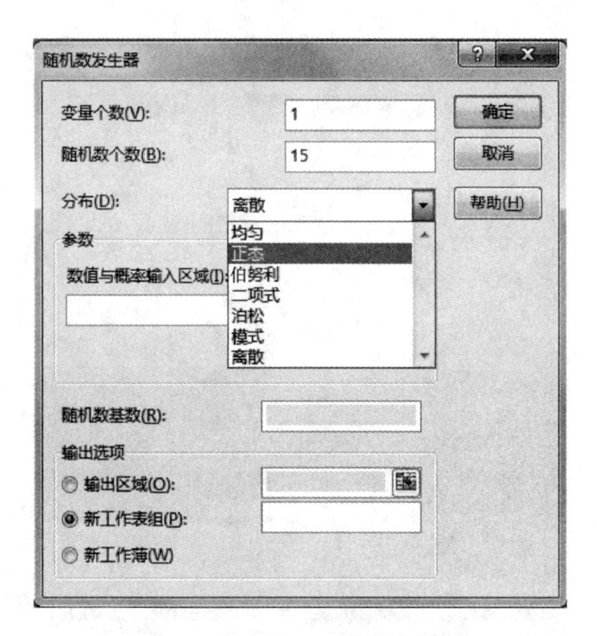

图 3-7　随机数发生器的分布选择

下面通过分析工具中的抽样宏实现简单不重复抽样。

例 3.4　需从某班级 50 名学生中随机抽取 5 名参加学校学生代表会议，学生学号不连续，如图 3-8 所示，现在需要通过 Excel 抽样宏完成抽取任务。

	A	B	C	D	E	F	G	H	I	J
1	某班学生名单									
2	2016015001	2016015009	2016015017	2016015028	2016015034	2016015041	2016015057	2016015062	2016015071	2016015103
3	2016015002	2016015010	2016015018	2016015029	2016015035	2016015042	2016015058	2016015063	2016015072	2016015104
4	2016015003	2016015011	2016015019	2016015030	2016015036	2016015053	2016015059	2016015064	2016015073	2016015105
5	2016015004	2016015012	2016015024	2016015031	2016015037	2016015054	2016015060	2016015065	2016015075	2016015121
6	2016015005	2016015013	2016015025	2016015032	2016015038	2016015055	2016015061	2016015066	2016015105	2016015123

图 3-8　某班学生名单

【实验步骤】

步骤 1:选择“数据”选项卡,然后选择“分析”组的“数据分析”工具中的“抽样”。

步骤 2:设置“抽样”参数,如图 3-9 所示。

- 输入区域:$A$2:$J$6(即实际数据所在区域);
- 随机—样本数:5;
- 输出区域:$A$9(可自行选择)。

注意:和前面的例子不一样,使用抽样宏工具进行抽样,可以在指定样本数据中抽取,而不需要总体数据必须是连续的。

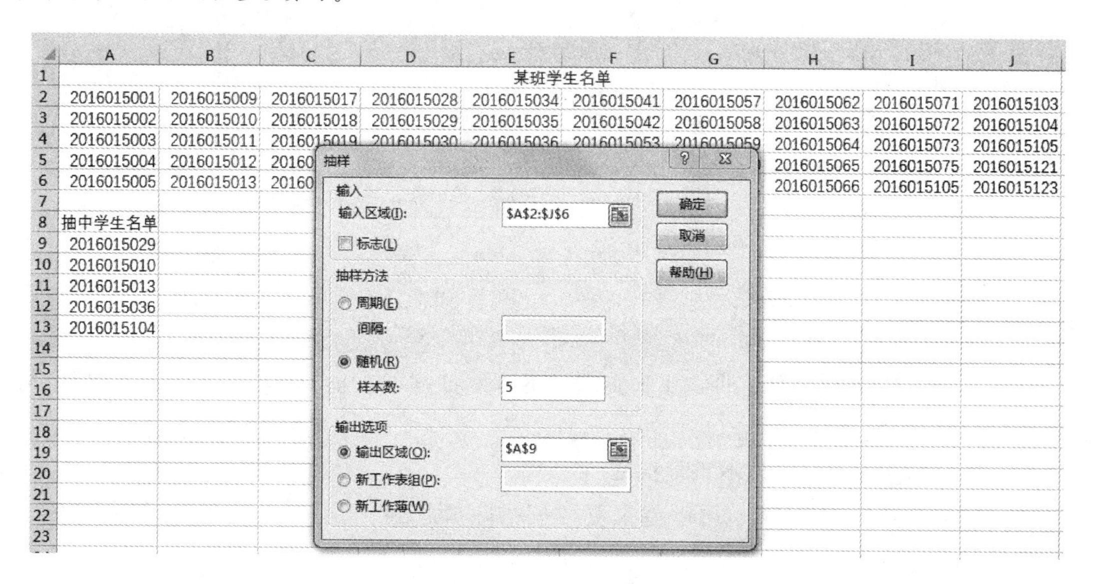

图 3-9　使用抽样宏实现简单随机抽样

由于随机抽样时总体中的每个数据都可以被多次抽取,所以在样本中的数据一般都会有重复现象,解决此问题有待于程序的完善。为了实现不重复抽样,下面介绍两种方法。

5. 实现不重复抽样

由于随机抽样时,总体中的每个数据都可以被多次抽取,所以在样本中的数据有可能会出现重复现象。虽然抽中样本重复的概率并不高,但是实际操作中,由于抽取到的实数通常会经过四舍五入的取整处理,所以样本重复的情况并不少见。为了避免重复抽样,可以使用以下两种方法。

(1) 利用“条件格式”实现不重复抽样

Excel 的“条件格式”功能可以标识重复数据,因此我们可以对抽取出来的随机数设置条件格式,显示重复数据。如果需要无重复抽取,那么就需要把出现重复数据的抽样丢弃。以例 3.1 为例,实验步骤如下。

步骤 1:选中 B5:B11,然后选择“开始”选项卡“样式”组的“条件格式”工具中的“新建规则”。

步骤 2:在“选择规则类型”中选择“仅对唯一值或重复值设置格式”,其他参数选择“重复”,如图 3-10 所示,设置格式为底色黄色,这样所有重复的数字底色均显示成黄色。

步骤 3:如果已经选择出没有重复的数字,那么就已经完成抽样。如果有黄色底色提示有重复数字，那么就按 F9 键刷新，直到没有黄色出现为止。

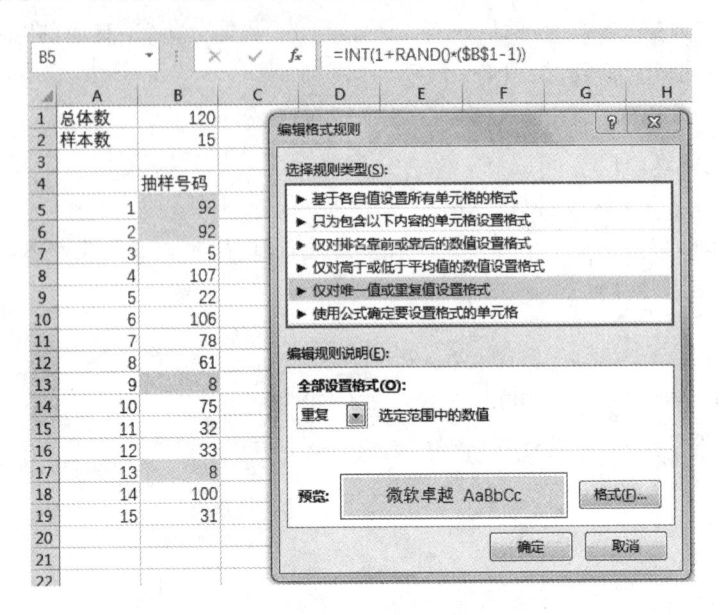

图 3-10　利用条件格式实现无重复抽样

利用“条件格式”的不重复抽样并非实现了不重复抽样的功能，而是丢弃出现重复抽样的样本，直到得到不重复样本为止。

(2) 利用“高级筛选”实现不重复抽样

Excel 的“高级筛选”功能也可以将重复数据排除，因此我们也可以利用“高级筛选”实现不重复抽样。

以例 3.3 为例，选中样本数据列，选择“数据”选项卡 “排序与筛选”组中的“高级筛选”，如图 3-11 所示，弹出高级筛选对话框，选中需要实验的数据，勾选“选择不重复的记录”复选框，如图 3-12 所示。

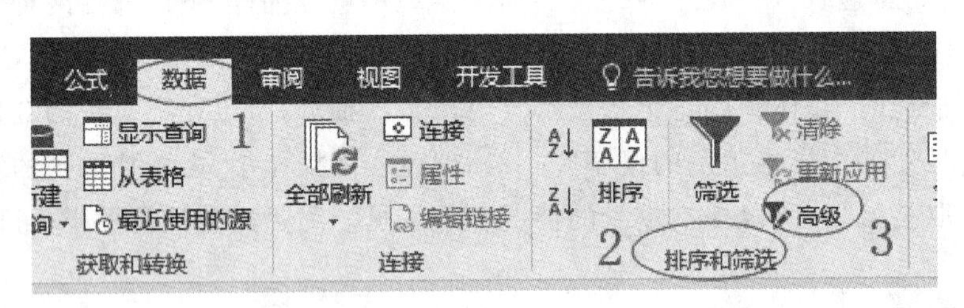

图 3-11　高级筛选

当出现重复数据时，筛选出来的结果会少于例题要求的数量，那么就需要读者根据实际情况，适当调整在数据样本选取时的随机数个数的设置，使得最终筛选出来的不重复样本数量不少于所需数量。

(3) 删除重复项

Excel“数据”选项卡的数据工具组中还有一个“删除重复项”工具，如图 3-13 所示。

仍然以例 3.3 为例，选中样本数据列，单击“删除重复项警告”命令，打开该命令对话框，选择“以当前区域进行排序”，如图 3-14 所示。

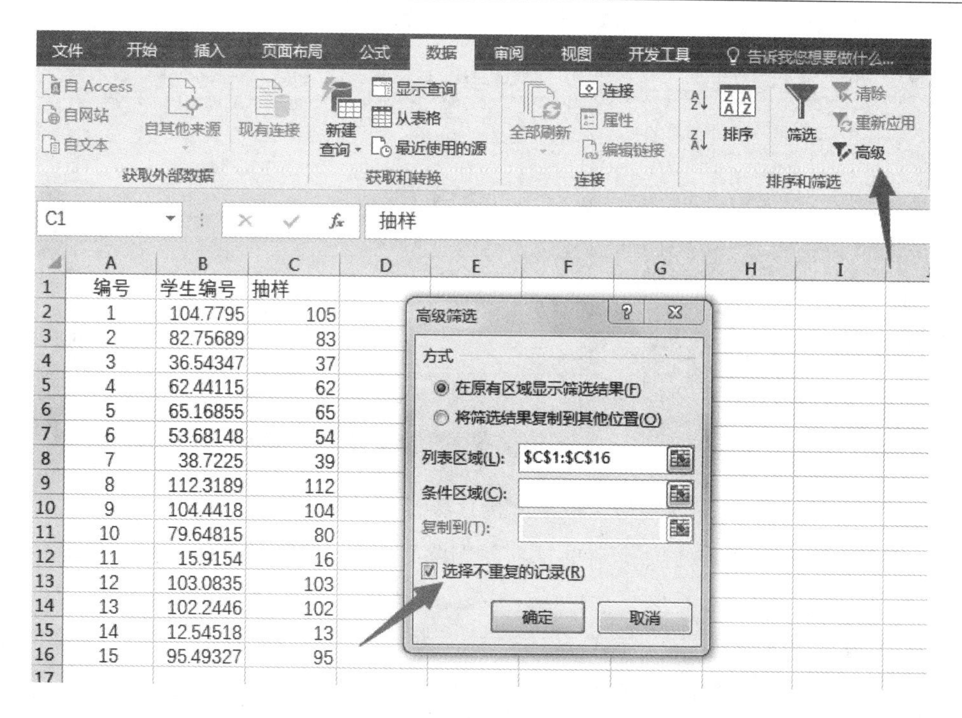

图 3-12　“高级筛选”选择不重复记录

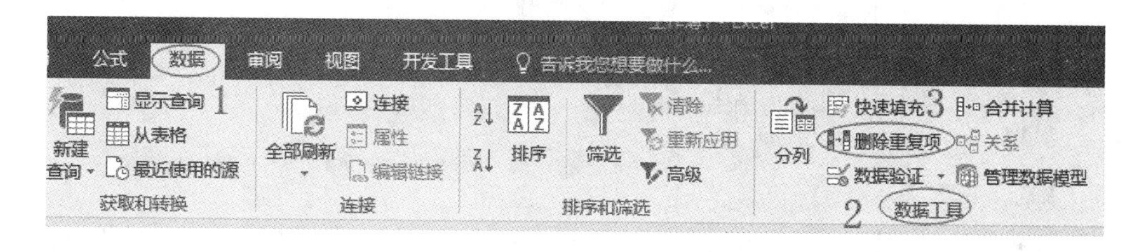

图 3-13　删除重复项工具

	A	B	C
1	编号	学生编号	抽样
2	1	104.7795	105
3	2	82.75689	83
4	3	36.54347	37
5	4	62.44115	62
6	5	65.16855	65
7	6	53.68148	54
8	7	38.7225	39
9	8	112.3189	112
10	9	104.4418	104
11	10	79.64815	80
12	11	15.9154	16
13	12	103.0835	103
14	13	102.2446	102
15	14	12.54518	13
16	15	95.49327	95
17	16	112.3189	112

删除重复项警告

Microsoft Excel 在选定区域旁找到数据。由于您未选定此数据，因此无法将其删除。

给出排序依据

扩展选定区域(E)

以当前选定区域排序(C)

删除重复项(R)...　取消

图 3-14　“删除重复项警告”对话框

单击“删除重复项警告”对话框中的“删除重复项”按钮，弹出“删除重复项”对话框，如图 3-15 所示。勾选“数据包含标题”复选框。

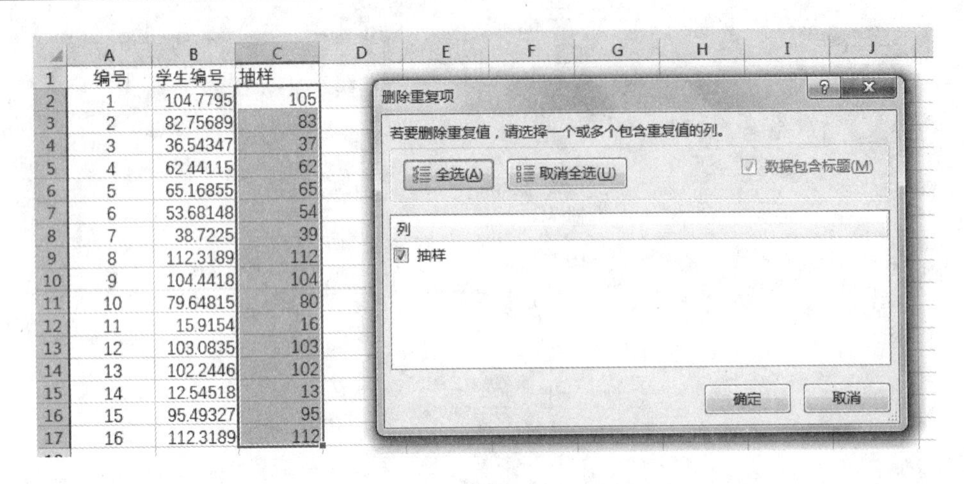

	A	B	C
1	编号	学生编号	抽样
2	1	104.7795	105
3	2	82.75689	83
4	3	36.54347	37
5	4	62.44115	62
6	5	65.16855	65
7	6	53.68148	54
8	7	38.7225	39
9	8	112.3189	112
10	9	104.4418	104
11	10	79.64815	80
12	11	15.9154	16
13	12	103.0835	103
14	13	102.2446	102
15	14	12.54518	13
16	15	95.49327	95
17	16	112.3189	112

图 3-15 “删除重复项”对话框

单击“确定”按钮后，Excel 会找到重复项并删除重复项，得到无重复数据，如图 3-16 所示。

	A	B	C
1	编号	学生编号	抽样
2	1	104.7795	105
3	2	82.75689	83
4	3	36.54347	37
5	4	62.44115	62
6	5	65.16855	65
7	6	53.68148	54
8	7	38.7225	39
9	8	112.3189	112
10	9	104.4418	104
11	10	79.64815	80
12	11	15.9154	16
13	12	103.0835	103
14	13	102.2446	102
15	14	12.54518	13
16	15	95.49327	95
17	16	112.3189	

Microsoft Excel

发现了 1 个重复值，已将其删除；保留了 15 个唯一值。

确定

图 3-16 删除重复项

在“删除重复项警告”对话框中，如果选择“扩展选定区域”选项，那么 Excel 会选中所有数据进行重复项选择，如图 3-17 所示。

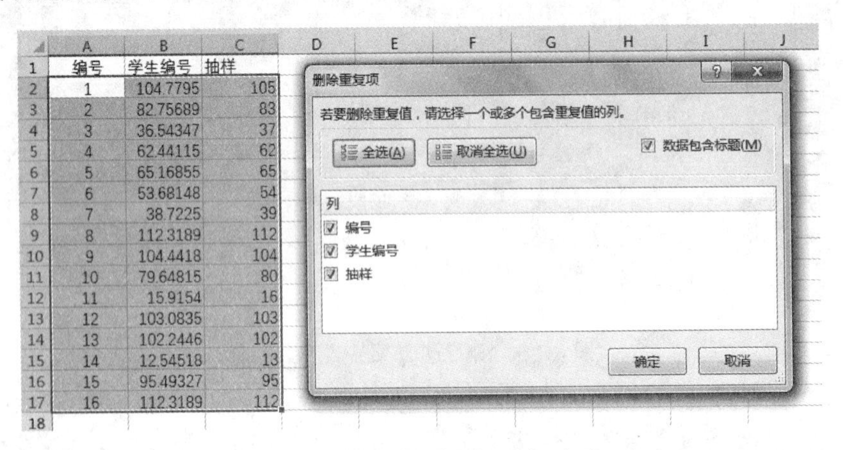

	A	B	C
1	编号	学生编号	抽样
2	1	104.7795	105
3	2	82.75689	83
4	3	36.54347	37
5	4	62.44115	62
6	5	65.16855	65
7	6	53.68148	54
8	7	38.7225	39
9	8	112.3189	112
10	9	104.4418	104
11	10	79.64815	80
12	11	15.9154	16
13	12	103.0835	103
14	13	102.2446	102
15	14	12.54518	13
16	15	95.49327	95
17	16	112.3189	112
18			

图 3-17 选择“扩展选定区域”选项

在"扩展选定区域"条件下,只有不同行的三列数据都一样时,Excel 才会判断这两行数据是重复的。也就是说,"以当前区域排序"条件下删除重复数据,只判断该列的数据是否重复,结果如图 3-16 所示。而"扩展选定区域"条件下删除重复数据,需要判断所有的列,因此就会出现无法找出重复项的问题,如图 3-18 所示。

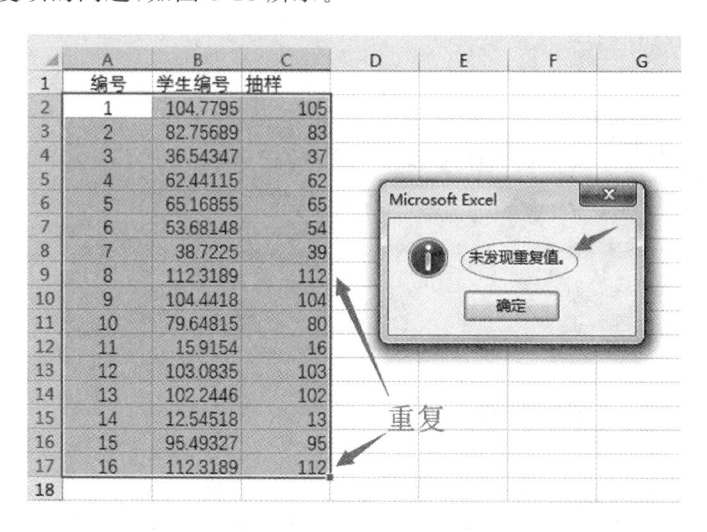

	A	B	C
1	编号	学生编号	抽样
2	1	104.7795	105
3	2	82.75689	83
4	3	36.54347	37
5	4	62.44115	62
6	5	65.16855	65
7	6	53.68148	54
8	7	38.7225	39
9	8	112.3189	112
10	9	104.4418	104
11	10	79.64815	80
12	11	15.9154	16
13	12	103.0835	103
14	13	102.2446	102
15	14	12.54518	13
16	15	95.49327	95
17	16	112.3189	112

图 3-18　重复项的误判

3.1.2　周期抽样

总体数据呈周期循环分布时,随机抽样就不太适合用来研究总体了,因为随机抽样很可能会破坏样本的周期性,也就无法保证样本与总体具有相同的周期,此时宜采用周期抽样。

如果确认数据源区域中的数据是周期性的,可创建一个样本,其中仅包含一个周期中特定时间段的数值。例如,如果数据源区域包含季度销售量数据,以 4 为周期性速率进行取样,将在输出区域生成与数据源区域中相同季度的数值。抽样分析工具以数据源区域为样本总体,并为此样本总体创建一个样本。当总体太大而不能进行处理或绘制时,可以选用具有代表性的样本。

例 3.5　某公司统计该公司 4 个季度中的固定间隔日期的销量,试采用周期抽样抽出 10 笔进行分析。基本销售数据如图 3-19 所示。

	A	B	C	D	E
1	第一季度	第二季度	第三季度	第四季度	
2	356	352	250	234	
3	201	273	270	303	
4	160	254	300	305	
5	269	165	209	375	
6	287	219	322	185	
7	241	314	120	204	
8	130	301	243	199	
9	125	149	143	173	
10	103	386	263	317	
11	346	262	281	199	

图 3-19　某公司 4 个季度统计数据表

【实验步骤】

步骤 1:选择“数据”选项卡,然后选择“分析”组“数据分析”工具中的“抽样”。

步骤 2:设置“抽样”参数,如图 3-20 所示。

- 输入区域:$A$2:$D$11(即实际数据所在区域);
- 周期—间隔:4;
- 输出区域:$A$13(可自行选择)。

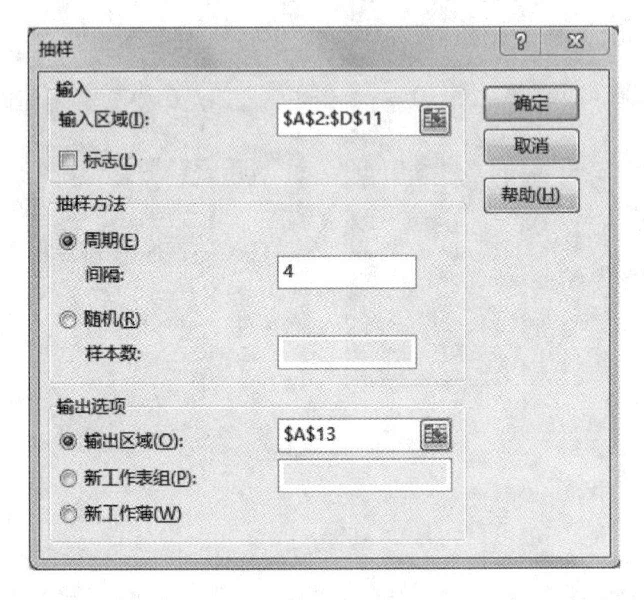

图 3-20 周期抽样的参数设置

Excel 中的周期抽样也称为间隔抽样,当输入周期间隔之后,输入区域中位于间隔点的数值和此后每一个间隔点的数值都会被复制到输出列。所以,周期抽样不是随机抽样,也就是说,当选定周期以后,抽取出来的数据是一定的。

注意:本节介绍的周期抽样和 3.1.3 节介绍的等距抽样是不同的,本节介绍的周期抽样完全不随机,而等距抽样中第一类的抽样仍然是随机抽样。

3.1.3 抽样的综合方法

总体单位数 N 较大或者总体各单元之间差异较大时,如果采用简单随机抽样对总体指标进行估计,通常会产生很大的误差。因此在实际抽样中总体数较多时,可将总体分成均衡的几个部分,然后按照预先定出的规则,从每一部分抽取某些个体得到所需要的样本,或者直接抽取一部分将其全部作为样本。

下面介绍几种常见的抽样方法。

1. 等距抽样

等距抽样是最接近于简单抽样的一种系统抽样方法。如果抽出的单位在总体中是均匀分布的,且抽取样本可少于纯随机抽样,那么就可以选择等距抽样。

等距抽样首先根据样本容量选取样本间隔或周期,将总体划分成若干大小相同的区间。然后在第一个区间利用简单随机抽样选取样本起点,后面所有的样本都是根据样本间隔或周期选取。换句话说,只有第一个区间采用了随机抽样,而后面所有的样本是由第一个样本和样本间隔确定的。

等距抽样方式相对于简单随机抽样方式最主要的优势就是经济性。等距抽样方式比简单随机抽样更为简单,花的时间更少,并且花费也少,而且等距抽样得到的样本几乎与简单随机抽样得到的样本是相同的。因此在定量抽样调查中,等距抽样常常代替简单随机抽样,应用普遍。

等距抽样的一般步骤如下。

步骤1:将总体划分成 n 个区间,计算对应的每个区间的样本个数 Q。

$$Q=\frac{N}{R}\quad \left(\text{当}\frac{N}{R}\text{不是整数时,四舍五入}\right)$$

步骤2:采用简单随机抽样,抽取 $1\sim Q$ 之间的随机样本 R。选取样本数可以采取简单随机抽样中的任意方法。

步骤3:抽取所有的样本,样本编号依次为 $R,Q+R,Q+2R,\cdots$

这里需要注意的是总体单位的排列。一方面,一些总体单位数可能包含隐蔽的形态或者是“不合格样本”,等距抽样把它们抽选为样本,有可能会造成较大偏差。另一方面,等距抽样要防止周期性偏差,因为它会降低样本的代表性。例如,军队人员名单通常按班排列,10人一班,班长排第1名,若抽样距离也取10时,则样本或全由士兵组成或全由班长组成。因此,等距抽样要求数据无规律性,不能存在固定间隔,否则会影响抽样的准确性。进行等距抽样时,必须充分利用已有信息对总体单位进行排队后再抽样,从而提高抽样效率。

按照具体实施等距抽样的做法,等距抽样可分为直线等距抽样、对称等距抽样和循环等距抽样。等距抽样的系统抽样方法可分为间隔定时法、间隔定量法、分部比例法。

下面通过具体的例题来看等距抽样的应用。

例3.6 某学院有学生812人(假设该学校的学生编号从1~812),要选择20名同学参加某调研活动,为了数据的真实性并提高抽样效率,该学校采取等距抽取的方式随机抽取出参加调研的同学。

【实验步骤】

步骤1: 将总体划分成20个区间,计算每个区间的样本数,在单元格B4中,输入“=ROUND(B1/B2,0)”,如图3-21所示。

B4 =ROUND(B1/B2,0)

	A	B	C	D	E
1	N	812			
2	n	20			
3					
4	Q	41			

图3-21 计算区间的样本数

步骤2:利用RANDBETWEEN函数抽取第一个区间内的随机数,在单元格B5中,输入“=RANDBETWEEN(1,$B$4)”,如图3-22所示。

B5 =RANDBETWEEN(1,$B$4)

	A	B	C	D	E	F
1	N	812				
2	n	20				
3						
4	Q	41				
5	随机数 R	2				

图3-22 利用RANDBETWEEN函数对第一个区间进行简单随机抽样

步骤 3：将 B5 的结果选择性粘贴到单元格 B7 中，只粘贴“数值”；

步骤 4：在单元格 B8 中输入“＝B7＋＄B＄4”，如图 3-23 所示，即计算第二个区间内的样本号，区间长度加上抽取的随机数。

B8　　=B7+$B$4

	A	B	C	D	E
1	N	812			
2	n	20			
3					
4	Q	41			
5	随机数 R	15			
6					
7	学生编号	15			
8	2	56			

图 3-23　计算第二个区间的抽样编号

步骤 5：在单元格 B9～B26 中，复制 B8 的公式，如图 3-24 所示，即为所得。

	A	B	C	D
7	学生编号	15		
8	2	56		
9	3	97		
10	4	138		
11	5	179		
12	6	220		
13	7	261		
14	8	302		
15	9	343		
16	10	384		
17	11	425		
18	12	466		
19	13	507		
20	14	548		
21	15	589		
22	16	630		
23	17	671		
24	18	712		
25	19	753		
26	20	794		
27				
28			自动填充选项	
29				

图 3-24　计算 3-20 个区间的抽样编号

2. 分层抽样

分层抽样，又称为类型抽样或分类抽样，即抽样在每个层中独立进行，总的样本由各层样本构成。

总体是由差异明显的几个部分组成时，往往选用分层抽样的方法。分层抽样的特点是同一层中各单位差异小，而不同层之间的差异大。从每一层中抽取样本，这样样本就有该层的代表性，将每一层的样本集合起来，就组成了所有样本。使用分层抽样可以提高估计的精度，也便于依托各级管理机构进行组织和实施。

分层抽样尽量利用事先所掌握的各种信息，并充分考虑保持样本结构与总体结构的一致性，这对提高样本的代表性非常重要。

分层抽样需要注意两个问题。

(1) 需选择合适的分层方法,保证每层个体差异小,而层与层之间差异较大。

(2) 每一层样本数由该层个体数、总样本容量与总体个体数的比例确定。例如,总样本数为 N,样本容量为 n,该层个体数为 N_i,那么该层样本数

$$n_i=\frac{n}{N}N_i$$

具体来说,分层抽样的步骤如下。

步骤1:根据已经掌握的信息,将总体分成互不相交的 m 个层。

步骤2:根据总体的个体数 N 和样本容量 n 计算抽样比 $k=n/N$。

步骤3:确定每一层应抽取的个体数目,并使每一层应抽取的个体数目之和为样本容量 n。

步骤4:按步骤3确定的数目在各层中随机抽取个体,合在一起得到容量为 n 的样本。

例3.7 某城市有210家百货商店,其中大型商店20家,中型商店40家,小型商店150家。为了掌握各商店的营业情况,计划抽取一个容量为21的样本,按照分层抽样方法抽取时,各种百货商店分别要抽取多少家?

【解题步骤】

步骤1:根据题意,该城市的百货商店分为3层:大型商店、中型商店和小型商店。

步骤2:计算抽样比 $k=\frac{21}{210}=\frac{1}{10}$。

步骤3:分别计算3层的样本数:

- 大型商店的抽样个数为 $n_1=20\times\frac{1}{10}=2$;
- 中型商店的抽样个数为 $n_2=40\times\frac{1}{10}=4$;
- 小型商店的抽样个数为 $n_3=150\times\frac{1}{10}=15$。

步骤4:计算整体样本数 $n=n_1+n_2+n_3=2+4+1=21$。

步骤5:每一层分别进行简单随机抽样。

3. 整群抽样

整群抽样是指整群地抽选样本单位,对被抽选的群进行全面调查的一种抽样组织方式。例如,调查中学生患近视的情况,抽取某一个班做统计;进行产品检验;每隔8 h抽1 h生产的全部产品进行检验等。

整群抽样的实施步骤如下。

先将总体分为 i 个群,然后从 i 个群中随机抽取若干个群,对这些群内所有个体或单元均进行调查。抽样过程可分为以下几个步骤:

(1) 确定分群的标注;

(2) 总体 N 分成若干个互不重叠的部分,每个部分为一群;

(3) 据各样本量,确定应该抽取的群数;

(4) 采用简单随机抽样或系统抽样方法,从 i 个群中抽取确定的群数。

整群抽样与分层抽样在形式上有相似之处,但实际上差别很大。分层抽样要求各层之间的差异很大,层内个体或单元差异小,而整群抽样要求群与群之间的差异比较小,群内个体或

单元差异大。分层抽样的样本是从每个层内抽取若干单元或个体构成，而整群抽样则是要么整群抽取，要么整群不被抽取。

3.2 样本大小

提高抽样技术非常重要，若采用了随机抽样方法，那么我们可以估计出抽样误差的大小，还可以通过选择样本量的大小来控制抽样误差。样本数太大，浪费人力、物力与财力，太小常常结论不准确。样本大小必须保证抽样误差不超过允许的范围。在本章3.1节的案例中，抽样样本的大小都是直接给定的，但是在很多情况下，需要通过计算来确定样本数量。

样本量的设计通常受到研究经费及调查时间的限制。根据数理统计规律，样本量增加呈直线递增的情况下(样本量增加一倍，成本也增加一倍)，而抽样误差相对样本量增长速度的平方根递减。若样本容量过大，调查单位增多，不仅增加人力、财力和物力的耗费，增加调查费用，而且还影响抽样调查的时效性，从而不能充分发挥抽样调查的优越性。

因此，为节省调查费用，体现出抽样调查的优越性，在确定样本容量时，应在满足抽样调查对估计数据的精确度的前提下，尽量减少调查单位数，确保必要的抽样数目。

3.2.1 影响样本大小的主要因素

影响样本容量的因素是多方面的，在抽样调查总体、调查费用和调查时间既定的情况下，为确定最佳的样本容量，应首先分析影响样本容量的因素。一般来说，由于不重复抽样的误差小于重复抽样的误差，因此不重复抽样的样本容量可比重复抽样的样本容量小些。

除了抽样方法以外，还有一些因素也会影响到样本的大小。

1. 方差 σ^2

方差 σ^2 表示样本的分散程度，在其他条件不变的情况下，为了达到同样的研究目的，方差 σ^2 越大，样本容量应越大；反之，方差 σ^2 越小，则样本容量就应越小。也就是说，方差 σ^2 与样本容量成正比关系。

2. 置信水平 $1-\alpha$ 的统计量 $Z_{\alpha/2}$

抽样推断的可靠度是指总体所有可能样本的指标落在一定区间的概率度，即允许误差范围的概率保证程度。概率度用 $Z_{\alpha/2}$ 表示，即置信水平 $1-\alpha$ 的统计量，一般简写为 t。一般 $1-\alpha$ 称为置信水平，α 称为显著性水平。在其他条件不变的情况下，抽样估计所要求的可靠程度越高，即概率保证程度越高，要求样本含有的总体信息就越多，只有增加样本容量才能满足高精确度的要求；反之，概率保证程度越低，所需的样本容量就越小。也就是说，概率度 $Z_{\alpha/2}$ 与样本容量成正比关系。

3. 误差 e

抽样极限误差又叫作允许误差，是指在一定的把握程度下保证样本指标与总体指标之间的抽样误差不超过某一给定的最大可能范围。在抽样推断中，需要把这个误差 e 控制在一定的范围之内。在其他条件不变的前提下，所允许的抽样极限误差越小，即抽样估计的精确度要求越高，样本容量应越大；所允许的抽样极限误差越大，所需的样本容量就越小。也就是说，误差 e 与样本容量成反比关系。

4. 抽样类型

概率抽样的主要类型有简单随机抽样、系统随机抽样、分层随机抽样、整群随机抽样、多阶段随机抽样等。由于在同样的条件下，不同的抽样方式会产生不同的抽样误差，因此样本容量也应有所不同。一般来说,分层随机抽样和系统随机抽样的样本容量可定得小一些,若用简单随机抽样和整群随机抽样方式,抽样的样本容量就要定得大一些。

3.2.2 样本大小的计算方法

从上述分析中可以看出,影响样本容量的因素是多方面的,但必要样本容量是根据抽样误差、抽样极限误差和概率度推算出来的,在不同抽样方式下,计算公式有所差异。

1. 简单随机抽样重复抽样的样本容量

简单随机抽样是指按照随机原则从总体单位中直接抽取若干单位组成样本。简单随机抽样分为简单重复抽样和简单不重复抽样,因此,简单随机抽样的样本容量计算公式包括两种。在重复抽样条件下,样本容量的计算公式又分为总体标准差已知和总体标准差未知两种情况。

(1) 总体标准差已知情况下的样本大小

总体标准差已知时,估计均值需要的样本大小计算公式为

$$n=\frac{Z_{\alpha/2}^{2}\sigma^{2}}{e^{2}}$$

例 3.8 某产品销售商希望通过抽样方法从购买该商品的顾客中进行抽样,已知顾客对价格总体估计的标准差为 8,需要估计的价格误差不超过 3 元,试分别确定在 0.05 和 0.1 的显著性水平下需要抽样的人数。

【实验步骤】

步骤 1:在 E1 单元格输入"0.05"。

步骤 2:计算给定显著性水平对应的区间点,在 B4 单元格输入"=NORM.S.INV(E1/2)"。

步骤 3:根据样本公式进行计算,在 B5 单元格输入"=B4^2 * B1^2/B2^2"。

实验结果 n 为 27,即在 0.05 的显著性水平下需要抽取 27 人,结果如图 3-25 所示。

B5　=B4^2*B1^2/B2^2

	A	B	C	D	E
1	标准差	8		α	0.05
2	误差	3			
3					
4	$Z_{\alpha/2}$	-2			
5	n	27			

图 3-25　计算 0.05 显著性水平下的抽样人数

步骤 4:把 E1 单元格中的"0.05"改为"0.1",则实验结果 n 为 19,即在 0.1 的显著性水平下需抽取 19 人,结果如图 3-26 所示。

H7

	A	B	C	D	E
1	标准差	8		α	0.1
2	误差	3			
3					
4	$Z_{\alpha/2}$	-2			
5	n	19			

图 3-26　计算 0.1 显著性水平下的抽样人数

显著性水平的数值越小，需要抽取的样本数越多；反之显著性水平数值越大，需要抽取的样本数相对较少。

(2) 总体标准差未知情况下的样本大小

总体标准差未知时，可以用样本的标准差代替总体的标准差，来近似地确定需要样本的大小。在正式抽样前先进行一次简单的抽样，确定出一个样本的标准差，然后根据公式确定出抽样样本的大小后再进行正式的抽样和分析。

$$n=\frac{Z_{\alpha/2}^2 S^2}{e^2}$$

例 3.9 某产品销售商希望通过抽样方法从购买该商品的顾客中进行抽样，总体消费金额的总体标准差未知，在正式抽样前首先进行了一次预抽样，调查了 30 名顾客的情况，结果如图 3-27 所示。需要估计的价格误差不超过 3 元，试确定在 0.05 的显著性水平下需要抽样的人数。

	A	B	C	D	E	F	G	H	I	J
1	30名顾客样本数据									
2	100	91	99	107	109	95	96	87	97	92
3	110	93	89	94	108	90	104	85	117	98
4	103	88	106	98	84	92	112	102	113	105

图 3-27　某产品顾客样本数据

【解题步骤】

步骤 1：计算样本标准差，在 B8 单元格输入"=STDEV.S(A2:J4)"。

步骤 2：计算区间点，在 B10 单元格输入"=NORM.S.INV(B6/2)"。

步骤 3：根据公式计算样本容量，在 B11 单元格输入"=ROUNDUP(B8^2 * B10^2/E6^2,0)"。

实验结果 n 为 35，即在 0.05 的显著性水平下需抽取 35 人，结果如图 3-28 所示。

B11　=ROUNDUP(B8^2*B10^2/E6^2,0)

	A	B	C	D	E	F
1	30名顾客样本数据					
2	100	91	99	107	109	95
3	110	93	89	94	108	90
4	103	88	106	98	84	92
5						
6	α	0.05		误差	3	
7						
8	样本偏差S	8.92651996				
9						
10	$Z_{\alpha/2}$	-1.959964				
11	n	35				

图 3-28　0.1 的显著性水平下的实验结果

注意：步骤 3 中的 ROUNDUP 函数表示向上舍入。

2. 简单随机抽样不重复抽样的样本容量

在不重复抽样条件下，样本容量的计算公式为

$$n=\frac{NZ_{\alpha/2}^2\sigma^2}{Ne^2+Z_{\alpha/2}^2\sigma^2}$$

这里，N 代表样本总数。

同样的，总体标准差未知时，可以用样本的标准差代替总体的标准差，来近似地确定需要样本的大小。

$$n=\frac{NZ_{\alpha/2}^2S^2}{Ne^2+Z_{\alpha/2}^2S^2}$$

3. 分层随机抽样的样本容量

分层随机抽样，也称类型随机抽样，是指首先将调查对象的总体单位按照一定的标准分成各种不同的类别（或组），然后根据各类别（或组）的单位数与总体单位数的比例确定从各类别（或组）中抽取样本的数量，最后按照随机原则从各类（或组）中抽取样本。

对于分层抽样，在总的样本量一定时，一个重要的问题是各层应该分配多少样本量。实际工作中有不同的分配方法，可以按对各层进行常数分配，也可以按各层单位数占总体单位数的比例分配，还可以采用在总费用一定条件下使估计量方差达到最小的最优分配等，其中等比例分配是较为常用的方法。

分层抽样是对每一组抽样，不存在样本组间误差，抽样平均误差取决于各组内方差的平均水平，即以各组样本单位数为权数，计算各组内方差的平均数。因此可用组内方差平均数计算出抽样平均误差。

（1）重复抽样时的样本容量

在重复抽样条件下，样本容量的计算公式为

$$n=\frac{Z_{\alpha/2}^2\overline{\sigma^2}}{e^2}$$

在以上公式中，$\overline{\sigma^2}$是组内平均方差，$\overline{\sigma^2}=\sum n_i\sigma_i^2/n$，其中 n_i 代表各组样本单位数，σ_i^2 代表各组的组内方差，n 代表样本总数。

（2）不重复抽样时的样本容量

在不重复抽样条件下，样本容量的计算公式为

$$n=\frac{NZ_{\alpha/2}^2\overline{\sigma^2}}{Ne^2+Z_{\alpha/2}^2\overline{\sigma^2}}$$

（3）各层样本量的确定

当样本容量 n 确定之后，各层应抽取的样本单位数可采用等比例法进行分配，计算公式为

$$n_i=nN_i/N$$

式中，n_i 为第 i 层应抽取的样本数，n 为样本容量，N_i 为第 i 层样本数，N 为总体单位数。

4. 整群随机抽样的样本容量

整群随机抽样又称聚类抽样，是把总体先分为若干个子群，然后抽取若干群作为样本单位的一种抽样方式。整群抽样是对选中的群进行全面调查，所以只存在群间抽样误差，不存在群内抽样误差，因此抽样平均误差可根据群间方差推算出来。由于整群抽样一般是不重复抽样，故应按不重复抽样计算必要的抽样群数。

由整群抽样的极限误差和抽样标准误差公式导出样本容量计算公式为

$$n=\frac{NZ_{\alpha/2}^2\overline{\sigma_r^2}}{Ne^2+Z_{\alpha/2}^2\overline{\sigma_r^2}}\quad \text{或}\quad n=\frac{Nt^2P_r(1-P_r)}{Ne^2+Z_{\alpha/2}^2P_r(1-P_r)}$$

上式中 P_r 代表成数的群间方差，σ_r^2 代表群间方差，$\sigma_r^2=\dfrac{\sum(\overline{x}_i-\overline{x})}{r}$，其中 $\overline{x}_i$ 是第 i 群样本平均数，$\overline{x}$ 是全样本平均数，r 是抽取的群数。

5. 等距抽样样本容量

等距抽样可分为三类:按有关标志排队、按无关标志排队以及介于按有关标志排队和按无关标志排队之间的按自然状态排列。

(1) 按无关标志排队的等距抽样

若对总体采用按无关标志排队的等距抽样时,可采用简单随机抽样的公式确定等距抽样的样本容量。由于等距抽样一般都是不重复抽样,应采用在不重复抽样条件下样本容量的计算公式。

(2) 按有关标志排队的等距抽样

若对总体采用按有关标志排队的等距抽样,则可采用分层抽样的样本容量公式确定样本容量。但应注意有序系统抽样的样本容量计算所需的平均组内方差应根据以往的资料做出估计。

3.2.3 确定样本容量的相关问题

1. 有关总体方差的问题

样本容量的确定是在调查之前进行的,这样总体方差(或样本方差)一般是未知的。在实际工作中往往利用有关资料代替。如果在本次调查之前,曾搞过同类问题的全面调查,可用全面调查的有关资料代替;在进行正式调查之前,组织两次或两次以上实验性抽样,用实验样本的方差来代替。

2. 一次调查满足多项需要

应用公式计算的样本容量是最低的,也是最必要的样本容量。有时在进行抽样调查时,一次调查要同时满足多方面的需要,这样计算得出的必要样本容量可能不相等。为了同时满足两个以上推断的要求,一般应选用其中较大的样本单位数作为样本容量。

3. 确定样本容量的经验法则

在抽样调查中,除上述利用公式来计算样本容量,还有一种常用的方法,即采用经验法则。经验法则是建立在过去抽取满足统计方法要求的样本量所累积下来的经验。使用这个方法时很少需要统计方法知识,但是得出的样本大小很接近统计方法计算出的结果。在采用经验法则时,有关样本量大小的一项原则是:总体越小,要得到精确样本,即有较高概率得出与总体相同结果的样本,抽样比率就要越大。较大的总体能够使较小的抽样比得出同样好的样本。这是因为随着总体人数的增长,样本大小的精确性会随之增加。

对于规模较小的总体(1 000 人以下),研究者需要比较大的抽样比率(大约 30%)才能有较高的精确性,这时需要大约 300 个样本;对于中等规模的总体(如 10 000 人),要达到同样的精确度,抽样比率为 10%或大约 1 000 个样本量就可以了。就大规模的总体(超过 150 000)而言,抽样比率为 1%或大约 1 500 个样本量就能得出正确的结果。如果是非常大的总体(超过 1 000 万),研究者可以使用 0.025%抽样比或者大约 2 500 个样本,就能够得出精确的结果。当抽样比率非常小时,总体大小的影响力就不那么重要了。从 2 亿总体中抽取一个 2 500 左右的样本,与从 1 000 万总体中抽出同样规模的样本,它们的精确程度是完全相同的。

3.3 综合实验

【实验 3.1】 随机数发生器的综合实验

使用 Excel 的随机数发生器产生 500 个随机数,服从期望为 100、标准差为 8 的正态分布。

从这500个随机数中随机抽取40个样本，并在95%的置信水平下，计算样本的期望与样本方差。

【实验步骤】

(1) 新建Excel工作表，在A列生成1～500的序列。

① 在A1单元格输入“编号”，选择A2单元格，输入数字“1”。

② 选中A2单元格，依次选择“开始”选项卡→“编辑”组→“填充”选项→“序列”命令。

③ 在“序列”对话框中“序列产生在”栏中选择“列”，在“类型”栏中选择“等差数列”，将“步长值”设置为“1”，将“终止值”设置为“500”，如图3-29所示。

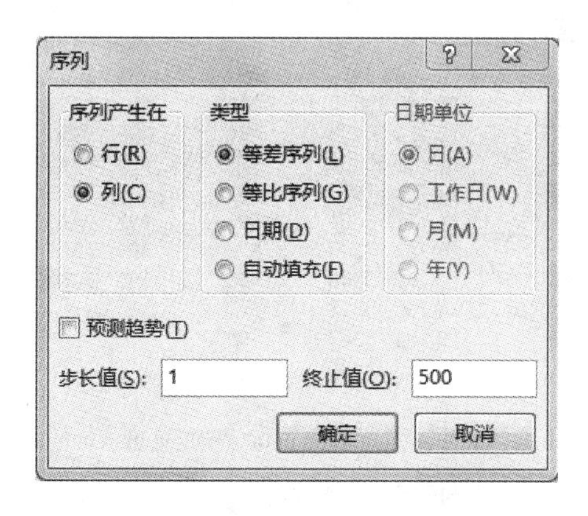

图3-29　设置填充序列参数

④ 单击“确定”按钮，就生成了1～500的序列数。

(2) 在B1单元格输入“数值”，在B列生成500个服从正态分布的随机数。

① 依次选择“数据”选项卡→“分析”组→“数据分析”命令，在数据分析菜单中，选择“随机数发生器”命令。

② 如图3-30所示，在“随机数发生器”对话框中，将“变量个数”设置为“1”，将“随机数个数”设置为“500”，将“分布”设置为“正态”，将“平均值”设置为“100”，将“标准偏差”设置为“8”，将“输出区域”设置为“$B$2”，$B$2是选定产生随机数的第一个单元格，读者可以自行选定合适的位置。

图3-30　设置随机数发生器参数

③ 单击“确定”按钮，就产生了 500 个随机数，如图 3-31 所示。

	A	B
1	编号	数值
2	1	111.8039
3	2	102.5173
4	3	89.359
5	4	100.6405
6	5	104.2297
7	6	91.63272
8	7	92.29654
9	8	108.5949
10	9	101.0196
11	10	102.6424
12	11	88.89676
13	12	104.0485
14	13	96.55261
15	14	96.77426
16	15	117.1691
17	16	92.47844
18	17	97.90945
19	18	99.43313
20	19	91.73357
21	20	99.77445

	A	B
1	编号	数值
485	484	92.49081
486	485	110.9279
487	486	107.5904
488	487	114.7117
489	488	100.9117
490	489	98.16552
491	490	106.2294
492	491	117.8315
493	492	94.69841
494	493	105.4937
495	494	82.16124
496	495	99.57539
497	496	95.54406
498	497	111.4982
499	498	94.68238
500	499	105.6481
501	500	103.3216
502		
503		
504		

图 3-31　产生 500 个随机数

(3) 在 C1 单元格输入“样本”，抽取 40 个样本。

① 依次选择“数据”选项卡→“分析”组→“数据分析”命令，在数据分析菜单中，选择“抽样”命令。

② 如图 3-32 所示，在“抽样”对话框中，将“输入区域”设置为“\$B\$2:\$B\$501”，“抽样方法”选择“随机”，将“样本数”设置为“40”，将“输出区域”设置为“\$C\$2”。

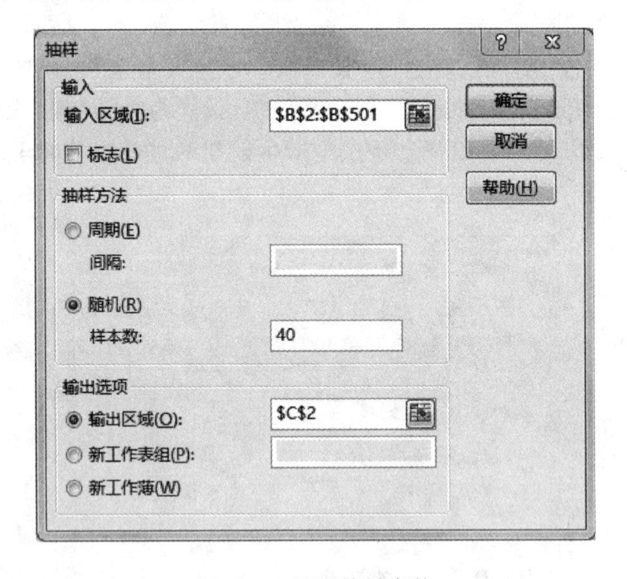

图 3-32　设置抽样参数

③ 单击“确定”按钮，得到 40 个样本，如图 3-33 所示。

(4) 在 E1 单元格输入“数值”，计算总体期望和总体标准差。

① 依次选择“数据”选项卡→“分析”组→“数据分析”命令，在数据分析菜单中，选择“描述统计”命令。

	A	B	C
1	编号	数值	样本
2	1	111.8039	102.1349
3	2	102.5173	114.8741
4	3	89.359	101.0196
5	4	100.6405	104.5032
6	5	104.2297	89.29792
7	6	91.63272	92.04963
8	7	92.29654	98.43408
9	8	108.5949	84.09185
10	9	101.0196	101.3053
11	10	102.6424	101.2551
12	11	88.89676	101.4787
13	12	104.0485	102.0134
14	13	96.55261	102.4563
15	14	96.77426	103.4467
16	15	117.1691	77.8159
17	16	92.47844	109.4244
18	17	97.90945	105.1818
19	18	99.43313	93.59168
20	19	91.73357	106.4905
21	20	99.77445	101.1734

	A	B	C
1	编号	数值	样本
22	21	101.8948	103.919
23	22	104.0027	102.107
24	23	96.98032	93.62957
25	24	98.47897	109.5455
26	25	106.1296	101.5778
27	26	95.89156	106.2593
28	27	101.8269	100.4124
29	28	105.9975	114.7117
30	29	104.1911	97.74436
31	30	92.82099	95.89993
32	31	97.20587	96.15058
33	32	91.54228	93.75981
34	33	104.0068	98.4322
35	34	96.71975	90.4632
36	35	91.13881	92.39424
37	36	93.61358	98.71142
38	37	87.99231	112.6602
39	38	96.8802	110.5163
40	39	91.03522	92.47844
41	40	110.9482	103.0901

图 3-33　生成 40 个样本

② 在“描述统计”对话框中，将“输入区域”设置为“$B$2:$B$501”，“分组方式”设置为“逐列”，将“输出区域”设置为“$E$2”，勾选“汇总统计”复选框。

③ 单击“确定”按钮，得到总体统计量分析。

(5) 在 G1 单元格输入“样本”，计算样本期望和样本标准差。

① 依次选择“数据”选项卡→“分析”组→“数据分析”命令，在数据分析菜单中，选择“描述统计”命令。

② “描述统计”对话框设置如图 3-34 所示。

- 输入区域：$C$2:$C$41，选择实际数据所在的区域。
- 分组方式：逐列，根据数据录入的实际情况选择。
- 输出区域：$G$2，任意指定显示描述统计结果的区域的左上单元格。
- 汇总统计：√。

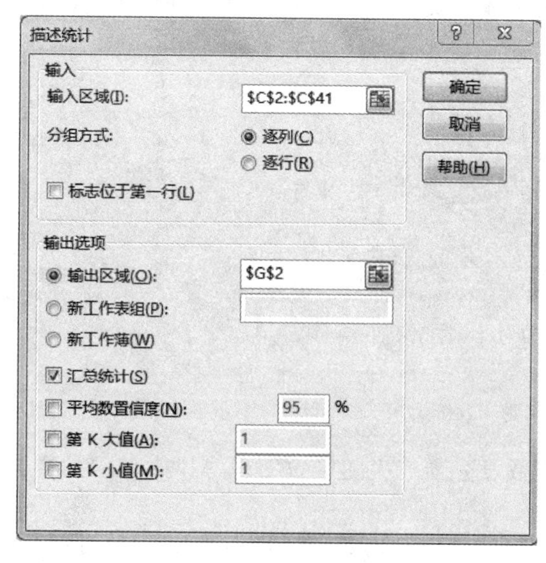

图 3-34　统计描述设置

③ 单击“确定”按钮，得到样本统计量分析。

【参考结果】

实验数据为随机生成，每个实验者所产生的随机数据不同，所得实验结果也不相同，参考结果如图 3-35 所示。

	A	B	C	D	E	F	G	H	I
1	编号	数值	样本		数值		样本		
2	1	111.8039	102.1349		列1		列1		
3	2	102.5173	114.8741						
4	3	89.359	101.0196		平均	99.89286	平均	100.1625	
5	4	100.6405	104.5032		标准误差	0.365677	标准误差	1.233732	
6	5	104.2297	89.29792		中位数	99.53616	中位数	101.2802	
7	6	91.63272	92.04963		众数	104.1911	众数	#N/A	
8	7	92.29654	98.43408		标准差	8.176792	标准差	7.802809	
9	8	108.5949	84.09185		方差	66.85993	方差	60.88383	
10	9	101.0196	101.3053		峰度	0.317409	峰度	0.816463	
11	10	102.6424	101.2551		偏度	0.062048	偏度	-0.46387	
12	11	88.89676	101.4787		区域	58.44049	区域	37.0582	
13	12	104.0485	102.0134		最小值	71.49222	最小值	77.8159	
14	13	96.55261	102.4563		最大值	129.9327	最大值	114.8741	
15	14	96.77426	103.4467		求和	49946.43	求和	4006.501	
16	15	117.1691	77.8159		观测数	500	观测数	40	
17	16	92.47844	109.4244						
18	17	97.90945	105.1818						

图 3-35　实验 3.1 参考结果

注意：众数是在一组数据中，出现次数最多的数据，是一组数据中的原数据，而不是相应的次数。因此众数可以不存在或多于一个。本次随机实验的结果中，众数不存在，仅代表本次实验的结果。

【实验 3.2】　分层抽样的综合实验

某校高一年级 500 名学生中，血型为 O 型的有 200 人，A 型的有 125 人，B 型的有 125 人，AB 型的有 50 人。为了研究血型与色弱的关系，要从中抽取一个容量为 40 的样本，应如何抽样？写出 AB 血型的样本的抽样过程。

【实验步骤】

(1) 根据题意血型分为 4 种类型：O 型、A 型、B 型和 AB 型。

(2) 计算抽样比 $k=\frac{40}{500}=\frac{2}{25}$。

(3) 分别计算 4 层的样本数：

- O 型的抽样个数为 $n_1=200\times\frac{2}{25}=16$；
- A 型的抽样个数为 $n_2=125\times\frac{2}{25}=10$；
- B 型的抽样个数为 $n_3=125\times\frac{2}{25}=10$；
- AB 型的抽样个数为 $n_4=50\times\frac{2}{25}=4$。

(4) 通过 Excel 随机数发生器产生随机数实现 AB 血型的抽样。假设 AB 血型的编号为 1～50。

① 新建 Excel 工作表，在 A1 单元格输入“序号”，A2～A5 单元格生成 1～4 的序列。

② 在B1单元格输入“抽样”，利用“随机数发生器”在B2～B5抽取1～50内的4个随机数。

步骤1：依次选择“数据”选项卡→“分析”组→“数据分析”→“随机数发生器”命令。

步骤2：在“随机数发生器”对话框中，设置“变量”个数为“1”，“随机数个数”为“4”，“分布”为“均匀”，参数介于“1”与“50”，设置“输出区域”为“$B$2”。

③ 在C1单元格输入“样本”，在单元格C2中输入“=ROUND(B2,0)”，并将该公式复制到C2:C5单元格中，得到的数据即为1到50之间的随机整数。

【参考结果】

实验数据为随机生成，每个实验者所产生的随机数据不同，所得实验结果也不相同，参考结果如图3-36所示。

	A	B	C
1	序号	抽样	样本
2	1	49.55885	50
3	2	10.43602	10
4	3	20.56291	21
5	4	37.78851	38

图3-36 实验3.2参考结果

即在本次实验中，抽取AB血型的样本为10号、21号、38号和50号。

注意：本次实验中，假设AB血型的编号为1～50的连续序列，如果在实际案例中，样本采用身份证号或者其他不连续编号，那么第4步抽样过程宜采用“抽样宏”实现，读者可自行尝试。另图3-36所示随机实验的结果仅代表本次实验的结果。

第4章 参数估计

统计推断是根据带随机性的观测数据(样本)、问题的条件和假定,对未知事物作出的以概率形式表述的推断。它是数理统计学的主要任务,其理论和方法构成数理统计学的主要内容。统计推断的一个基本特点是,其所依据的条件中包含带随机性的观测数据。以随机现象为研究对象的概率论,是统计推断的理论基础。在数理统计学中,统计推断所研究的问题有一个确定的总体,其总体分布未知或部分未知,通过从该总体中抽取的样本作出与未知分布有关的某种结论。

关于统计推断,基本问题可简单地分成两类,一类是估计,另一类是检验。

例如,某一群人的身高构成一个总体,通常认为身高是服从正态分布的,但不知道这个总体的均值。随机抽部分人测得身高的值,用测得的数据来估计这群人的平均身高,这个过程就是一种统计推断形式,即参数估计。

若感兴趣的问题是“平均身高是否超过 1.7 米”,就需要通过样本检验此命题是否成立,这也是一种推断形式,即假设检验。

由于统计推断是由部分推断整体,即用样本推断总体,因此根据样本对总体所作的推断,不可能是完全精确和可靠的,其结论要以概率的形式表达。统计推断的目的是利用问题的基本假定及包含在观测数据中的信息,作出尽量精确和可靠的结论。

本章要讨论的是统计推断中的估计问题。

4.1 单个正态总体的区间估计

对于一个未知参数,很多情况下我们并不需要知道它具体的估值,显而易见,通过样本估计出来的具体值,一定不那么“准确”。所以在实际应用中,我们更希望估计出这个未知参数的一个范围,并知道这个范围包含该参数真值的可信程度。这个范围区间的估计在统计学中被称为区间估计,这个区间即为置信区间。

置信区间的定义:设总体 X 的分布函数中含有一个未知参数 θ,$\theta\in D$(其中 D 是 θ 可能取值的范围),对于给定的值 $\alpha(0<\alpha<1)$,若由来自 X 的样本 $X_1,X_2,\cdots,X_n$ 确定的两个统计量 $\underline{\theta}=\underline{\theta}(X_1,X_2,\cdots,X_n)$ 和 $\overline{\theta}=\overline{\theta}(X_1,X_2,\cdots,X_n)$ $(\underline{\theta}<\overline{\theta})$,对于任意 $\theta\in D$ 满足

$$P\{\underline{\theta}<\theta<\overline{\theta}\}\geqslant 1-\alpha$$

则称随机区间 $(\underline{\theta},\overline{\theta})$ 是 θ 的置信水平为 $1-\alpha$ 的置信区间,$\underline{\theta}$ 和 $\overline{\theta}$ 分别称为置信水平为 $1-\alpha$ 的双侧置信区间的置信上限和置信下限,$1-\alpha$ 称为置信水平。

换一个通俗的解释,如果我们假定的 $\alpha=5\%$,那么所估计的这个参数的真值有 95%的概率落在置信区间内。一般地,我们取 α 为 5%或者 1%。

对于正态分布,正态总体均值、方差的置信区间与单侧置信限$(0<\alpha<1)$满足附录的关系。

假设已经给定的置信水平为 $1-\alpha$,$X_1,X_2,\cdots,X_n$ 为总体 $N(\mu,\sigma^2)$ 的样本。$\overline{X}$ 和 S^2 分别

为样本均值和样本方差。

4.1.1　总体方差已知情况下均值的置信区间

总体方差已知情况下，若对样本均值$\overline{X}$进行标准化，那么标准化后的统计量 z 满足标准正态分布，即

$$z=\frac{\overline{X}-\mu}{\sigma/\sqrt{n}}\sim N(0,1)$$

由附录，我们可查知，σ^2 已知的情况下，均值 μ 的置信区间为

$$\left(\overline{X}\pm\frac{\sigma}{\sqrt{n}}z_{\alpha/2}\right)$$

首先介绍 Excel 中的 CONFIDENCE. NORM 函数。CONFIDENCE. NORM 函数使用正态分布返回总体平均值的置信区间，置信区间为某一范围的值。样本平均值$\overline{X}$位于此范围的中心，此范围的上下限为$\overline{X}\pm$CONFIDENCE. NORM。

CONFIDENCE. NORM 函数语法：

```
CONFIDENCE.NORM (Alpha, Standard_dev, Size)
```

CONFIDENCE. NORM 函数语法具有下列参数：

- Alpha：必需，表示计算置信度的显著性水平参数。
- Standard_dev：必需，表示总体标准差。
- Size：必需，表示样品容量。

下面我们看具体的案例。

例 4.1　有一批糖果需要对其平均重量进行估计。已知糖果重量的总体标准差为 10 g，在随机抽取 60 个样本称重后计算出每箱的平均值为 500 g，求该仓库中货物平均重量在 95% 置信水平下的区间估计。

【实验步骤】

(1) 通过 CONFIDENCE. NORM 函数求出区间的半径，双侧置信区间长度为"＝CONFIDENCE. NORM (B4,B2,B5)"(如图 4-1 所示)。

B7　=CONFIDENCE.NORM(B4,B2,B5)

	A	B	C
1	条件		
2	总体标准差	10	
3	样本均值	500	
4	α	0.05	
5	样本容量	60	
6			
7	双侧置信区间长	2.530302624	

图 4-1　利用 CONFIDENCE 函数求置信区间长度

(2) 根据样本平均值计算置信区间的上下限$\overline{X}\pm$CONFIDENCE. NORM。其中置信区间上限为"＝B3＋B7"(如图 4-2 所示)，下限为"＝B3-B7"(如图 4-3 所示)。

	A	B
1	条件	
2	总体标准差	10
3	样本均值	500
4	α	0.05
5	样本容量	60
6		
7	双侧置信区间长	2.530302624
8	置信区间上限	502.5303026
9	置信区间下限	497.4696974

B8 =B3+B7

图 4-2　置信区间上限

	A	B
1	条件	
2	总体标准差	10
3	样本均值	500
4	α	0.05
5	样本容量	60
6		
7	双侧置信区间长	2.530302624
8	置信区间上限	502.5303026
9	置信区间下限	497.4696974

B9 =B3-B7

图 4-3　置信区间下限

【结论】该仓库中货物平均重量在 95％置信水平下的区间估计为(497.47,502.53)。也就是说,以此区间中的任意一个值作为 μ 的近似值,其误差不大于 5.06 g,这个误差估计的可信程度为 95％。

4.1.2　总体方差未知情况下小样本均值的置信区间

在实际问题中,总体方差 σ^2 未知的情况居多,我们遇到的更多的实际情况是根据样本估计总体均值,因此具有更大的实用价值。总体方差未知情况下的均值置信区间的讨论分为大样本和小样本。

σ^2 未知的小样本均值置信区间的讨论中,新的统计量不再服从正态分布,其中总体标准差 σ 由样本总体标准差 S 代替。

$$t=\frac{\overline{x}-\mu}{S/\sqrt{n}}\sim t(n-1)$$

幸运的是,Excel 2019 的 CONFIDENCE. T 函数简化了运算步骤。CONFIDENCE. T 函数使用学生的 t 分布返回总体平均值的置信区间,置信区间为某一范围的值。样本平均值 $\overline{X}$ 位于此范围的中心,此范围的上下限为 $\overline{X}\pm$CONFIDENCE. T。

CONFIDENCE. T 函数语法:

```
CONFIDENCE.T (Alpha, Standard_dev, Size)
```

CONFIDENCE. T 函数语法具有下列参数:

- Alpha:必需,表示计算置信度的显著性水平参数。
- Standard_dev:必需,表示总体标准差。
- Size:必需,表示样品容量。

例 4.2　有一批糖果需要对其平均重量进行估计。现随机抽取 16 个样本,称重(单位:g)如图 4-4 所示。

	A	B	C	D	E	F	G	H
1	16个样本重量							
2	506	508	499	503	504	510	497	512
3	514	505	493	496	506	502	509	496

图 4-4　样本重量

设袋装糖果的重量近似地服从正态分布，求该仓库中货物平均重量在 95％置信水平下的区间估计。

【实验步骤】

（1）由于总体方差未知，所以首先得通过函数求样本总体均值“＝AVERAGE(A2：H3)”（如图 4-5 所示）与样本标准偏差“＝STDEV. S(A2：H3)”（如图 4-6 所示）。

B7 =AVERAGE(A2:H3)

	A	B	C	D	E	F	G	H
1	16个样本重量							
2	506	508	499	503	504	510	497	512
3	514	505	493	496	506	502	509	496
4								
5	数量	16		α	0.05			
6								
7	样本均值	503.75						

图 4-5 求样本总体均值

B8 =STDEV.S(A2:H3)

	A	B	C	D	E	F	G	H
1	16个样本重量							
2	506	508	499	503	504	510	497	512
3	514	505	493	496	506	502	509	496
4								
5	数量	16		α	0.05			
6								
7	样本均值	503.75						
8	样本标准差	6.20215						

图 4-6 求样本标准偏差

（2）利用 CONFIDENCE. T 函数求 t 分布的双尾区间点“＝CONFIDENCE. T(E5，B8，B5)”（如图 4-7 所示）。

B9 =CONFIDENCE.T(E5,B8,B5)

	A	B	C	D	E
1	16个样本重量				
2	506	508	499	503	504
3	514	505	493	496	506
4					
5	数量	16		α	0.05
6					
7	样本均值	503.75			
8	样本标准差	6.20215			
9	双侧置信区间长	3.304893			

图 4-7 双尾 T 分布概率值

（3）根据样本平均值计算置信区间的上下限$\overline{X}$±CONFIDENCE. T（如图 4-8 和图 4-9 所示）。

B11 =B7+B9

	A	B	C
1			
2	506	508	499
3	514	505	493
4			
5	数量	16	
6			
7	样本均值	503.75	
8	样本标准差	6.20215	
9	双侧置信区间长	3.304893	
10			
11	置信区间上限	507.0549	
12	置信区间下限	500.4451	

图 4-8　置信区间上限

B12 =B7-B9

	A	B	C
1			
2	506	508	499
3	514	505	493
4			
5	数量	16	
6			
7	样本均值	503.75	
8	样本标准差	6.20215	
9	双侧置信区间长	3.304893	
10			
11	置信区间上限	507.0549	
12	置信区间下限	500.4451	

图 4-9　置信区间下限

【结论】该仓库中货物平均重量在 95％置信水平下的区间估计为(500.45,507.05)。也就是说,以此区间中的任意一个值作为 μ 的近似值,其误差不大于

$$\frac{6.2022}{\sqrt{16}} \times 2.1315 = 6.61\ \text{g}$$

这个误差估计的可信程度为 95％。

4.1.3　总体方差未知情况下大样本均值的置信区间

由附录,σ^2 未知的大样本情况下,近似为正态分布,并以样本标准差代替总体标准差,那么均值 μ 的置信区间为

$$\left(\overline{X}-\frac{S}{\sqrt{n}}z_{\alpha/2},\quad \overline{X}+\frac{S}{\sqrt{n}}z_{\alpha/2}\right)$$

例 4.3　有一批糖果需要对其平均重量进行估计。现随机抽取 60 个样本,称重(单位:g)如图 4-10 所示。

	A	B	C	D	E	F	G	H	I	J
1	60个样本重量									
2	506	508	499	503	504	510	497	512	500	496
3	514	505	493	496	506	502	509	496	504	508
4	496	491	491	510	508	507	510	490	496	496
5	506	497	502	500	496	510	503	501	497	494
6	503	490	491	502	499	502	495	501	508	494
7	504	504	507	504	500	490	506	505	510	501

图 4-10　样本平均重量

设袋装糖果的重量近似地服从正态分布,求该仓库中货物平均重量在 95％置信水平下的区间估计。

【实验步骤】

(1) 由于总体方差未知,所以首先得通过函数求样本总体均值"＝AVERAGE(A2:J7)"(如图 4-11 所示)与样本标准偏差"＝STDEV.S(A2:J7)"(如图 4-12 所示)。

B11　=AVERAGE(A2:J7)

	A	B	C	D	E	F	G	H	I	J
1	60个样本重量									
2	506	508	499	503	504	510	497	512	500	496
3	514	505	493	496	506	502	509	496	504	508
4	496	491	491	510	508	507	510	490	496	496
5	506	497	502	500	496	510	503	501	497	494
6	503	490	491	502	499	502	495	501	508	494
7	504	504	507	504	500	490	506	505	510	501
8										
9	数量	60		α	0.05					
10										
11	样本均值	501.4167								

图 4-11　样本总体均值

B12　=STDEV.S(A2:J7)

	A	B	C	D	E	F	G	H	I	J
1	60个样本重量									
2	506	508	499	503	504	510	497	512	500	496
3	514	505	493	496	506	502	509	496	504	508
4	496	491	491	510	508	507	510	490	496	496
5	506	497	502	500	496	510	503	501	497	494
6	503	490	491	502	499	502	495	501	508	494
7	504	504	507	504	500	490	506	505	510	501
8										
9	数量	60		α	0.05					
10										
11	样本均值	501.41667								
12	样本标准差	6.2498588								

图 4-12　样本标准偏差

（2）通过 CONFIDENCE. NORM 函数求出区间的半径，双侧置信区间长度为“= CONFIDENCE. NORM(E9,B12,B9)”（如图 4-13 所示）。

注意：此处用样本标准差代替了总体标准差。

B14　=CONFIDENCE.NORM(E9,B12,B9)

	A	B	C	D	E
1					60个样本重量
2	506	508	499	503	504
3	514	505	493	496	506
4	496	491	491	510	508
5	506	497	502	500	496
6	503	490	491	502	499
7	504	504	507	504	500
8					
9	数量	60		α	0.05
10					
11	样本均值	501.41667			
12	样本标准差	6.2498588			
13					
14	双侧置信区间长	1.5814034			

图 4-13　求双侧置信区间长度

(3) 根据样本平均值计算置信区间的上下限$\overline{X}\pm$ CONFIDENCE. NORM。其中置信区间上限为"＝B11＋B14"(如图 4-14 所示),下限为"＝B11-B14"(如图 4-15 所示)。

B15 =B11+B14

	A	B	C	D	E
1					60个样本重量
2	506	508	499	503	504
3	514	505	493	496	506
4	496	491	491	510	508
5	506	497	502	500	496
6	503	490	491	502	499
7	504	504	507	504	500
8					
9	数量	60		α	0.05
10					
11	样本均值	501.4167			
12	样本标准差	6.249859			
13					
14	双侧置信区间长	1.581403			
15	置信区间上限	502.9981			
16	置信区间下限	499.8353			

图 4-14　求置信区间上限

B16 =B11-B14

	A	B	C	D	E
1					60个样本重量
2	506	508	499	503	504
3	514	505	493	496	506
4	496	491	491	510	508
5	506	497	502	500	496
6	503	490	491	502	499
7	504	504	507	504	500
8					
9	数量	60		α	0.05
10					
11	样本均值	501.4167			
12	样本标准差	6.249859			
13					
14	双侧置信区间长	1.581403			
15	置信区间上限	502.9981			
16	置信区间下限	499.8353			

图 4-15　求置信区间下限

【结论】该仓库中货物平均重量在 95％置信水平下的区间估计为(499.84,503.00)。也就是说,以此区间中的任意一个值作为 μ 的近似值,其误差不大于 1.581 g,这个误差估计的可信程度为 95％。

4.1.4　方差的置信区间

根据实际情况,我们只讨论 μ 未知的情况。由附录,方差 σ 置信水平为 $1-\alpha$ 的置信区间为

$$\left(\frac{(n-1)S^2}{\chi^2_{\alpha/2}(n-1)},\frac{(n-1)S^2}{\chi^2_{1-\alpha/2}(n-1)}\right)$$

例 4.4　求例 4.2 中总体标准差 σ 置信水平为 0.95 的置信区间。

【实验步骤】

(1) 利用 CHISQ. INV 函数和 CHISQ. DIST. RT 函数分别求出 $\chi^2_{\alpha/2}(n-1)$(如图 4-16 所示)与 $\chi^2_{1-\alpha/2}(n-1)$的值(如图 4-17 所示)。

B9　=CHISQ.INV.RT(E5/2,B5-1)

	A	B	C	D	E
1				16个样本重量	
2	506	508	499	503	504
3	514	505	493	496	506
4					
5	数量	16		α	0.05
6					
7	样本均值	503.75			
8	样本标准差	6.20215			
9	$\chi^2_{\alpha/2}(n-1)$	27.48839	$\chi^2_{1-\alpha/2}(n-1)$	6.262138	
10					
11	置信区间上限	9.599013			
12	置信区间下限	4.581558			

图 4-16　使用 CHIINV 函数求 $\chi^2_{\alpha/2}(n-1)$

D9　=CHISQ.INV(E5/2,B5-1)

	A	B	C	D	E
1				16个样本重量	
2	506	508	499	503	504
3	514	505	493	496	506
4					
5	数量	16		α	0.05
6					
7	样本均值	503.75			
8	样本标准差	6.20215			
9	$\chi^2_{\alpha/2}(n-1)$	27.48839	$\chi^2_{1-\alpha/2}(n-1)$	6.262138	
10					
11	置信区间上限	9.599013			
12	置信区间下限	4.581558			

图 4-17　使用 CHIINV 函数求 $\chi^2_{1-\alpha/2}(n-1)$

(2) 标准差 σ 的置信水平为 $1-\alpha$ 的置信区间 $\left(\dfrac{\sqrt{n-1}S}{\sqrt{\chi^2_{\alpha/2}(n-1)}},\dfrac{\sqrt{n-1}S}{\sqrt{\chi^2_{1-\alpha/2}(n-1)}}\right)$,求其上下限,其中上限为"=B8 * SQRT(B5-1)/SQRT(D9)",如图 4-18 所示,下限为"=B8 * SQRT(B5-1)/SQRT(B9)",如图 4-19 所示。

B11　=B8*SQRT(B5-1)/SQRT(D9)

	A	B	C	D	E
1				16个样本重量	
2	506	508	499	503	504
3	514	505	493	496	506
4					
5	数量	16		α	0.05
6					
7	样本均值	503.75			
8	样本标准差	6.20215			
9	$\chi^2_{\alpha/2}(n-1)$	27.48839	$\chi^2_{1-\alpha/2}(n-1)$	6.262138	
10					
11	置信区间上限	9.599013			
12	置信区间下限	4.581558			

图 4-18　求置信区间上限

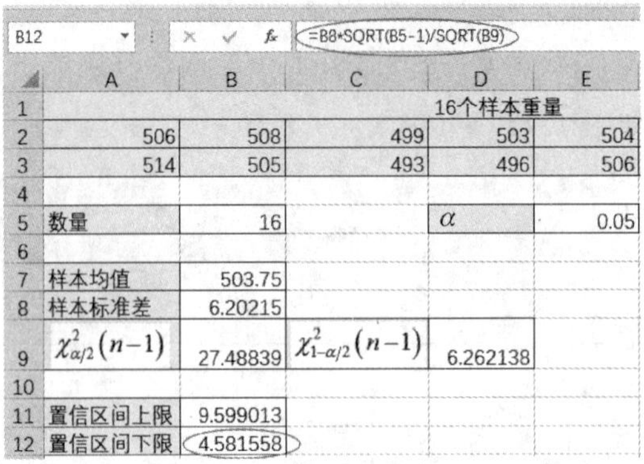

B12 =B8*SQRT(B5-1)/SQRT(B9)

	A	B	C	D	E
1				16个样本重量	
2	506	508	499	503	504
3	514	505	493	496	506
4					
5	数量	16		α	0.05
6					
7	样本均值	503.75			
8	样本标准差	6.20215			
9	$\chi^2_{\alpha/2}(n-1)$	27.48839	$\chi^2_{1-\alpha/2}(n-1)$	6.262138	
10					
11	置信区间上限	9.599013			
12	置信区间下限	4.581558			

图 4-19　求置信区间下限

【结论】该仓库中总体标准差 σ 置信水平为 0.95 的置信区间为(4.58,9.60)。也就是说，以此区间中的任意一个值作为 σ 的近似值，其误差不大于 5.02，这个误差估计的可信程度为 95%。

4.2　两个正态总体的区间估计

在实际中并非只会遇到单个总体的情况，原料、设备、操作人员以及过程等的改变会引起总体均值和方差的变化。要了解这些变化到底有多大，就需要讨论两个总体的区间估计问题。

假设给定置信水平为 $1-\alpha$，$X_1,X_2,\cdots,X_{n_1}$ 来自第一个总体的样本，$Y_1,Y_2,\cdots,Y_{n_2}$ 来自第二个总体的样本，两个样本相互独立，且 $\overline{X}$、$\overline{Y}$ 分别为第一个和第二个总体的样本均值，S_1^2、S_2^2 分别为第一个和第二个样本总体的样本方差。

4.2.1　σ_1^2、σ_2^2 均已知的两个总体均值差 $\mu_1-\mu_2$ 的置信区间

由附录，σ_1^2、σ_2^2 均已知的情况下，$\overline{X}-\overline{Y}$ 满足正态分布，

$$Z=\frac{(\overline{X}-\overline{Y})-(\mu_1-\mu_2)}{\sqrt{\frac{\sigma_1^2}{n_1}+\frac{\sigma_2^2}{n_2}}}\sim N(0,1)$$

那么 $\mu_1-\mu_2$ 的一个置信水平为 $1-\alpha$ 的置信区间为

$$\left((\overline{X_1}-\overline{X_2})\pm z_{\frac{\alpha}{2}}\sqrt{\frac{\sigma_1^2}{n_1}+\frac{\sigma_2^2}{n_2}}\right)$$

例 4.5　某商店需界定两个商品的重量差别。假设两个商品的重量均服从正态分布，已知 A 商品的重量标准差为 0.06，B 商品的重量标准差为 0.03，抽取 100 个商品进行比较，得到 A 商品的平均重量为 52，B 商品的平均重量为 48，求两个商品平均重量之差在 95%置信水平下的区间估计。

【实验步骤】

(1) 单击单元格 B8，均值差为“=B4-C4”，如图 4-20 所示。

(2) 单击单元格 B9，$z_{\alpha/2}$ 为“=NORM.S.INV(B6/2)”，如图 4-21 所示。

(3) 单击单元格 B11，置信区间上限为“=B8-B9 * SQRT(B2^2/C2+C2^2/B2)”，如图 4-22 所示。单击单元格 B12，置信区间下限为“=B8+B9 * SQRT(B2^2/C2+C2^2/B2)”，

如图 4-23 所示。

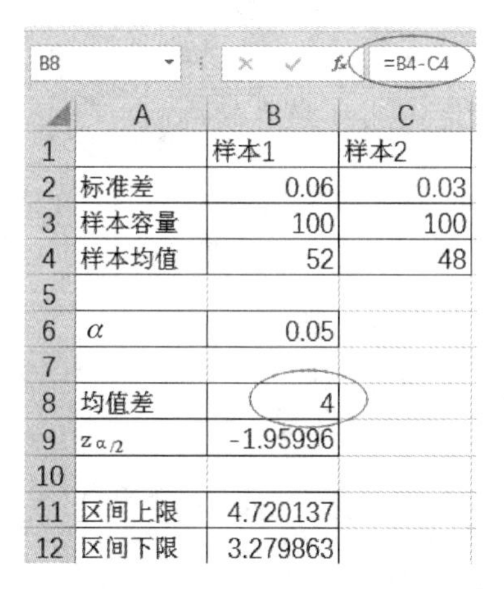

B8　=B4-C4

	A	B	C
1		样本1	样本2
2	标准差	0.06	0.03
3	样本容量	100	100
4	样本均值	52	48
5			
6	α	0.05	
7			
8	均值差	4	
9	$z_{\alpha/2}$	-1.95996	
10			
11	区间上限	4.720137	
12	区间下限	3.279863	

图 4-20 求均值差

B9　=NORM.S.INV(B6/2)

	A	B	C	D
1		样本1	样本2	
2	标准差	0.06	0.03	
3	样本容量	100	100	
4	样本均值	52	48	
5				
6	α	0.05		
7				
8	均值差	4		
9	$z_{\alpha/2}$	-1.95996		

图 4-21　求标准正态分布的反函数

B11　=B8-B9*SQRT(B2^2/C2+C2^2/B2)

	A	B	C	D	E
1		样本1	样本2		
2	标准差	0.06	0.03		
3	样本容量	100	100		
4	样本均值	52	48		
5					
6	α	0.05			
7					
8	均值差	4			
9	$z_{\alpha/2}$	-1.95996			
10					
11	区间上限	4.720137			
12	区间下限	3.279863			

图 4-22　求区间上限

【结论】两个商品平均重量之差置信水平为 0.95 的置信区间为(3.28,4.72)。也就是说，以此区间中的任意一个值作为 $\mu_1-\mu_2$ 的近似值，其误差不大于 1.44，这个误差估计的可信程度为 95%。

	A	B	C	D	E
1		样本1	样本2		
2	标准差	0.06	0.03		
3	样本容量	100	100		
4	样本均值	52	48		
5					
6	α	0.05			
7					
8	均值差	4			
9	zα/2	-1.95996			
10					
11	区间上限	4.720137			
12	区间下限	3.279863			

B12 =B8+B9*SQRT(B2^2/C2+C2^2/B2)

图 4-23　求区间下限

4.2.2　$\sigma_1^2=\sigma_2^2=\sigma^2$ 且 σ^2 未知的两个总体均值差 $\mu_1-\mu_2$ 的置信区间

由附录，$\sigma_1^2=\sigma_2^2=\sigma^2$ 且 σ^2 未知的情况下，以样本标准差代替总体标准差，$\overline{X}-\overline{Y}$ 满足 t 分布，

$$t=\frac{(\overline{X}-\overline{Y})-(\mu_1-\mu_2)}{S_w\sqrt{\frac{1}{n_1}+\frac{1}{n_2}}}\sim t(n_1+n_2-2)$$

这里 $S_w=\sqrt{\frac{(n_1-1)S_1^2+(n_2-1)S_2^2}{n_1+n_2-2}}$。

那么 $\mu_1-\mu_2$ 的一个置信水平为 $1-\alpha$ 的置信区间为

$$\left(\overline{X}-\overline{Y}\pm t_{\frac{\alpha}{2}}(n_1+n_2-2)S_w\sqrt{\frac{1}{n_1}+\frac{1}{n_2}}\right)$$

例 4.6　某商店需界定两个商品的重量差别。假设两个商品的重量均认为近似服从正态分布，且由生产过程可认为方差相等。随机抽取 100 个 A 商品，得到 A 商品的平均重量为 52，A 商品的重量标准差为 0.05。随机抽取 80 个 B 商品，得到 B 商品的平均重量为 48，B 商品的重量标准差为 0.03。求两个商品平均重量之差在 95％置信水平下的区间估计。

【实验步骤】

(1) 单击单元格 B8，均值差为“＝B2-C2”，如图 4-24 所示。

B8 =B2-C2

	A	B	C
1		样本A	样本B
2	样本均值	52	48
3	标准差	0.05	0.03
4	样本容量	100	80
5			
6	α	0.05	
7			
8	均值差	4	
9	tα/2	1.973381	
10	S_w	0.042307	
11			
12	区间上限	4.012523	
13	区间下限	3.939115	

图 4-24　求均值差

（2）单击单元格 B9，$t_{\alpha/2}$ 为"＝T.INV.2T(B6,B4＋C4-2)"，如图 4-25 所示。

B9　=T.INV.2T(B6,B4+C4-2)

	A	B	C	D
1		样本A	样本B	
2	样本均值	52	48	
3	标准差	0.05	0.03	
4	样本容量	100	80	
5				
6	α	0.05		
7				
8	均值差	4		
9	tα/2	1.973381		

图 4-25　求 t 分布的反函数

（3）单击单元格 B10，S_w 为"＝SQRT(((B4-1) * B3^2＋(C4-1) * C3^2)/(B4＋C4-2))"，如图 4-26 所示。

B10　=SQRT(((B4-1)*B3^2+(C4-1)*C3^2)/(B4+C4-2))

	A	B	C	D	E
1		样本A	样本B		
2	样本均值	52	48		
3	标准差	0.05	0.03		
4	样本容量	100	80		
5					
6	α	0.05			
7					
8	均值差	4			
9	tα/2	1.973381			
10	Sw	0.042307			

图 4-26　求 S_w

（4）单击单元格 B12，置信区间上限为"＝B8＋B9 * B10 * SQRT(1/B4＋1/C4)"，如图 4-27 所示。单击单元格 B13，置信区间下限为"＝B8-B9 * B10 * SQRT(1/B4＋1/C4)"，如图 4-28 所示。

B12　=B8+B9*B10*SQRT(1/B4+1/C4)

	A	B	C	D
1		样本A	样本B	
2	样本均值	52	48	
3	标准差	0.05	0.03	
4	样本容量	100	80	
5				
6	α	0.05		
7				
8	均值差	4		
9	tα/2	1.973381		
10	Sw	0.042307		
11				
12	区间上限	4.012523		
13	区间下限	3.939115		

图 4-27　求区间上限

B13　=B8-B9*B10*SQRT((1/B4+1/C4)

	A	B	C	D
1		样本A	样本B	
2	样本均值	52	48	
3	标准差	0.05	0.03	
4	样本容量	100	80	
5				
6	α	0.05		
7				
8	均值差	4		
9	$t_{\alpha/2}$	1.973381		
10	S_w	0.042307		
11				
12	区间上限	4.012523		
13	区间下限	3.987477		

图 4-28　求区间下限

【结论】两个商品平均重量之差置信水平为 0.95 的置信区间为(3.939,4.013)。也就是说,以此区间中的任意一个值作为 $\mu_1-\mu_2$ 的近似值,其误差不大于 0.074,这个误差估计的可信程度为 95%。

4.2.3　两个总体方差比 σ_1^2/σ_2^2 的置信区间

我们仅讨论总体均值 μ_1、μ_2 均未知的情况,由附录,

$$F=\frac{S_1^2/\sigma_1^2}{S_2^2/\sigma_2^2}\sim F(n_1-1,n_2-1)$$

σ_1^2/σ_2^2 的置信水平为 $1-\alpha$ 的置信区间为

$$\left(\frac{S_1^2/S_2^2}{F_{\alpha/2}(n_1-1,n_2-1)},\frac{S_1^2/S_2^2}{F_{1-\alpha/2}(n_1-1,n_2-1)}\right)$$

例 4.7　某商店需界定两个商品的方差比。假设两个商品的重量均认为近似服从正态分布 $N(\mu_1,\sigma_1^2)$ 与 $N(\mu_2,\sigma_2^2)$,其中 μ_1、μ_2、σ_1^2 和 σ_2^2 均未知。随机抽取 100 个 A 商品,测得 A 商品的样本方差为 29。随机抽取 80 个 B 商品,测得 B 商品的样本方差为 34。求在 95%置信水平下 σ_1^2/σ_2^2 的区间估计。

【实验步骤】

(1) 单击单元格 B7, $F_{\alpha/2}$ 为"=F.INV.RT(B5/2,B2-1,C2-1)",如图 4-29 所示。

B7　=F.INV.RT(B5/2,B2-1,C2-1)

	A	B	C	D
1		商品A	商品B	
2	样本容量	100	80	
3	样本方差	29	34	
4				
5	α	0.05		
6				
7	Fa/2	1.531036		
8	F1-a/2	0.659763		

图 4-29　求 $F_{\alpha/2}$

(2) 单击单元格 B8，$F_{1-\alpha/2}$ 为“=F.INV(B5/2,B2-1,C2-1)”，如图 4-30 所示。

B8　=F.INV(B5/2,B2-1,C2-1)

	A	B	C	D
1		商品A	商品B	
2	样本容量	100	80	
3	样本方差	29	34	
4				
5	α	0.05		
6				
7	Fa/2	1.531036		
8	F1-a/2	0.659763		

图 4-30　求 $F_{1-\alpha/2}$

(3) 单击单元格 B10，方差比为“=B3/C3”，如图 4-31 所示。

B10　=B3/C3

	A	B	C
1		商品A	商品B
2	样本容量	100	80
3	样本方差	29	34
4			
5	α	0.05	
6			
7	Fa/2	1.531036	
8	F1-a/2	0.659763	
9			
10	方差比	0.852941	
11	区间上限	1.292799	
12	区间下限	0.557101	

图 4-31　求方差比

(4) 单击单元格 B11，置信区间上限为“=B10/B8”，如图 4-32 所示。选择单元格 B12，置信区间下限为“=B10/B7”，如图 4-33 所示。

B11　=B10/B8

	A	B	C
1		商品A	商品B
2	样本容量	100	80
3	样本方差	29	34
4			
5	α	0.05	
6			
7	Fa/2	1.531036	
8	F1-a/2	0.659763	
9			
10	方差比	0.852941	
11	区间上限	1.292799	
12	区间下限	0.557101	

图 4-32　求区间上限

B12　=B10/B7

	A	B	C
1		商品A	商品B
2	样本容量	100	80
3	样本方差	29	34
4			
5	α	0.05	
6			
7	Fa/2	1.531036	
8	F1-a/2	0.659763	
9			
10	方差比	0.852941	
11	区间上限	1.292799	
12	区间下限	0.557101	

图 4-33　求区间下限

【结论】两个商品标准差在置信水平为 0.95 的置信区间为(0.557 1,1.292 7)。由于 σ_1^2/σ_2^2 的置信区间中包含 1，在实际中我们就认为 σ_1^2 和 σ_2^2 两者没有显著性差别。

4.3 (0,1)分布参数的区间估计

(0,1)分布的总体 X 的分布律如表 4-1 所示。

表 4-1 (0,1)分布的总体 X 的分布律

X	0	1
概率	p	$1-p$

中心极限定理：当样本容量 n 较大时，$\frac{n\overline{X}-np}{\sqrt{np(1-p)}}$近似地服从标准正态分布 $N(0,1)$。那么，p 的一个近似的置信水平为 $1-\alpha$ 的置信区间为(p_1,p_2)。其中

$$p_1=\frac{1}{2a}(-b-\sqrt{b^2-4ac}),\quad p_2=\frac{1}{2a}(-b+\sqrt{b^2-4ac})$$

此处 $a=n+z_{\alpha/2}^2$，$b=-(2n\overline{X}+z_{\alpha/2}^2)$，$c=n\overline{X}^2$。

例 4.8 随机抽取 100 个某商品，测得 60 个一级品，求在 95%置信水平下这批商品一级品率 p 的置信区间。

【实验步骤】

(1) 单击单元格 B7，样本均值为"＝B3/B2"，如图 4-34 所示。

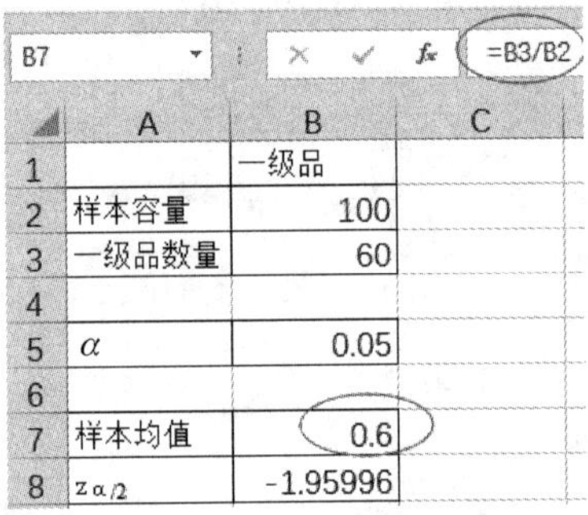

B7 =B3/B2

	A	B	C
1		一级品	
2	样本容量	100	
3	一级品数量	60	
4			
5	α	0.05	
6			
7	样本均值	0.6	
8	zα/2	-1.95996	

图 4-34 求样本均值

(2) 单击单元格 B8，$z_{\alpha/2}$为"＝NORM. S. INV(B5/2)"，如图 4-35 所示。

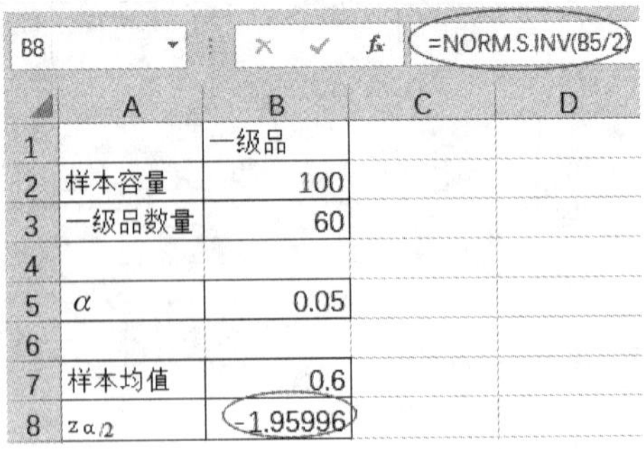

B8 =NORM.S.INV(B5/2)

	A	B	C	D
1		一级品		
2	样本容量	100		
3	一级品数量	60		
4				
5	α	0.05		
6				
7	样本均值	0.6		
8	zα/2	-1.95996		

图 4-35 求 $z_{\alpha/2}$

(3) 单击单元格 B10，a 为"＝B2＋B8^2"，如图 4-36 所示。选择单元格 B11，b 为"＝-(2＊B2＊B7＋ B8^2)"，如图 4-37 所示。选择单元格 B12，c 为"＝B2＊B7^2"，如图 4-38 所示。

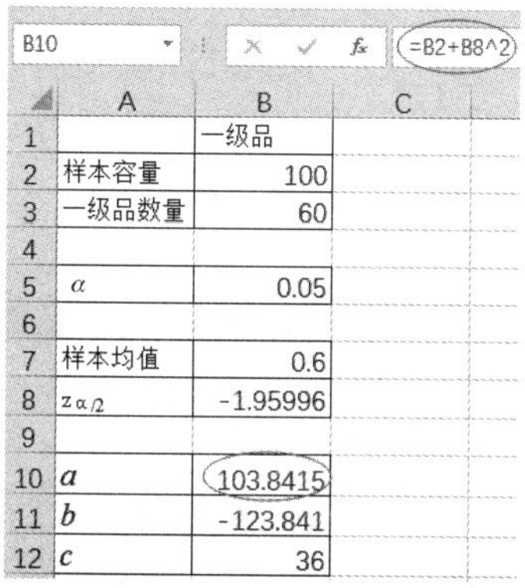

B10 =B2+B8^2

	A	B	C
1		一级品	
2	样本容量	100	
3	一级品数量	60	
4			
5	α	0.05	
6			
7	样本均值	0.6	
8	zα/2	-1.95996	
9			
10	a	103.8415	
11	b	-123.841	
12	c	36	

图 4-36 求 a

B11 =-(2*B2*B7+B8^2)

	A	B	C	D
1		一级品		
2	样本容量	100		
3	一级品数量	60		
4				
5	α	0.05		
6				
7	样本均值	0.6		
8	zα/2	-1.95996		
9				
10	a	103.8415		
11	b	-123.841		
12	c	36		

图 4-37 求 b

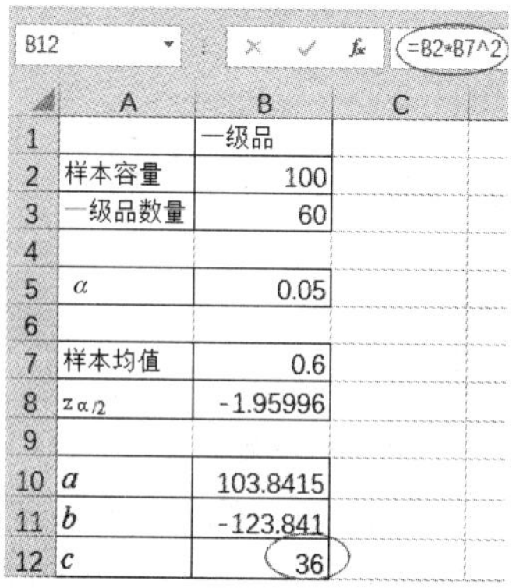

B12 =B2*B7^2

	A	B	C
1		一级品	
2	样本容量	100	
3	一级品数量	60	
4			
5	α	0.05	
6			
7	样本均值	0.6	
8	zα/2	-1.95996	
9			
10	a	103.8415	
11	b	-123.841	
12	c	36	

图 4-38 求 c

(4) 单击单元格 B14,置信区间下限 p_1 为"=(-B11-SQRT(B11^2-4 * B10 * B12))/2/B10",如图 4-39 所示。

(5) 单击单元格 B15,置信区间上限 p_2 为"=(-B11+SQRT(B11^2-4 * B10 * B12))/2/B10",如图 4-40 所示。

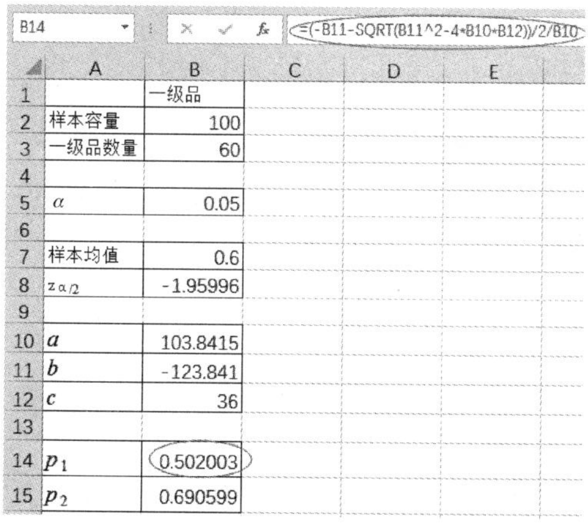

B14 =(-B11-SQRT(B11^2-4*B10*B12))/2/B10

	A	B	C	D	E
1		一级品			
2	样本容量	100			
3	一级品数量	60			
4					
5	α	0.05			
6					
7	样本均值	0.6			
8	zα/2	-1.95996			
9					
10	a	103.8415			
11	b	-123.841			
12	c	36			
13					
14	p1	0.502003			
15	p2	0.690599			

图 4-39 求 p_1

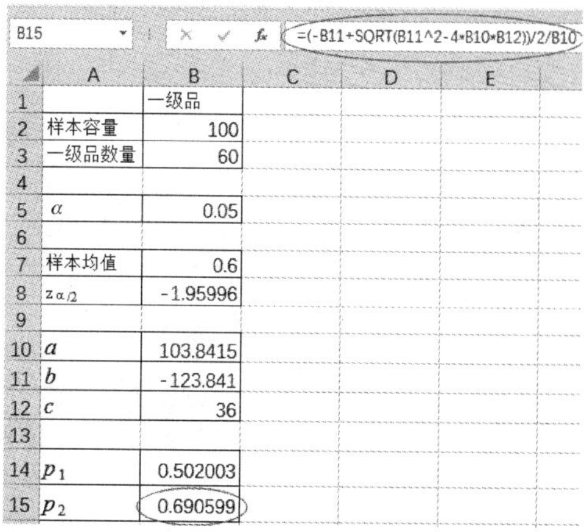

B15 =(-B11+SQRT(B11^2-4*B10*B12))/2/B10

	A	B	C	D	E
1		一级品			
2	样本容量	100			
3	一级品数量	60			
4					
5	α	0.05			
6					
7	样本均值	0.6			
8	zα/2	-1.95996			
9					
10	a	103.8415			
11	b	-123.841			
12	c	36			
13					
14	p1	0.502003			
15	p2	0.690599			

图 4-40 求 p_2

【结论】该商品一级品率在置信水平为 0.95 的置信区间为(0.50,0.69)。

4.4 单侧区间估计

在很多实际问题中,我们并不需要知道区间的上下限,而是只知道上限或者下限中的一种就可以了。例如商品的使用寿命,我们关心的是平均使用寿命的下限,而对于某化学产品的杂质而言,我们更关心的是平均杂质含量的上限,这就是单侧区间估计的问题。

在双侧区间估计中,我们经常用到的是 $z_{\alpha/2}$、$t_{\alpha/2}$,这是由于在双侧检验中,我们考虑要满足 $1-\alpha$ 的置信区间,拒绝域分布两侧,一侧各 $\alpha/2$。

而单侧区间估计,对于给定的 $\alpha(0<\alpha<1)$,μ 的置信水平为 $1-\alpha$ 单侧置信区间为

$$\left(\overline{X}-\frac{S}{\sqrt{n}}t_{\alpha}(n-1),\infty\right)$$

σ^2 的置信水平为 $1-\alpha$ 单侧置信区间为

$$\left(0, \frac{(n-1)S^2}{\chi^2_{1-\alpha}(n-1)}\right)$$

例 4.9 从一批灯泡中随机地取 5 只做寿命实验，测得寿命(单位：h)为

1 050，1 100，1 120，1 250，1 280

设灯泡寿命满足正态分布，在置信区间水平为 0.95 条件下，求灯泡寿命平均值的单侧置信区间下限。

【实验步骤】

(1) 由于总体方差未知，所以首先得通过函数求样本总体均值"＝AVERAGE(A2：E2)"(如图 4-41 所示)与样本标准偏差＝STDEV. S(A2：E2)(如图 4-42 所示)。

B7 =AVERAGE(A2:H3)

	A	B	C	D	E	F	G	H
1	16个样本重量							
2	506	508	499	503	504	510	497	512
3	514	505	493	496	506	502	509	496
4								
5	数量	16		α	0.05			
6								
7	样本均值	503.75						

图 4-41 求样本均值

B7 =STDEV.S(A2:E2)

	A	B	C	D	E
1	5个灯泡的寿命				
2	1050	1100	1120	1250	1280
3					
4	数量	5		α	0.05
5					
6	样本均值	1160			
7	样本标准差	99.74969			
8	t_α	-2.13185			
9					
10	置信区间下限	1106.837			

图 4-42 求样本标准差

(2) 利用 T. INV 函数求 t 分布的左尾区间点"＝T. INV(E4，B4-1)"(如图 4-43 所示)。

B8 =T.INV(E4,B4-1)

	A	B	C	D	E
1	5个灯泡的寿命				
2	1050	1100	1120	1250	1280
3					
4	数量	5		α	0.05
5					
6	样本均值	1160			
7	样本标准差	99.74969			
8	t_α	-2.13185			
9					
10	置信区间下限	1106.837			

图 4-43 返回左尾区间点

注意:T. INV 函数返回的是左尾区间点，而 T. INV. 2T 函数返回的是双尾区间点。

(3) 根据样本平均值计算置信区间的下限“=B6+B7/4 * B8”，如图 4-44 所示。

注意:置信区间的下限为“=B6+B7/4 * B8”，因为 T. INV 函数返回 t 分布的左尾区间点已经把“—”号计算进去了。

【结论】灯泡寿命平均值的置信区间水平为 0.95 的单侧置信区间下限为 1 106 h。

B10　=B6+B7/4*B8

	A	B	C	D	E
1	5个灯泡的寿命				
2	1050	1100	1120	1250	1280
3					
4	数量	5		α	0.05
5					
6	样本均值	1160			
7	样本标准差	99.74969			
8	t_α	-2.13185			
9					
10	置信区间下限	1106.837			

图 4-44　求置信区间下限

第5章 假设检验

假设检验(Hypothesis Testing)又称统计假设检验,是一种基本的统计推断形式,也是数理统计学的一个重要分支。假设检验是用来判断样本与样本、样本与总体的差异是由抽样误差引起的,还是本质差别造成的统计推断方法。假设检验是关于一个总体参数的两个相反的命题,在假定其中一个是正确时作出的推断和检验。在进行假设检验时,力图找到证据,确定所提出的假设是否被拒绝。如果没有被拒绝,那么只能假设它是正确的。

为什么一定要通过拒绝论断A来接受论断B的正确性呢?难道不能直接用统计数据来证实并接受论断B吗?这是因为要用数据证实一个事实要比用数据否定一个事实困难得多。任何数据都只是一个特例,是许多个特例中的一个。如果要用数据证实一个事实,我们必须列举所有可能的特例,说明所有可能的数据都支持这个事实。而用数据否定一个事实,只需要一个特例就够了。比如说,在严格意义上,医学上要“证明”一个人是“健康的”是很困难的,需要验血、B超、X光透视、心电图等各种医学检查。即使这些检查结果都是好的,还是不能百分之百断定这个人是健康的,因为有些疾病目前技术上还没有有效的检查手段。即使技术上可行,实际上任何一个人也不可能穷尽所有的医学检查。但是要诊断一个人不是“健康的”即“有病的”,只要有一项检验指标不合格,就足以否定此人是“健康的”。在假设检验中也是一样,假设检验中一个统计论断(“有病”)总是先被假定为正确的,而假设检验的目的是力图利用统计数据证明这个统计论断不正确,拒绝这个统计论断,从而证明与这个统计论断对立的论断(“健康”)是正确的。

5.1 假设检验的基本思想和基本方法

假设检验的基本思想是小概率反证法,即指小概率事件($P<0.01$ 或 $P<0.05$)在一次实验中基本上不会发生。

1. 原假设与备择假设

在假设检验中,为了对某一个总体参数进行检验,需事先提出某个假设,再根据样本统计量判断该假设是否真实。因此假设检验的过程中,首先要提出原假设 H_0 与备择假设 H_1。原假设和备择假设是总体参数在逻辑上完备互斥的一对假设。原假设一般设置为研究者想收集证据予以反对的假设,而备择假设是原假设被拒绝后可供选择的假设,一般备择假设设置为研究者想收集证据予以支持的假设。例如,质量标准规定产品平均重量达到500 g为合格品,质量检验人员通常希望找出不合格产品,则研究者希望通过收集证据予以支持的是该批产品平均重量不足500 g。那么原假设 H_0 应设置为平均重量达到500 g,备择假设 H_1 应设置为该批产品的平均重量不足500 g。

因此在假设检验中,假设的方向由备择假设决定。通常先建立备择假设,备择假设 H_1 一旦建立,再根据完备与互斥性,那么原假设 H_0 也就确定了。注意原假设和备择假设中不能有重合的部分,也不能有遗漏的区域。

2. 显著性水平 α

由于检验法则是根据样本进行计算,总有可能做出错误的决策。如上面所述,在假设 H_0 实际上为真时,我们可能反而拒绝 H_0,这种错误称为"弃真"。在假设 H_0 实际上不真时,我们又可能反而接受 H_0,这种错误称为"取伪"。在确定检验法则时,我们应该尽可能使犯两类错误的概率都较小。然而一般而言,当样本容量固定时,"弃真"的概率变小,那么"取伪"的概率就会变大。如果要使得两类错误的概率都减小,只能增加样本容量。

假设检验是围绕对原假设内容的审定而展开的,如果原假设正确我们接受了,或原假设错误我们拒绝了,这都表明我们做出了正确的决定。但是,由于假设检验中的数据都是抽样统计数据,这些数据具有不确定性或随机性,根据这些数据得到的任何判断都具有得出错误结论的风险,例如医院的患者有可能被误诊,法庭上诉讼当事人有可能被误判。如果原假设正确,而我们却把它当成错误的加以拒绝,犯这种错误的概率用 α 表示,这个 α 就是假设检验中的显著性水平。

在统计学中,显著性水平 α 表示原假设为真时,拒绝原假设的概率,也就是估计总体参数落在某一区间内可能犯错误的概率。显著性是对差异的程度而言的,程度不同说明引起变动的原因也有不同:一类是条件差异,另一类是随机差异。检验中,依据显著性水平大小把概率划分为两个区间,小于给定标准的概率区间称为拒绝区间,大于这个标准则为接受区间。事件属于接受区间,原假设成立而无显著性差异;事件属于拒绝区间,拒绝原假设而认为有显著性差异。

因此假设检验中,我们必须事先设定显著性水平 α,也就是设定避免这种风险的水平。显著性水平 α 是公认的小概率事件的概率值,通常取 $\alpha=0.05$ 或 $\alpha=0.01$。这表明,当作出接受原假设的决定时,其正确的概率为95%或99%。在实际问题中,我们主要控制"弃真"的概率,使其不大于 α。这种只对"弃真"的概率加以控制,而不考虑"取伪"的概率的检验方法,称为显著性检验。

对于显著性水平的理解必须注意以下两点:

(1) 显著性水平不是一个固定不变的数值,依据拒绝区间所可能承担的风险来决定。

(2) 统计上所讲的显著性与实际生活工作中的显著性是不一样的。

3. 假设检验的基本方法

假设检验首先提出原假设 H_0 与备择假设 H_1,确定显著性水平。再用适当的统计方法确定假设成立的可能性大小,如可能性小于事先指定的小概率 α,则认为原假设 H_0 不成立,即拒绝原假设 H_0,接受备择假设 H_1。若可能性大于事先制定的小概率 α,则还不能认为假设成立,因此在实际解决问题的过程中,选择合适的原假设非常重要。

假设检验的具体步骤如下:

① 根据研究的问题提出原假设 H_0 和备择假设 H_1,原假设必须包含等号在内,而备择假设则视情况为不等于、大于或小于。

② 设定显著性水平 α,显著性水平的值将直接影响最终能否接受原假设。

③ 选择合适的检验统计量,计算出统计量的观测值。

④ 根据统计量和显著性水平确定临界点,给出拒绝域。

判断样本统计量所在的区域,如果在拒绝域内,则应拒绝原假设 H_0,接受备择假设 H_1,否则应接受原假设 H_0。

假设检验一般分为两种方法：临界值法与 P 值法。

(1) 临界值法

计算检验统计量的样本观察值 z 和接受域的临界值 z_0，判断样本观察值 z 是否落在统计量的接受域内，如果 $|z| \leqslant |z_0|$（双侧检验），则表示 z 值在接受域内，应接受 H_0，否则应拒绝 H_0 接受 H_1。

(2) P 值法

P 值法中的 P 值是由检验统计量的样本观察值得出的原假设可被拒绝的最小显著性水平。如果 $P \leqslant \alpha$，则在显著性水平 α 下拒绝 H_0，否则 $P > \alpha$，则在显著性水平 α 下接受 H_0。

这里需要注意的是：

① 在用临界值法来确定 H_0 的拒绝域时，例如当取 $\alpha=0.05$ 时知道要拒绝 H_0，再取 $\alpha=0.01$ 也要拒绝 H_0，但不知道将 α 再降低一些是否也要拒绝 H_0。而 P 值法给出了拒绝 H_0 的最小显著性水平，因此 P 值法比临界值法给出了有关拒绝域的更多信息。

② 在 Excel 中我们可以运用 Excel 中的 Z. TEST 函数直接返回 z 检验的概率值 P。

Z. TEST 函数的功能是直接返回 z 检验的单尾概率值，即对于给定的假设总体平均值 X，Z. TEST 返回样本平均值大于数据集（数组）中观察平均值的概率，即观察样本平均值。

Z. TEST 函数语法为

```
Z.TEST(array, x, sigma )
```

Z. TEST 函数包括三个参数，其中

- array：必选，用于 z 测试的数值数组或数值区域。
- x：必选，要测试的值。
- sigma：可选，总体标准偏差（已知），如果忽略，则使用样本标准偏差。

5.2 单个正态总体均值的假设检验

对总体均值的假设而言一般有以下 3 种情况：

$$H_0: \mu=\mu_0; H_1: \mu \neq \mu_0$$

$$H_0: \mu \geqslant \mu_0; H_1: \mu < \mu_0$$

$$H_0: \mu \leqslant \mu_0; H_1: \mu > \mu_0$$

当检验 $H_0: \mu=\mu_0, H_1: \mu \neq \mu_0$ 时，需要用到双侧假设检验。这里备择假设 $H_1: \mu \neq \mu_0$ 表示 μ 可能大于 μ_0，也可能小于 μ_0。双侧假设检验的目的是为了观察在给定的显著性水平下所抽取的样本统计量是否显著异于总体参数，如图 5-1 所示。

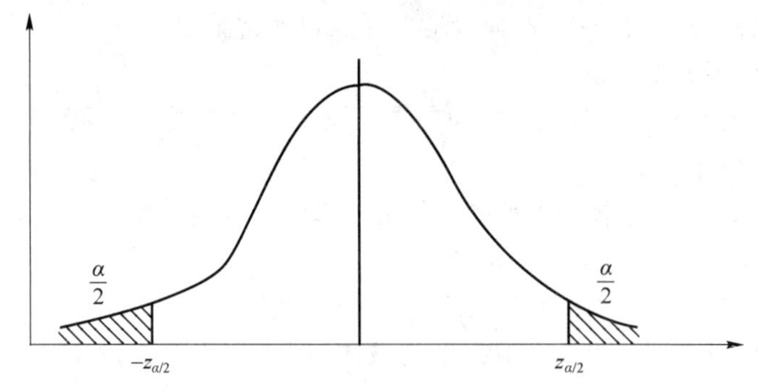

图 5-1 双侧假设检验

当检验其他两种情况时，需要用到单侧假设检验。单侧假设检验又分为单侧左尾检验和单侧右尾检验。

对于单样本均值的假设检验来说，分为方差已知和方差未知两种情况。

(1) 总体服从均值为 μ、方差已知为 σ^2 的正态分布时，总体的随机样本均值

$$\bar{x} \sim N\left(\mu, \frac{\sigma^2}{n}\right)$$

即

$$z = \frac{\bar{x} - \mu}{\sigma / \sqrt{n}} \sim N(0,1)$$

(2) 总体的方差无法获知时，可以用能计算出来的样本的标准差 S 来代替未知的总体的标准差，但是新的统计量不再服从正态分布，而是服从自由度为 $n-1$ 的 t 分布：

$$t = \frac{\bar{x} - \mu}{s / \sqrt{n}} \sim t(n-1)$$

假设检验中的原假设 H_0 与备择假设 H_1 在显著性水平 α 下的统计量分布及表达式，以及对应的拒绝域如表 5-1 所示。

表 5-1　假设检验的统计量及其他参数

	检验			假设	统计量分布及表达式	自由度	拒绝 H_0
	对象	条件	类型				
1	均值	方差未知	左尾	$H_0: \mu \geqslant \mu_0 \quad H_1: \mu < \mu_0$	$t = \frac{\bar{x} - \mu}{s/\sqrt{n}}$	$n-1$	$t < -t_{\alpha, n-1}$
2			右尾	$H_0: \mu \leqslant \mu_0 \quad H_1: \mu > \mu_0$			$t > t_{\alpha, n-1}$
3			双尾	$H_0: \mu = \mu_0 \quad H_1: \mu \neq \mu_0$			$t < -t_{\alpha, n-1}$ 或 $t > t_{\alpha, n-1}$
4	均值	方差已知	左尾	$H_0: \mu \geqslant \mu_0 \quad H_1: \mu < \mu_0$	$z = \frac{\bar{x} - \mu_0}{\sigma/\sqrt{n}}$		$z < -z_\alpha$
5			右尾	$H_0: \mu \leqslant \mu_0 \quad H_1: \mu > \mu_0$			$z > z_\alpha$
6			双尾	$H_0: \mu = \mu_0 \quad H_1: \mu \neq \mu_0$			$z < -z_\alpha$ 或 $z > z_\alpha$

5.2.1　方差已知条件下单个正态总体均值的假设检验

根据表 5-1 的结论可知，在方差已知的条件下，总体服从均值为 μ、方差已知为 σ^2 的正态分布。

1. 方差已知条件下单侧单个正态总体均值的假设检验

例 5.1　公司从生产商处购买牛奶，公司怀疑生产商在牛奶中掺水以牟利。通过测定牛奶的冰点，可以检验出牛奶是否掺水。天然牛奶的冰点温度近似服从正态分布，均值 $\mu_0 = -0.545$ ℃，标准差 $\sigma = 0.008$ ℃。牛奶掺水可使冰点温度升高而接近于水的冰点温度 0 ℃。测得生产商提交的 5 批牛奶的冰点温度，均值为 $\bar{x} = -0.535$ ℃，问是否可以认为在 $\alpha = 0.05$ 的显著性水平下生产商往牛奶中掺水了呢？

【实验步骤】

按照题意检验假设 $H_0: \mu \leqslant \mu_0 = -0.545$（即设牛奶未掺水）；$H_1: \mu > \mu_0$（即设牛奶已掺水），这是一个右侧检验问题。

【临界值法步骤】

(1) 单击单元格 B7,计算验证统计量的观测值"= (B3-B4)/(B2/SQRT(B6))",结果为 2.795 084 972。

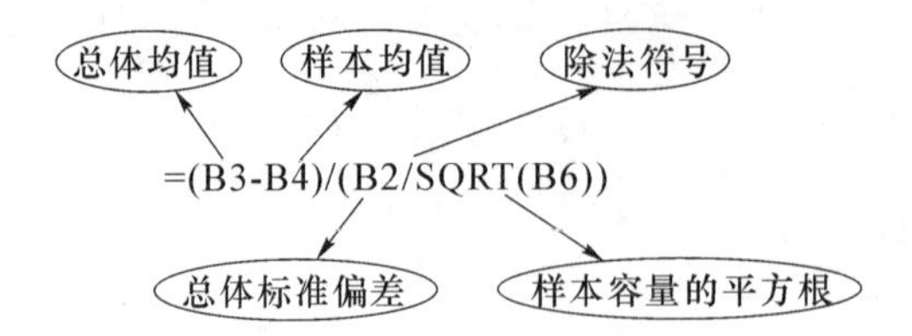

(2) 单击单元格 B13,计算临界值 $z_{\alpha/2}$"=NORM.S.INV(B5)",临界值结果为−1.644 853 627。

(3) 单击单元格 B14,结论为"=IF(B7>B13,B10,B9)"。

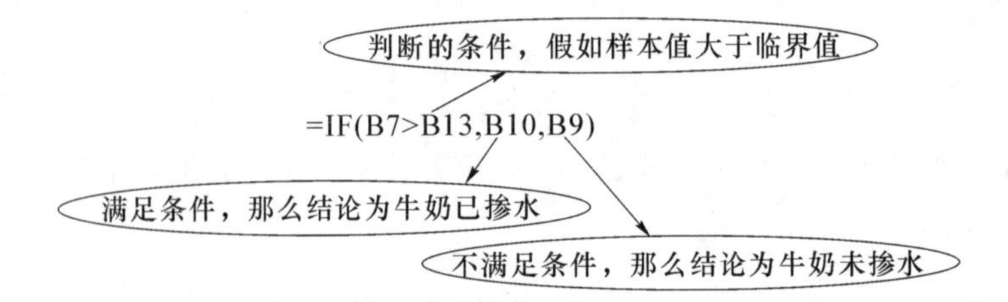

本题中样本值明显大于临界值,因此结论为牛奶已掺水,如图 5-2 所示。

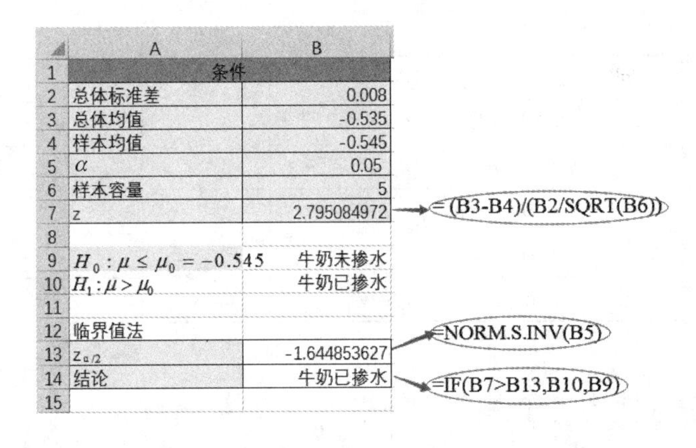

	A	B
1	条件	
2	总体标准差	0.008
3	总体均值	-0.535
4	样本均值	-0.545
5	α	0.05
6	样本容量	5
7	z	2.795084972
8		
9	$H_0:\mu \le \mu_0 = -0.545$	牛奶未掺水
10	$H_1:\mu > \mu_0$	牛奶已掺水
11		
12	临界值法	
13	$z_{\alpha/2}$	-1.644853627
14	结论	牛奶已掺水
15		

图 5-2　方差已知条件下的临界值法

【*P* 值法步骤】

(1) 单击单元格 B17,计算概率为 P 值为"=1-NORM.S.DIST(B7,1)"。

这里很多读者可能有一个疑问,为什么统计量对应的概率值 P=1-NORM.S.DIST(B7,1)而不直接是直接等于 NORM.S.DIST(B7,1)呢?这是因为本题中的概率 P 表示 $P\{z \geqslant z_{样本}\}$,而 Excel 函数 NORM.S.DIST(B7,1)$=\Phi(z_{样本})=P\{z<z_{样本}\}$,表示小于样本值的概率。

(2) 单击单元格 B18,结论为"=IF(B17<B5,B10,B9)",如图 5-3 所示。

【结论】无论是使用临界值法还是 P 值法进行实验,两种方法的结论均相同,都是认为该样本牛奶已掺水。

	A	B
1	条件	
2	总体标准差	0.008
3	总体均值	-0.535
4	样本均值	-0.545
5	置信度	0.05
6	样本容量	5
7	z	2.795084972
8		
9	$H_0:\mu\le\mu_0=-0.545$	牛奶未掺水
10	$H_1:\mu>\mu_0$	牛奶已掺水
11		
16	P值法	
17	P	0.002594304
18	结论	牛奶已掺水

=1-NORM.S.DIST(B7,1)

=IF(B17<B5,B10,B9)

图 5-3 方差已知条件下的 P 值法

2. 方差已知条件下双侧单个正态总体均值的假设检验

例 5.2 已知某商品的质量服从正态分布，标准差为 8。现从中随机抽取 20 个，如表 5-2 所示，分析能否在 0.05 的显著性水平下判断全体的平均值为 113。

表 5-2 某商品 20 件样品的质量(单位:kg)

114	98	117	125	122
111	107	110	117	116
110	102	113	111	114
123	107	104	108	102

【实验过程】

这是一个双侧检测问题，按照题意检验假设

$$H_0:\mu=\mu_0=113;\ H_1:\mu\neq\mu_0$$

【*P* 值法步骤】

(1) 单击单元格 B11，计算 P 值为“=MIN(Z. TEST(A2:J3,H5,K5), 1-Z. TEST(A2:J3,H5), K5)”。

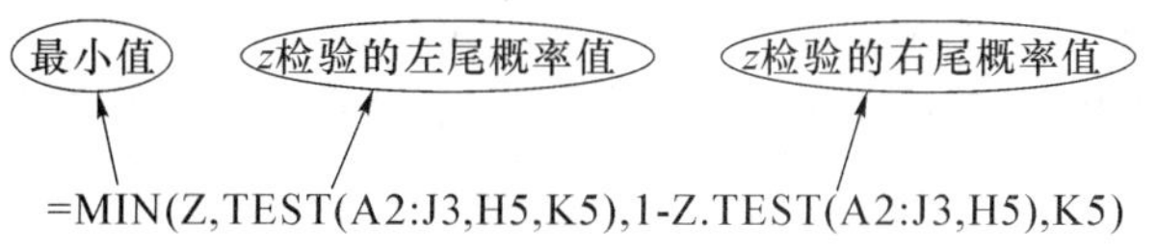

其中 Z. TEST(A2:J3,H5)省略了第 3 个参数，即用样本标准偏差代替总体标准偏差。

MIN(Z. TEST(A2:J3,H5), 1-Z. TEST(A2:J3,H5))表示 z 检验的左尾概率值与右尾概率值的最小值，结果为 0.185 3，如图 5-4 所示。

B11 =MIN(Z.TEST(A2:J3,H5,K5),1-Z.TEST(A2:J3,H5,K5))

	A	B	C	D	E	F	G	H	I	J	K
1	20个样本重量										
2	114	98	117	125	122	111	107	110	117	116	
3	110	102	113	111	114	123	107	104	108	102	
4											
5	数量	20		显著性水平	0.05		均值	113		总体标准差	8
6											
7	$H_0:\mu=\mu_0=113$		接受原假设								
8	$H_1:\mu\neq\mu_0=113$		拒绝原假设								
9											
10	P值法										
11	P	0.20880499									

图 5-4 计算概率值

(2) 单击单元格 B12,得到假设检验的结论"=IF(B11<E5/2,C8,C7)",如图 5-5 所示。

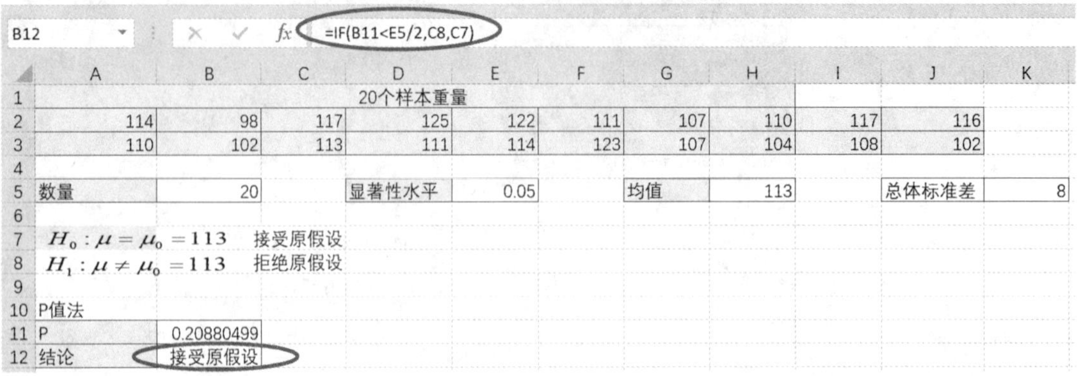

B12　　fx　=IF(B11<E5/2,C8,C7)

	A	B	C	D	E	F	G	H	I	J	K
1	20个样本重量										
2	114	98	117	125	122	111	107	110	117	116	
3	110	102	113	111	114	123	107	104	108	102	
4											
5	数量	20		显著性水平	0.05		均值	113		总体标准差	8
6											
7	$H_0:\mu=\mu_0=113$		接受原假设								
8	$H_1:\mu\neq\mu_0=113$		拒绝原假设								
9											
10	P值法										
11	P	0.20880499									
12	结论	接受原假设									

图 5-5　P 值法的结论

【结论】P 值法中的 P 值为 0.185 3>0.05,因此不拒绝原假设,接受在 0.05 的显著性水平下全体的平均值为 113。

5.2.2　方差未知条件下单个正态总体均值的假设检验

总体的标准差未知的条件下,用能计算出来的样本的标准差 S 来代替未知的总体标准差,新的统计量服从自由度为 $n-1$ 的 t 分布:

$$t=\frac{\overline{x}-\mu}{s/\sqrt{n}}\sim t(n-1)$$

需要注意的是,在实际应用中,当总体标准差未知时,一般考虑,小样本满足 t 分布,大样本近似满足正态分布。

1. 方差未知且为小样本情况下总体均值的双侧检验

双侧检验是指检验时拒绝域在数据分布的两侧,Excel 2019 提供 T.DIST.2T 函数返回学生的双尾 t 分布,T.INV.2T 函数返回学生 t 分布的双尾反函数(函数详细介绍见 2.3.2 节)。

例 5.3　已知货物的质量服从正态分布但方差未知,现从中随机抽取 20 件商品,质量如表 5-3 所示,试分别用临界值法和 P 值法判断能否在 0.1 的显著性水平下认为商品的平均质量为 110 kg。

表 5-3　20 件样品质量(单位:kg)

108	115	104	120	115
100	106	112	116	101
112	113	119	118	109
103	120	114	103	100

【临界值法步骤】

按照题意检验假设

$$H_0:\mu=\mu_0=110;\ H_1:\mu\neq\mu_0$$

这是一个双侧检测问题,临界值法解答过程如下:

(1) 单击单元格 B9,计算平均值为"=AVERAGE(A2:E5)",结果为 111.437 5。

(2) 单击单元格 B10,计算样本标准差为"=STDEV.S(A2:E5)",如图 5-6 所示。

(3) 单击单元格 B15,计算统计量的值"=ABS(B10-B8)/(B11/SQRT(B7))",结果为

	A	B	C	D	E
1	货物重量				
2	108	115	104	120	115
3	100	106	112	116	101
4	112	113	119	118	109
5	103	120	114	103	100
6					
7	n	20	α	0.1	
8	μ	110			
9					
10	$\bar{x}$	111.4375			
11	s	6.632935499			

=AVERAGE(A2:E5)
=STDEV.S(A2:E5)

图 5-6　计算样本均值和样本标准差

0.969 208 194。

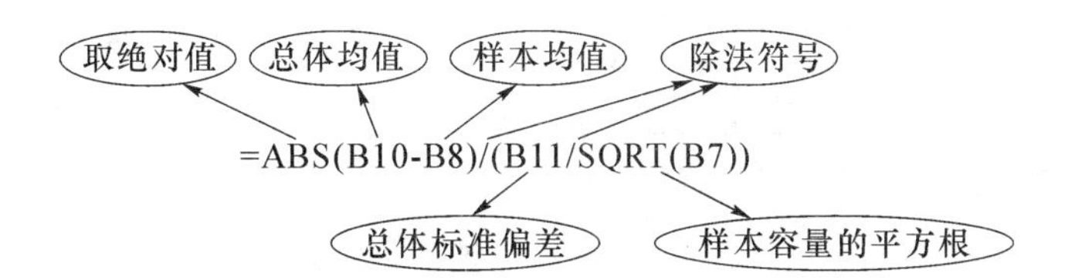

(4) 单击单元格 B16,计算临界值"=ABS(T.INV.2T(D7,B7-1))",结果为 2.093 024 054。

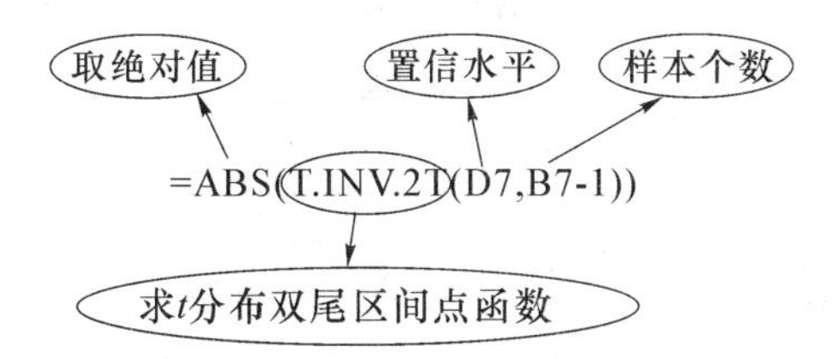

(5) 单击单元格 B17,得到假设检验的结论"=IF(B15<B16,"接受 H0:μ=110","接受 H1:$\mu \neq$110")",即假如样本值的绝对值小于临界值的绝对值,那么接受原假设 $H_0:\mu=\mu_0=110$,否则接受备择假设 $H_1:\mu\neq\mu_0$。最后显示结果为接受 $H_0:\mu=\mu_0=110$,如图 5-7 所示。

	A	B	C	D	E
1	货物重量				
2	108	115	104	120	115
3	100	106	112	116	101
4	112	113	119	118	109
5	103	120	114	103	100
6					
7	n	20	α	0.1	
8	μ	110			
9					
10	$\bar{x}$	111.4375			
11	s	6.632935499			
12	H_0	μ=110	H_1	μ≠110	
13					
14	临界值法				
15	|t|	0.969208194			
16	$\|t_{\alpha/2}\|$	2.093024054			
17	检验结论	接受H0:μ=110			

=ABS(B10-B8)/(B11/SQRT(B7))
=ABS(T.INV.2T(D7,B7-1))
=IF(B15<B16,"接受H0: μ=110","接受H1: μ≠110")

图 5-7　临界值法的结论

临界值法解决问题思路比较清晰，更容易被理解，但是用 P 值法解决更加简单和明确，因此 P 值法更加常用。

【P 值法步骤】

(1) 单击单元格 B21，计算概率的值“=1-T. DIST. 2T(B20，B7-1)”，如图 5-8 所示。

B21 =1-T.DIST.2T(B20,B7-1)

	A	B	C	D	E
1			货物重量		
2	108	115	104	120	115
3	100	106	112	116	101
4	112	113	119	118	109
5	103	120	114	103	100
6					
7	n	20	α	0.1	
8	μ	110			
9					
10	$\bar{x}$	110.4			
11	s	6.870225615			
12	H_0	μ=110	H_1	μ≠110	
13					
19	P值法				
20	t	0.260377822			
21	p	0.202626706			

图 5-8 计算统计量对应的概率值

(2) 单击单元格 B22，得到假设检验的结论“=IF(B21＞D7，"接受 H0：μ=110"，"接受 H1：$\mu\neq$110")”，如图 5-9 所示。

B22 =IF(B21>D7,"接受H0：μ=110","接受H1：μ≠110")

	A	B	C	D	E	F	G	H
1			货物重量					
2	108	115	104	120	115			
3	100	106	112	116	101			
4	112	113	119	118	109			
5	103	120	114	103	100			
6								
7	n	20	α	0.1				
8	μ	110						
9								
10	$\bar{x}$	110.4						
11	s	6.870225615						
12	H_0	μ=110	H_1	μ≠110				
13								
19	P值法							
20	t	0.260377822						
21	p	0.202626706						
22	检验结论	接受H0：μ=110						

图 5-9 P 值法的结论

【结论】

无论是临界值法还是 P 值法，都得到相同的结论：在 0.1 的显著性水平下认为商品的平均质量为 110 kg。

2. 方差未知且为小样本下总体均值的单侧检验

单侧检验是指检验时拒绝域在数据分布的单侧，Excel 2019 提供 T. DIST 函数返回学生的左尾 t 分布，T. DIST. RT 函数返回学生的右尾 t 分布，以及 T. INV 函数返回学生的 t 分布的左尾反函数。

例 5.4　已知小学生每月的图书消费额服从正态分布，现从中随机抽取 25 名学生的月消费额，如表 5-4 所示，试分别采用两种方法判断能否在 0.05 的显著水平下认为学生每月图书消费额不低于 50 元。

表 5-4　大学生每月图书消费抽样(单位:元)

60	55	60	54	46	55
59	52	50	48	51	45
41	56	60	48	40	51
47	47	48	47	42	43

【临界值法步骤】

按照题意检验假设

$$H_0: \mu \geqslant \mu_0 = 50;\ H_1: \mu < \mu_0$$

这是左尾检测问题，临界值法解答过程如下：

(1) 单击单元格 B9，计算平均值为“＝AVERAGE(A2:E5)”，结果为 50.208 3。

(2) 单击单元格 B10，计算样本标准差为“＝STDEV.S(A1:F4)”，结果为 6.121 8，如图 5-10 所示。

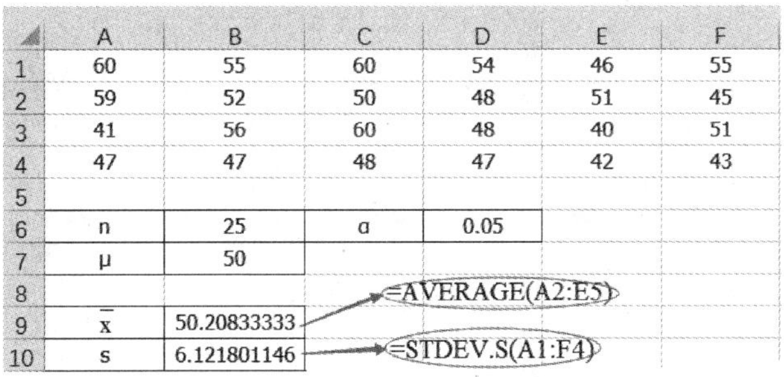

	A	B	C	D	E	F
1	60	55	60	54	46	55
2	59	52	50	48	51	45
3	41	56	60	48	40	51
4	47	47	48	47	42	43
5						
6	n	25	α	0.05		
7	μ	50				
8						
9	$\bar{x}$	50.20833333	=AVERAGE(A2:E5)			
10	s	6.121801146	=STDEV.S(A1:F4)			

图 5-10　计算样本均值的样本标准差

(3) 单击单元格 B14，计算统计量 t 为“＝(B9-B7)/(B10/SQRT(B6))”，结果为 0.170 2，如图 5-11 所示。

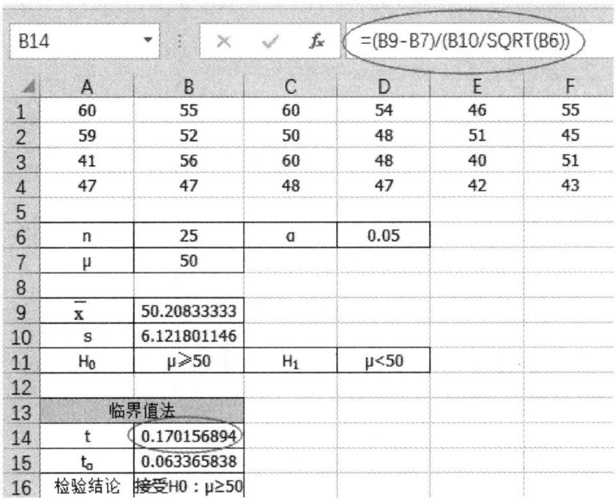

B14　=(B9-B7)/(B10/SQRT(B6))

	A	B	C	D	E	F
1	60	55	60	54	46	55
2	59	52	50	48	51	45
3	41	56	60	48	40	51
4	47	47	48	47	42	43
5						
6	n	25	α	0.05		
7	μ	50				
8						
9	$\bar{x}$	50.20833333				
10	s	6.121801146				
11	H_0	μ≥50	H_1	μ<50		
12						
13	临界值法					
14	t	0.170156894				
15	$t_α$	0.063365838				
16	检验结论	接受H0：μ≥50				

图 5-11　计算统计量 t 的值

(4) 单击单元格 B15，计算临界值 t_{α} 为“＝T. INV(1-D6，B6-1)”，结果为 1. 701 9，如图 5-12 所示。

B15　=T.INV(1-D6,B6-1)

	A	B	C	D	E	F
1	60	55	60	54	46	55
2	59	52	50	48	51	45
3	41	56	60	48	40	51
4	47	47	48	47	42	43
5						
6	n	25	α	0.05		
7	μ	50				
8						
9	$\bar{x}$	50.20833333				
10	s	6.121801146				
11	H_0	μ≥50	H_1	μ<50		
12						
13	临界值法					
14	t	0.170156894				
15	t_{α}	1.71088208				
16	检验结论	接受H0：μ≥50				

图 5-12　计算 t 临界值

(5) 单击单元格 B16，得到假设检验的结论“＝IF(B14＜-B15，"接受 H1：μ＜50"，"接受 H0：μ≥50")”，如图 5-13 所示。

B16　=IF(B14<-B15,"接受H1：μ<50","接受H0：μ≥50")

	A	B	C	D	E	F	G	H
1	60	55	60	54	46	55		
2	59	52	50	48	51	45		
3	41	56	60	48	40	51		
4	47	47	48	47	42	43		
5								
6	n	25	α	0.05				
7	μ	50						
8								
9	$\bar{x}$	50.20833333						
10	s	6.121801146						
11	H_0	μ≥50	H_1	μ<50				
12								
13	临界值法							
14	t	0.170156894						
15	t_{α}	1.71088208						
16	检验结论	接受H0：μ≥50						

图 5-13　临界值法的结论

【P 值法步骤】

(1) 单击单元格 B20，计算概率的值“＝T. DIST(B19，B6-1，1)”，如图 5-14 所示。

(2) 单击单元格 B21，得到假设检验的结论“＝IF(B20＜D6，"接受 H1：μ＜50"，"接受 H0：μ≥50")”，如图 5-15 所示。

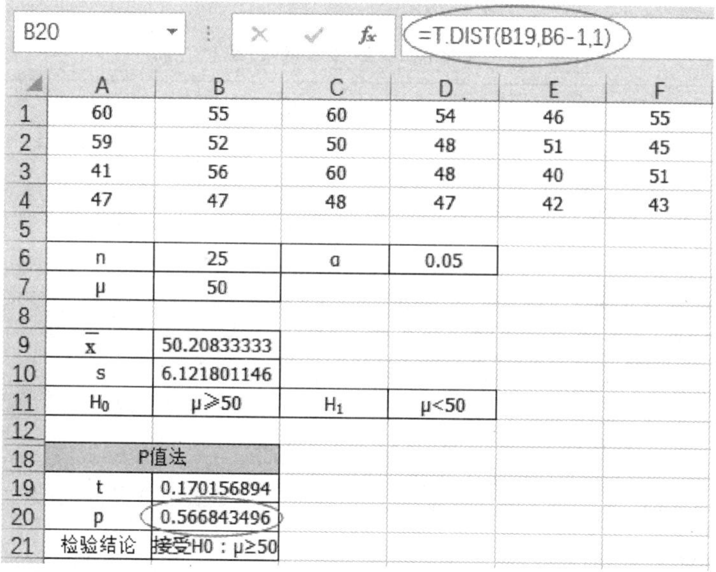

B20　=T.DIST(B19,B6-1,1)

	A	B	C	D	E	F
1	60	55	60	54	46	55
2	59	52	50	48	51	45
3	41	56	60	48	40	51
4	47	47	48	47	42	43
5						
6	n	25	α	0.05		
7	μ	50				
8						
9	$\bar{x}$	50.20833333				
10	s	6.121801146				
11	H_0	μ≥50	H_1	μ<50		
12						
18	P值法					
19	t	0.170156894				
20	p	0.566843496				
21	检验结论	接受H0：μ≥50				

图 5-14　计算统计量对应的概率值

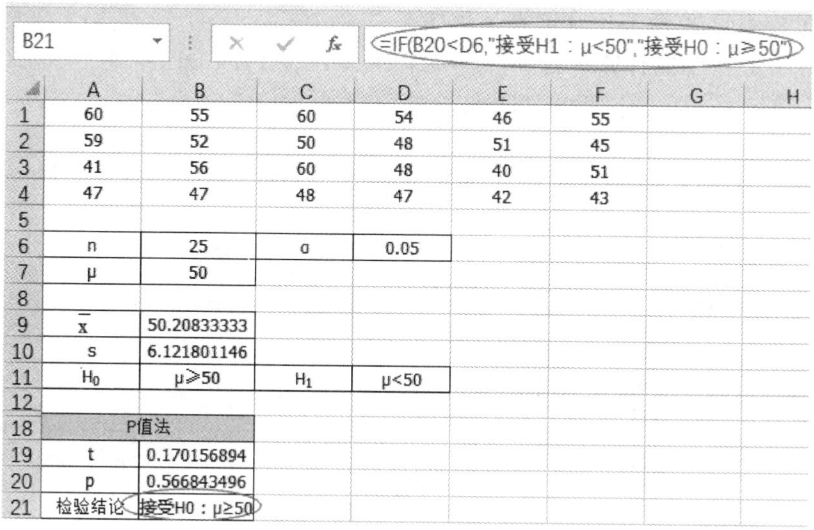

B21　=IF(B20<D6,"接受H1：μ<50","接受H0：μ≥50")

	A	B	C	D	E	F	G	H
1	60	55	60	54	46	55		
2	59	52	50	48	51	45		
3	41	56	60	48	40	51		
4	47	47	48	47	42	43		
5								
6	n	25	α	0.05				
7	μ	50						
8								
9	$\bar{x}$	50.20833333						
10	s	6.121801146						
11	H_0	μ≥50	H_1	μ<50				
12								
18	P值法							
19	t	0.170156894						
20	p	0.566843496						
21	检验结论	接受H0：μ≥50						

图 5-15　P 值法的结论

【结论】

无论是临界值法还是 P 值法，都得到相同的结论：在 0.05 的显著性水平下，无法拒绝学生每月图书消费额不低于 50 元。

3. 方差未知且为大样本情况下总体均值的单侧检验

在总体方差未知的情况下，当样本容量 $n>30$，即为大样本时，可用正态分布来近似代替 t 分布。无论方差是否可知，根据中心极限定理，只要抽取样本足够大，抽样分布就会服从正态分布。

例 5.5　某厂家对其生产商品的平均质量进行检验，面粉质量的总体方差未知，随机抽取 60 箱样本称重后结果如表 5-5 所示，试在 0.05 的显著性水平下判断该仓库中面粉平均质量是否为 105 kg。

表 5-5　某商品 60 箱样本质量(单位:kg)

91	106	101	100	90	91
97	120	102	104	112	93
96	95	113	111	109	108
91	99	104	101	116	103
103	96	110	109	117	115
119	112	100	95	101	99
119	108	102	115	115	90
104	110	117	114	101	109
112	114	120	90	115	119
110	91	108	94	95	101

【临界值法步骤】

按照题意检验假设

$$H_0:\mu=\mu_0=105;\ H_1:\mu\neq\mu_0$$

这是双尾检测问题,临界值法解答过程如下:

(1) 单击单元格 B15,计算平均值为"=AVERAGE(A1:F10)",结果为 105.033。

(2) 单击单元格 B16,计算样本标准差为"=STDEV. S(A1:F10)",结果为 9.102,如图 5-16所示。

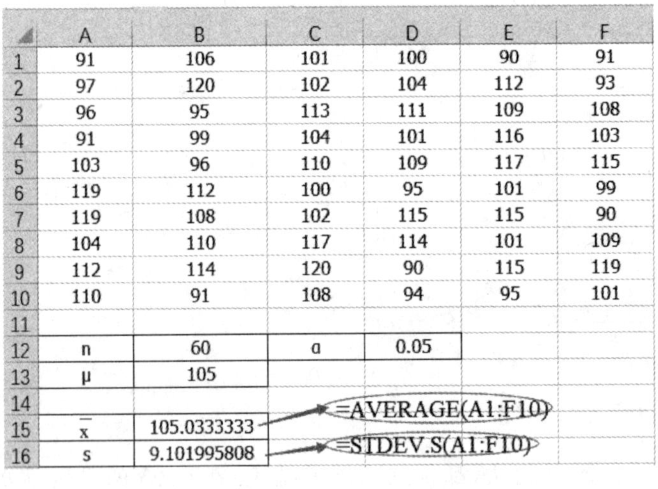

	A	B	C	D	E	F
1	91	106	101	100	90	91
2	97	120	102	104	112	93
3	96	95	113	111	109	108
4	91	99	104	101	116	103
5	103	96	110	109	117	115
6	119	112	100	95	101	99
7	119	108	102	115	115	90
8	104	110	117	114	101	109
9	112	114	120	90	115	119
10	110	91	108	94	95	101
11						
12	n	60	α	0.05		
13	μ	105				
14						
15	$\bar{x}$	105.0333333	=AVERAGE(A1:F10)			
16	s	9.101995808	=STDEV.S(A1:F10)			

图 5-16　计算样本均值与样本标准差

(3) 单击单元格 B19,计算统计量 $|z|$ 为"=ABS(B15-B13)/(B16/SQRT(B12))",结果为 0.0284。

(4) 单击单元格 B20,计算临界值 $|z_{\alpha/2}|$ 为"=ABS(NORM. S. INV(D12/2))",结果为 1.96,如图 5-17 所示。

(5) 单击单元格 B21,得到检验结论"=IF(B19<B20,"接受 H0:μ=105","接受 H1:μ≠105")",如图 5-18 所示。

	A	B	C	D
12	n	60	α	0.05
13	μ	105		
14				
15	$\bar{x}$	105.0333333		
16	s	9.101995808		
17				
18	临界值法			
19	|z|	0.028367283		
20	$\|z_{\alpha/2}\|$	1.959963985		
21	检验结论	接受H0：μ=105		

=ABS(B15-B13)/(B16/SQRT(B12))

=ABS(NORM.S.INV(D12/2))

图 5-17 计算 z 值与临界值

B21 =IF(B19<B20,"接受H0：μ=105","接受H1：μ≠105")

	A	B	C	D	E	F	G	H
4	91	99	104	101	116	103		
5	103	96	110	109	117	115		
6	119	112	100	95	101	99		
7	119	108	102	115	115	90		
8	104	110	117	114	101	109		
9	112	114	120	90	115	119		
10	110	91	108	94	95	101		
11								
12	n	60	α	0.05				
13	μ	105						
14								
15	$\bar{x}$	105.0333333						
16	s	9.101995808						
17								
18	临界值法							
19	|z|	0.028367283						
20	$\|z_{\alpha/2}\|$	1.959963985						
21	检验结论	接受H0：μ=105						

图 5-18 临界值法的结论

【*P* 值法步骤】

(1) 单击单元格 B25，计算概率的值"=MIN(Z. TEST(A1:F10,B13),1-Z. TEST(A1:F10,B13))"，如图 5-19 所示。

B25 =MIN(Z.TEST(A1:F10,B13),1-Z.TEST(A1:F10,B13))

	A	B	C	D	E	F	G	H
4	91	99	104	101	116	103		
5	103	96	110	109	117	115		
6	119	112	100	95	101	99		
7	119	108	102	115	115	90		
8	104	110	117	114	101	109		
9	112	114	120	90	115	119		
10	110	91	108	94	95	101		
11								
12	n	60	α	0.05				
13	μ	105						
14								
15	x	105.0333333						
16	s	9.101995808						
17								
24	ZTEST函数							
25	p	0.488684609						
26	检验结论	接受H0：μ=105						

图 5-19 计算统计量对应的概率

(2) 单击单元格 B26，得到检验结论“=IF(B25>D12/2,"接受 H0：$\mu=105$","接受 H1：$\mu\neq105$")”，如图 5-20 所示。

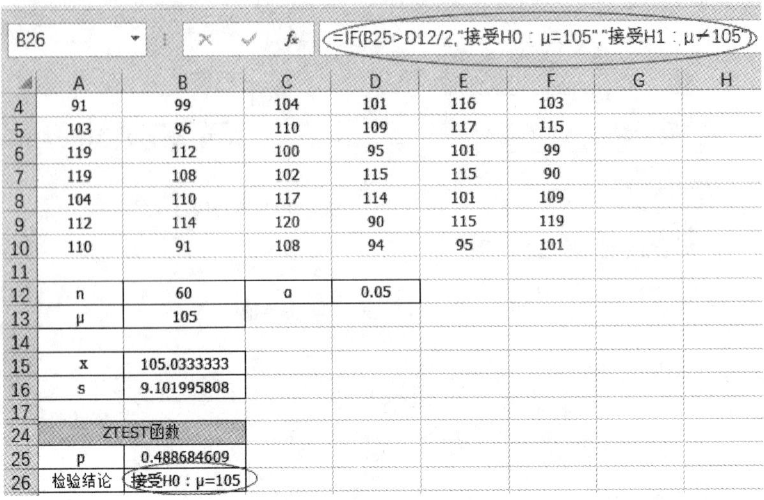

B26 =IF(B25>D12/2,"接受H0：μ=105","接受H1：μ≠105")

	A	B	C	D	E	F	G	H
4	91	99	104	101	116	103		
5	103	96	110	109	117	115		
6	119	112	100	95	101	99		
7	119	108	102	115	115	90		
8	104	110	117	114	101	109		
9	112	114	120	90	115	119		
10	110	91	108	94	95	101		
11								
12	n	60	α	0.05				
13	μ	105						
14								
15	x	105.0333333						
16	s	9.101995808						
17								
24	ZTEST函数							
25	p	0.488684609						
26	检验结论	接受H0：μ=105						

图 5-20　*P* 值法的结论

【结论】

无论是临界值法还是 *P* 值法，都得到相同的结论：在 0.05 的显著性水平下，判断该仓库中面粉平均质量不否认为 105 kg。

5.3　两个总体方差的 *F*-检验

假设来自正态总体 $N(\mu_1,\sigma_1^2)$ 的样本 $X_1,X_2,\cdots,X_{n_1}$ 和来自正态总体 $N(\mu_2,\sigma_2^2)$ 的样本 $Y_1,Y_2,\cdots,Y_{n_2}$ 两样本独立。其样本方差为 S_1^2、S_2^2。若 μ_1、μ_2、σ_1^2 和 σ_2^2 均为未知。

现在需要检验假设(显著性水平为 α)

$$H_0:\sigma_1^2=\sigma_2^2,H_1:\sigma_1^2\neq\sigma_2^2$$

那么检验问题的拒绝域为

$$F=\frac{s_1^2}{s_2^2}\leqslant F_{1-\alpha}(n_1-1,n_2-1)$$

和

$$F=\frac{s_1^2}{s_2^2}\geqslant F_\alpha(n_1-1,n_2-1)$$

如果需要检验假设(显著性水平为 α)

$$H_0:\sigma_1^2\leqslant\sigma_2^2,H_1:\sigma_1^2>\sigma_2^2$$

那么检验问题的拒绝域为

$$F=\frac{s_1^2}{s_2^2}\geqslant F_\alpha(n_1-1,n_2-1)$$

如果需要检验假设(显著性水平为 α)

$$H_0:\sigma_1^2>\sigma_2^2,H_1:\sigma_1^2\leqslant\sigma_2^2$$

那么检验问题的拒绝域为

$$F=\frac{s_1^2}{s_2^2}\leqslant F_\alpha(n_1-1,n_2-1)$$

这个检验法就是 F-检验法。

“F-检验 双样本方差”分析工具通过双样本 F-检验对两个样本总体的方差进行比较。该工具提供的检验结果是以零假设为条件，即两个样本来自具有相同方差的分布，而不是以基础分布中方差不相等的备择假设为条件。

该工具计算 F-统计(或 F-比值)的 f 值。接近 1 的 f 值证明基础样本总体方差相等。在输出表格中，如果 $f<1$，“P(F＜＝f)单尾”返回当样本总体方差相等时观测到 F-统计值小于 f 的概率，而“F 单尾临界值”返回选定显著性水平(Alpha)的小于 1 的临界值。如果 $f>1$，“P(F＜＝f)单尾”返回当样本总体方差相等时观测到 F-统计值大于 f 的概率，而“F 单尾临界值”提供 Alpha 大于 1 的临界值。简单地说，$F<F_{临界}$，表明两组数据没有显著差异；$F\geqslant F_{临界}$，表明两组数据存在显著差异。

例 5.6　某厂家从两个供货商处进货，分别是货物 A 和货物 B。已经列出两种货物的样本数据，如下所示。

货物 A：99,138,88,127,132,88,115,150,114,126,144,148,150,137,139,125,104,132,87,142,146,111,154,103,110,137,111,119,107,151,155,93,113,123,123,95,99,138,115,135,138,130,93,149,135,109,105,133,149,107

货物 B：96,132,149,84,114,84,90,97,114,127,128,118,123,127,122,99,113,125,150,94,148,140,96,130,82,100,131,84,80,140,128,127,148,86,122,132,82,91,122,142

试在 0.05 的显著性水平下运用“F-检验 双样本方差”工具判断货物 A 的技术指标波动是否明显不同于货物 B。

【*F*-检验步骤】

(1) 首先把数据按照“列”的方式排列，如图 5-21 所示。

	A	B
1	货物A	货物B
2	99	96
3	138	132
4	88	149
5	127	84
6	132	114
7	88	84
8	115	90
9	150	97
10	114	114
11	126	127
12	144	128
13	148	118
14	150	123
15	137	127
16	139	122
17	125	99
18	104	113
19	132	125
20	87	150
21	142	94
22	146	148

图 5-21　按列输入数据

(2) 选择“数据”选项卡,然后单击“分析”组的“数据分析”工具中的“F-检验：双样本方差分析”。

(3) 设置“F-检验：双样本方差”对话框中的参数,如图 5-22 所示。

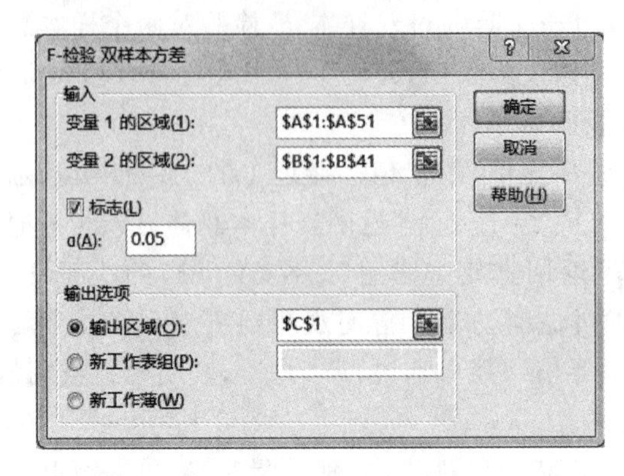

图 5-22 “F-检验：双样本方差”分析参数

- 输入变量 1 的区域：$A$1：$A$51,选中变量 1 的数据区域。
- 输入变量 2 的区域：$B$1：$B$41,选中变量 2 的数据区域。
- 标志：√ ,如果变量区域选中了标题行,则单击,否则不单击。
- 输出区域：$C$1(可自行单击)

(4) 得到“F-检验：双样本方差”分析结果,如图 5-23 所示。

C	D	E	F
F-检验 双样本方差分析			
	货物A	货物B	变量 2
平均	123.42	114.925	117.34286
方差	398.656735	486.89167	205.46723
观测值	50	40	35
df	49	39	34
F	0.81877913		
P(F<=f) 单尾	0.25188949		
F 单尾临界	0.60873498		

图 5-23 “F-检验：双样本方差”分析结果

结论中,因为 $F=0.8188<1$,“P(F<=f) 单尾”返回当样本总体方差相等时观测到 F-统计值小于 f 的概率为 0.25,而“F 单尾临界值”返回选定显著性水平 (0.05) 的小于 1 的临界值为 0.6087。

(5) 因为“P(F<=f)单尾”的值 0.25>0.05,所以得到结论：在 0.05 的显著性水平下,不拒绝 $H_0:\sigma_1^2=\sigma_2^2$。

因为 $F=0.8188>0.6087$,所以得到结论：在 0.05 的显著性水平下,不拒绝 $H_0:\sigma_1^2=\sigma_2^2$。

5.4 两个正态总体均值之差的假设检验

我们还可以用上述方法来检验两个正态总体均值之差的假设。假设来自正态总体 $N(\mu_1,\sigma_1^2)$的样本 $X_1,X_2,\cdots,X_{n_1}$ 和来自正态总体 $N(\mu_2,\sigma_2^2)$的样本 $Y_1,Y_2,\cdots,Y_{n_2}$ 两样本独立。分别记它们的样本均值为$\overline{X}$、$\overline{Y}$,若样本方差均已知,μ_1、μ_2 为未知,那么

$$\frac{\overline{X}-\overline{Y}-(\mu_1-\mu_2)}{\sqrt{\frac{\sigma_1^2}{n_1}+\frac{\sigma_2^1}{n_2}}}\sim N(0,1)$$

5.4.1　已知标准差的两个正态总体均值之差的临界值法与 P 值法假设检验

例 5.7　某公司为了分析公司产品的销售情况，调查城市消费者和农村消费者在消费上是否存在差别。已知两地消费者的消费均服从正态分布，且城市消费者消费标准差为 10，农村消费者消费标准差为 7。调查公司从两地客户的电话缴费单中随机各抽取 20 名，统计消费的结果如表 5-6 所示，试在 0.05 的显著性水平下判断两地客户之间是否存在差别。

表 5-6　城市与农村消费者电话缴费单

城市消费者				
145	127	144	136	147
129	129	148	130	123
132	143	132	143	139
150	148	137	133	140
农村消费者				
131	123	141	135	146
130	125	136	136	125
140	133	142	141	134
142	143	148	143	136

【临界值法步骤】

按照题意检验假设

$$H_0:\mu_1=\mu_2;\ H_1:\mu_1\neq\mu_2$$

解答过程如下：

(1) 单击单元格 B16，计算平均值为"=AVERAGE(A1:E5)"，结果为 137.75。

(2) 单击单元格 D16，计算平均值为"=AVERAGE(A7:E10)"，结果为 136.50，如图 5-24 所示。

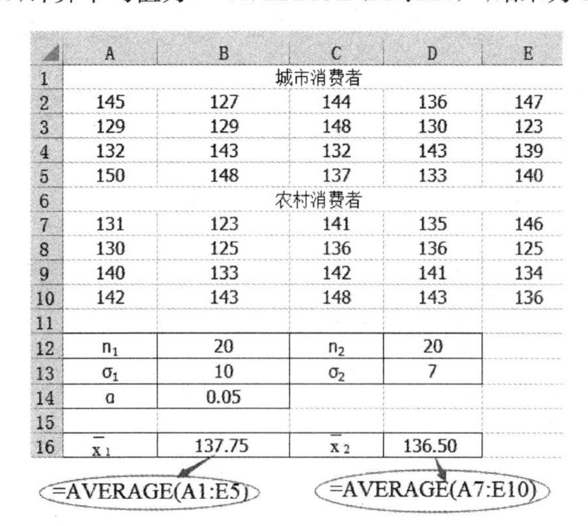

	A	B	C	D	E
1	城市消费者				
2	145	127	144	136	147
3	129	129	148	130	123
4	132	143	132	143	139
5	150	148	137	133	140
6	农村消费者				
7	131	123	141	135	146
8	130	125	136	136	125
9	140	133	142	141	134
10	142	143	148	143	136
11					
12	n_1	20	n_2	20	
13	σ_1	10	σ_2	7	
14	α	0.05			
15					
16	$\bar{x}_1$	137.75	$\bar{x}_2$	136.50	

图 5-24　城市与农村消费者均值

（3）单击单元格 B20 计算 z 值，输入"=(B16-D16)/SQRT((B13^2/B12+D13^2/D12))"。

函数解析：

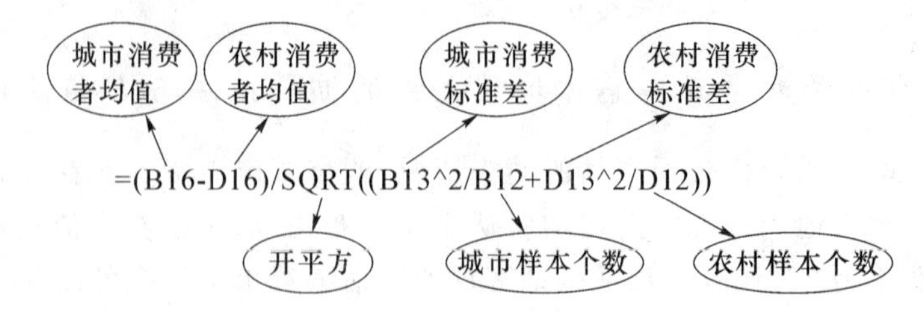

结果为 0.458 0，如图 5-25 所示。

B20 =(B16-D16)/SQRT((B13^2/B12+D13^2/D12)

	A	B	C	D	E	F	G
4	132	143	132	143	139		
5	150	148	137	133	140		
6			农村消费者				
7	131	123	141	135	146		
8	130	125	136	136	125		
9	140	133	142	141	134		
10	142	143	148	143	136		
11							
12	n_1	20	n_2	20			
13	σ_1	10	σ_2	7			
14	α	0.05					
15							
16	$\bar{x}_1$	137.75	$\bar{x}_2$	136.50			
17	H_0	μ1=μ2	H_1	μ1≠μ2			
18							
19	临界值法						
20	|z|	0.457964566					
21	$\|z_{\alpha/2}\|$	1.959963985					
22	检验结论	接受H0：μ1=μ2					

图 5-25　均值差的统计量

（4）单击单元格 B21 计算临界值，输入"=ABS(NORM.S.INV(B14/2))"，结果为 1.96，如图 5-26 所示。

B21 =ABS(NORM.S.INV(B14/2))

	A	B	C	D	E	F
4	132	143	132	143	139	
5	150	148	137	133	140	
6			农村消费者			
7	131	123	141	135	146	
8	130	125	136	136	125	
9	140	133	142	141	134	
10	142	143	148	143	136	
11						
12	n_1	20	n_2	20		
13	σ_1	10	σ_2	7		
14	α	0.05				
15						
16	$\bar{x}_1$	137.75	$\bar{x}_2$	136.50		
17	H_0	μ1=μ2	H_1	μ1≠μ2		
18						
19	临界值法					
20	|z|	0.457964566				
21	$\|z_{\alpha/2}\|$	1.959963985				

图 5-26　均值差的临界值

（5）单击单元格 B22 得到结论，输入“＝IF（B20＜B21，"接受 H0：μ1＝μ2"，"接受 H1：μ1≠μ2"）”，如图 5-27 所示。

B22　=IF(B20<B21,"接受H0：μ1=μ2","接受H1：μ1≠μ2")

	A	B	C	D	E	F	G	H
4	132	143	132	143	139			
5	150	148	137	133	140			
6			农村消费者					
7	131	123	141	135	146			
8	130	125	136	136	125			
9	140	133	142	141	134			
10	142	143	148	143	136			
11								
12	n_1	20	n_2	20				
13	σ_1	10	σ_2	7				
14	α	0.05						
15								
16	$\bar{x}_1$	137.75	$\bar{x}_2$	136.50				
17	H_0	μ1=μ2	H_1	μ1≠μ2				
18								
19	临界值法							
20	|z|	0.457964566						
21	$\|z_{\alpha/2}\|$	1.959963985						
22	检验结论	接受H0：μ1=μ2						

图 5-27　临界值法的结论

【*P* 值法步骤】

（1）单击单元格 B25，输入“＝1-NORM.S.DIST（B20，1）”，结果为 0.323 5，如图 5-28 所示。

B25　=1-NORM.S.DIST(B20,1)

	A	B	C	D	E
10	142	143	148	143	136
11					
12	n_1	20	n_2	20	
13	σ_1	10	σ_2	7	
14	α	0.05			
15					
16	$\bar{x}_1$	137.75	$\bar{x}_2$	136.50	
17	H_0	μ1=μ2	H_1	μ1≠μ2	
18					
24	P值法				
25	p	0.323488949			
26	检验结论	接受H0：μ1=μ2			

图 5-28　统计量对应的概率

（2）单击单元格 B26，输入“＝IF（B25＞B14/2，"接受 H0：μ1＝μ2"，"接受 H1：μ1≠μ2"）”，得到结论，如图 5-29 所示。

B26　=IF(B25>B14/2,"接受H0：μ1=μ2","接受H1：μ1≠μ2")

	A	B	C	D	E	F	G	H
10	142	143	148	143	136			
11								
12	n_1	20	n_2	20				
13	σ_1	10	σ_2	7				
14	α	0.05						
15								
16	$\bar{x}_1$	137.75	$\bar{x}_2$	136.50				
17	H_0	μ1=μ2	H_1	μ1≠μ2				
18								
24	P值法							
25	p	0.323488949						
26	检验结论	接受H0：μ1=μ2						

图 5-29　*P* 值法的结论

【结论】

无论是临界值法还是 P 值法，都得到相同的结论：在 0.05 的显著性水平下，判断农村消费者和城市消费者之间不存在显著性差异。

5.4.2 z-检验：双样本均值分析

1. 总体方差已知条件下的 z-检验

z-检验是一般用于大样本平均值差异性检验的方法。它是用标准正态分布的理论来推断差异发生的概率，从而比较两个平均数的差异是否显著。Excel 提供的“z-检验：双样本平均值”分析工具可对具有已知方差的双样本平均值进行 z-检验。此工具用于检验两个总体平均值之间不存在差异的零假设，而不是单方或双方的备择假设。如果方差未知，则应该使用工作表函数 Z.TEST。

当使用“z-检验：双样本平均值”工具时，应该仔细理解输出。当总体平均值之间没有差别时，“P(Z <= z) 单尾”是“P(Z >= ABS(z))”，即与 z 观察值沿着相同的方向远离 0 的 z 值的概率。当总体平均值之间没有差异时，“P(Z <=z) 双尾”是“P(Z >= ABS(z)”或“Z <= −ABS(z))”，即沿着任何方向(而非与观察到的 z 值的方向一致)远离 0 的 z 值的概率。双尾结果只是单尾结果乘以 2。“z-检验：双样本平均值”工具还可用于当两个总体平均值之间的差异具有特定的非零值的零假设的情况。例如，可以使用此检验来确定两种汽车型号之间的性能差异情况。

下面利用 Excel 提供的“z-检验：双样本平均值”工具解答例 5.7。

【z-检验步骤】

(1) 把数据按照“列”的方式排列，如图 5-30 所示。

	A	B	C	D
1	城市消费者	农村消费者		
2	145	131		
3	127	123		
4	144	141		
5	136	135		
6	147	146		
7	129	130		
8	129	125		
9	148	136		
10	130	136		
11	123	125		
12	132	140		
13	143	133		
14	132	142		
15	143	141		
16	139	134		
17	150	142		
18	148	143		
19	137	148		
20	133	143		
21	140	136		
22				
23	n_1	20	n_2	20
24	σ_1	10	σ_2	7
25	α	0.05		

图 5-30　按列录入数据

(2) 选择“数据”选项卡，然后单击“分析”组的“数据分析”工具中的“z-检验：双样本均值分析”。

(3) 设置"z-检验：双样本平均差检验"参数，如图 5-31 所示。

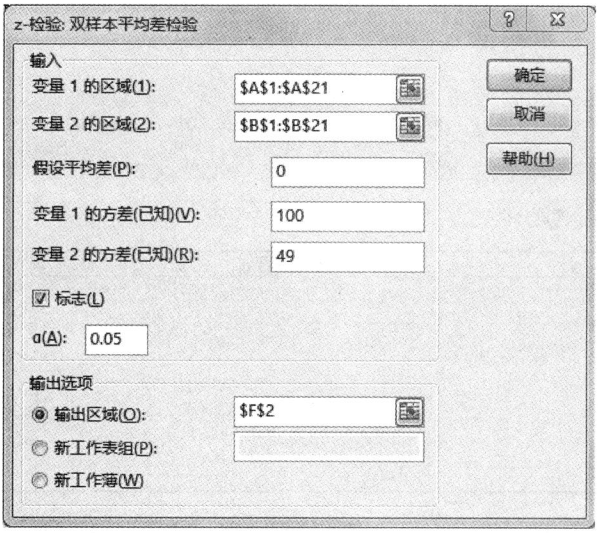

图 5-31　"z-检验：双样本平均差检验"参数

- 输入变量 1 的区域：$A$1：$A$21。
- 输入变量 2 的区域：$B$1：$B$21。
- 假设平均差：0。
- 变量 1 的方差(已知)：100。
- 变量 2 的方差(已知)：49。
- 标志：√ 。
- 输出区域：$F$2(可自行单击)。

这里需要注意两点：

① 输入变量区域中，如果包含标题行，那么需要选中"标志"；如果输入变量区域中不包含标题行，那么不能选中"标志"。

② 这里输入的参数是变量的方差而不是标准差，所以输入的是变量 1 的标准差的平方 100 和变量 2 的标准差的平方 49。

(4) 单击"确定"按钮后，得到"z-检验：双样本均值分析"结果，如图 5-32 所示。

	F	G	H
1			
2	z-检验: 双样本均值分析		
3			
4		城市消费者	农村消费者
5	平均	137.75	136.5
6	已知协方差	100	49
7	观测值	20	20
8	假设平均差	0	
9	z	0.457964566	
10	P(Z<=z) 单尾	0.323488949	
11	z 单尾临界	1.644853627	
12	P(Z<=z) 双尾	0.646977899	
13	z 双尾临界	1.959963985	

图 5-32　"z-检验：双样本均值分析"结果

(5) 可以用两种方法得到结论

方法 1 临界值法：单击 F16，输入“=IF(G9＜G13,"接受 H0：μ1=μ2","接受 H1：μ1≠μ2")”，得到结论，如图 5-33 所示。

F16 | =IF(G9<G13,"接受H0：μ1=μ2","接受H1：μ1≠μ2")

	F	G	H
1			
2	z-检验：双样本均值分析		
3			
4		城市消费者	农村消费者
5	平均	137.75	136.5
6	已知协方差	100	49
7	观测值	20	20
8	假设平均差	0	
9	z	0.457964566	
10	P(Z<=z) 单尾	0.323488949	
11	z 单尾临界	1.644853627	
12	P(Z<=z) 双尾	0.646977899	
13	z 双尾临界	1.959963985	
14			
15			
16	接受H0：μ1=μ2		

图 5-33 临界值法的结论

方法 2 *P* 值法：单击 F18，输入“=IF(G12＜0.05,"接受 H1：μ1≠μ2","接受 H0：μ1=μ2")”，得到结论，如图 5-34 所示。

F18 | =IF(G12<0.05,"接受H1：μ1≠μ2","接受H0：μ1=μ2")

	F	G	H
1			
2	z-检验：双样本均值分析		
3			
4		城市消费者	农村消费者
5	平均	137.75	136.5
6	已知协方差	100	49
7	观测值	20	20
8	假设平均差	0	
9	z	0.457964566	
10	P(Z<=z) 单尾	0.323488949	
11	z 单尾临界	1.644853627	
12	P(Z<=z) 双尾	0.646977899	
13	z 双尾临界	1.959963985	
14			
15			
18	接受H0：μ1=μ2		

图 5-34 *P* 值法的结论

得到结论的方法 1 明显就是 5.3.1 节中的临界值法，而方法 2 是 *P* 值法，利用 Excel 提供的“*z*-检验：双样本均值分析”使得运算大大简化。

双样本均值分析中，*z* 值 0.458 0 小于 *z* 单尾临界值 1.959 96，所以得到结论，城市和农村消费者之间不存在显著性差异。

双样本均值分析中，“P(Z＜z)双尾值”为 0.647 0＞0.05，所以得到与上面同样的结论，城市和农村消费者之间不存在显著性差异。

2. 总体方差未知条件下的 *z*-检验

如果总体方差均未知，那么和前面的解题思路一样，用样本标准差代替总体标准差。

例 5.8　某公司为了分析公司产品的销售情况，调查某两地在消费上是否存在差别。已知两地消费者的消费均服从正态分布，消费标准差均未知，现调查公司从 A 地客户中抽取 50 名，从 B 地客户中随机抽取 40 名，进行数据统计。统计结果为

A 地：99，138，88，127，132，88，115，150，114，126，144，148，150，137，139，125，104，132，87，142，146，111，154，103，110，137，111，119，107，151，155，93，113，123，123，95，99，138，115，135，138，130，93，149，135，109，105，133，149，107

B 地：96，132，149，84，114，84，90，97，114，127，128，118，123，127，122，99，113，125，150，94，148，140，96，130，82，100，131，84，80，140，128，127，148，86，122，132，82，91，122，142

试在 0.05 的显著性水平下判断两地客户之间是否存在差别。

【z-检验步骤】

(1) 把数据按照“列”的方式排列，如图 5-35 所示。

	A	B
1	A地	B地
2	99	96
3	138	132
4	88	149
5	127	84
6	132	114
7	88	84
8	115	90
9	150	97
10	114	114
11	126	127
12	144	128
13	148	118
14	150	123
15	137	127
16	139	122
17	125	99
18	104	113
19	132	125
20	87	150
21	142	94
22	146	148
23	111	140
24	154	96
25	103	130

图 5-35　按列输入数据

(2) 计算 A 地的基于样本估算标准偏差(忽略样本中的逻辑值和文本)，单击单元格 E3，输入“=STDEV. S(A2:A41) ”。

(3) 计算 B 地的基于样本估算标准偏差，单击单元格 G3，输入“=STDEV. S(B2:B36)”，如图 5-36 所示。

(4) 计算 A 地和 B 地的样本方差，单击单元格 E4，输入“=E3^2”，如图 5-37 所示。单击单元格 G4，输入“=G3^2”，设置单元格为数据，保留 3 位小数。

(5) 选择“数据”选项卡，然后单击“分析”组的“数据分析”工具中的“z-检验：双样本平均差检验”。

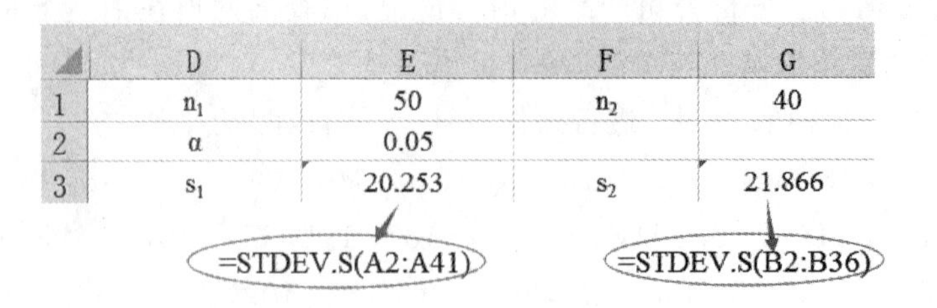

	D	E	F	G
1	n_1	50	n_2	40
2	α	0.05		
3	s_1	20.253	s_2	21.866

图 5-36　计算 A 地和 B 地基于样本估算标准偏差

fx =E3^2

D	E	F	G
n_1	50	n_2	40
α	0.05		
s_1	20.253	s_2	21.866
A地样本方差	410.174	B地样本方差	478.139

图 5-37　计算 A 地样本方差

（6）设置"z-检验：双样本平均差检验"参数，如图 5-38 所示。

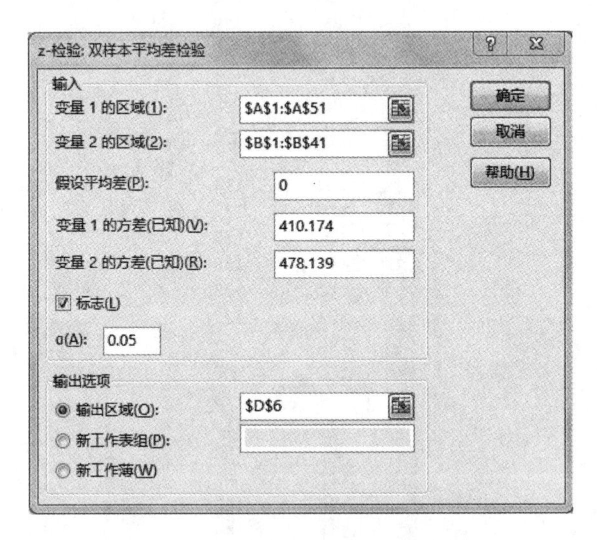

图 5-38　"z-检验：双样本平均差检验"参数

- 输入变量 1 的区域：$A$1：$A$51。
- 输入变量 2 的区域：$B$1：$B$41。
- 假设平均差：0。
- 变量 1 的方差（已知）：410.174。
- 变量 2 的方差（已知）：478.139。
- 标志：√ 。
- 输出区域：$D$6（可自行单击）。

（7）得到"z-检验：双样本均值分析"结果，如图 5-39 所示。

z-检验：双样本均值分析		
	A地	B地
平均	123.42	114.925
已知协方差	410.174	478.139
观测值	50	40
假设平均差	0	
z	1.892129776	
P(Z<=z) 单尾	0.029236846	
z 单尾临界	1.644853627	
P(Z<=z) 双尾	0.058473692	
z 双尾临界	1.959963985	

图 5-39　“z-检验：双样本均值分析”结果

(8) 双样本均值分析中，z 值 1.892 小于 z 单尾临界值 1.959 96，所以得到结论，A 地和 B 地客户不存在显著性差异。

(9) 双样本均值分析中，“P(Z＜z)双尾值”为 0.585＞0.05，所以得到与上面同样的结论，A 地和 B 地客户不存在显著性差异。

5.4.3　双样本 t 检验

t 检验是用 t 分布理论来推论差异发生的概率，从而比较两个平均数的差异是否显著。一般用于样本数量较小的情况，样本数小于 30。

Excel 提供的“双样本 t-检验”分析工具基于每个样本检验样本总体平均值的等同性。这三个工具分别使用不同的假设：样本总体方差相等；样本总体方差不相等；两个样本代表同一主体处理前后的观察值。

对于这三个工具，t-统计值 t 在输出表中计算并统一显示为“t Stat”。数据决定了 t 是负值还是非负值。假设基于相等的基础总体平均值，如果 $t<0$，则“P(T ＜＝ t) 单尾”返回 t-统计的观察值比 t 更趋向负值的概率。如果 $t\geqslant 0$，则“P(T＜＝ t) 单尾”返回 t-统计的观察值比 t 更趋向正值的概率。“t 单尾临界值”返回截止值，这样，t-统计的观察值将大于或等于“t 单尾临界值”的概率就为 Alpha。“P(T ＜＝ t) 双尾”返回 t-统计的观测值绝对值大于 t 的概率。“P 双尾临界值”返回截止值，这样 t-统计的观测值绝对值大于“P 双尾临界值”的概率就为 Alpha。

1. t-检验：成对双样本平均值

当样本中存在自然配对的观察值时(例如，对一个样本组在实验前后进行了两次检验)，可以使用此成对检验。此分析工具及其公式可以进行成对双样本学生的 t-检验，以确定取自处理前后的观察值是否来自具有相同总体平均值的分布。此 t-检验窗体并未假设两个总体的方差是相等的。

注意：由此工具生成的结果中包含合并方差，亦即数据相对于平均值的离散值的累积测量值，可以由下面的公式得到：

$$S^2=\frac{n_1 S_1^2+n_2 S_2^2}{n_1+n_2-2}$$

例 5.9　应用某药物 A 治疗患者 10 名，治疗前后血红蛋白的含量(单位：g%)如表 5-7 所示，问该药物是否会引起血红蛋白的变化。

表 5-7　某药物 A 治疗前后病人血红蛋白变化表

病人号	1	2	3	4	5	6	7	8	9	10
治疗前	11.3	15	14.5	12.8	13	12.3	13.5	14.1	12	10
治疗后	14	13.8	14	13.5	13.8	12	13.5	14	11.4	12

【*t*-检验步骤】

按照题意检验假设

$$H_0:\mu_1=\mu_2;\ H_1:\mu_1\neq\mu_2$$

(1) 把数据按照"列"的方式排列，如图 5-40 所示。

	A	B
1	治疗前	治疗后
2	11.3	14.0
3	15.0	13.8
4	14.5	14.0
5	12.8	13.5
6	13.0	13.8
7	12.3	12.0
8	13.5	13.5
9	14.1	14.0
10	12.0	11.4
11	10.0	12.0

图 5-40　按列录入数据

(2) 选择"数据"选项卡，然后单击"分析"组的"数据分析"工具中的"t-检验：成对双样本平均值"。

(3) 设置"t-检验：平均值的成对二样本分析"参数，如图 5-41 所示。

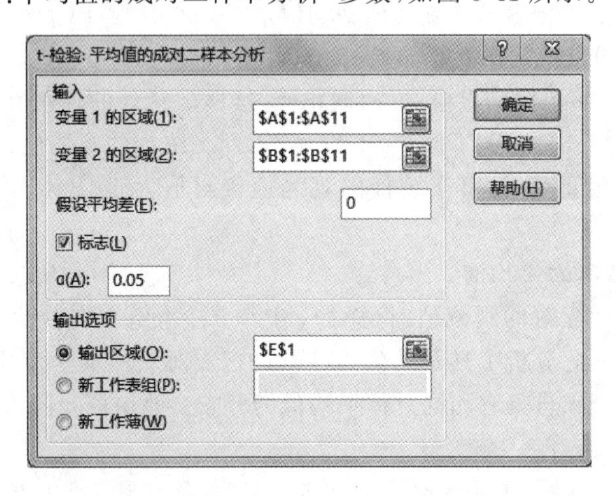

图 5-41　"t-检验：平均值的成对二样本分析"参数

- 输入变量 1 的区域：$A$1：$A$11，选中变量 1 的数据区域。
- 输入变量 2 的区域：$B$1：$B$11，选中变量 2 的数据区域。
- 标志：√，如果变量区域选中了标题行，则单击，否则不单击。
- 输出区域：$E$1，可自行单击。

(4) 得到"t-检验：成对双样本平均值"分析结果，如图 5-42 所示。

t-检验: 成对双样本均值分析		
	治疗前	治疗后
平均	12.85	13.2
方差	2.322777778	0.993333
观测值	10	10
泊松相关系数	0.603476139	
假设平均差	0	
df	9	
t Stat	-0.908929104	
P(T<=t) 单尾	0.193539997	
t 单尾临界	1.833112933	
P(T<=t) 双尾	0.387079994	
t 双尾临界	2.262157163	

图 5-42　"t-检验:成对双样本均值分析"结果

(5) 结论:因为 $P=0.3871>0.05$,所以服用该药物治疗后,未引起血红蛋白显著性变化。

2. t-检验:双样本方差假设

t-检验:双样本方差假设又分为双样本等方差假设与双样本异方差假设。双样本等方差假设分析工具可进行双样本学生 t-检验。此 t-检验窗体先假设两个数据集取自具有相同方差的分布,故也称作同方差 t-检验。可以使用此 t-检验来确定两个样本是否可能来自具有相同总体平均值的分布。

双样本异方差假设分析工具可进行双样本学生 t-检验。此 t-检验窗体先假设两个数据集取自具有不同方差的分布,故也称作异方差 t-检验。如同上面的"等方差"情况,可以使用此 t-检验来确定两个样本是否可能来自具有相同总体平均值的分布。当两个样本中有截然不同的对象时,可使用此检验。当具有唯一的一组对象以及代表每个对象在处理前后的测量值的两个样本时,则应使用下面所描述的成对检验。

用于确定统计值 t 的公式如下:

$$t'=\frac{\bar{x}-\bar{y}-\Delta_0}{\sqrt{\frac{S_1^2}{m}+\frac{S_2^2}{n}}}$$

下列公式可用于计算自由度 df。因为计算结果一般不是整数,所以 df 的值被舍入为最接近的整数,以便从 t 表中获得临界值。因为使用非整数 df 值有可能计算 T.TEST 值,所以 Excel 工作表函数 T.TEST 使用未进行舍入的 df 计算值。由于这些决定自由度的不同方式,T.TEST 函数和此 t-检验工具的结果在"异方差"情况中将不同。

$$\mathrm{df}=\frac{\left(\frac{S_1^2}{m}+\frac{S_2^2}{n}\right)^2}{\frac{(S_1^2/m)^2}{m-1}+\frac{(S_2^2/n)^2}{n-1}}$$

当遇到问题时,首先应利用两个总体方差的 F-检验判断该问题是双样本等方差还是异方差,再根据 F-检验的结论,进一步进行分析。

例 5.10　某医院研究某药物对 A 疾病的诊断价值,用随机抽样的方法比较了 20 名 A 疾病患者与 20 名健康人某项指标(%)的差别,数据如下:

A 疾病患者:145　167　144　136　147　129　129　148　130　123　132　143　132

143　139　150　148　137　133　140

健康人：131　123　141　135　146　130　125　136　136　125　140　133　142　141　134　142　143　148　143　136

问该项指标在两组之间是否存在明显差别。

【实验步骤】

首先进行“F-检验 双样本方差”分析，判断 A 疾病患者与健康人该项指标数据方差是否相同。

（1）把数据按照“列”的方式排列，如图 5-43 所示。

	A	B
1	A疾病患者	健康人
2	145	131
3	167	123
4	144	141
5	136	135
6	147	146
7	129	130
8	129	125
9	148	136
10	130	136
11	123	125
12	132	140
13	143	133
14	132	142
15	143	141
16	139	134
17	150	142
18	148	143
19	137	148
20	133	143
21	140	136

图 5-43　按列录入数据

（2）选择“数据”选项卡，然后单击“分析”组的“数据分析”工具中的“F-检验：双样本方差分析”。

（3）设置“F-检验：双样本方差”参数，如图 5-44 所示。

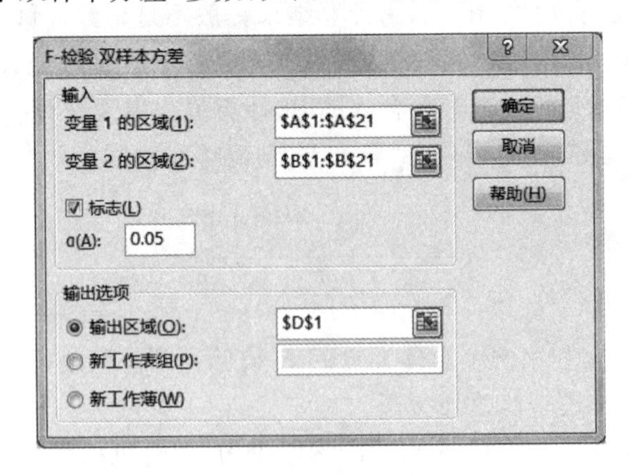

图 5-44　“F-检验：双样本方差”参数

- 输入变量 1 的区域：$A$1：$A$21，选中变量 1 的数据区域。
- 输入变量 2 的区域：$B$1：$B$21，选中变量 2 的数据区域。
- 标志：√，如果变量区域选中了标题行，则单击，否则不单击。
- 输出区域：$D$1（可自行单击）。

（4）得到"F-检验：双样本方差分析"结果，如图 5-45 所示。

F-检验 双样本方差分析		
	A疾病患者	健康人
平均	139.75	136.5
方差	99.88157895	50.57894737
观测值	20	20
df	19	19
F	1.974765869	
P(F<=f) 单尾	0.073521927	
F 单尾临界	2.168251601	

图 5-45　"F-检验：双样本方差分析"结果

（5）因为 F-统计值小于 f 的概率为 0.07>0.05，且 $F=1.97$ 小于 F 单尾临界 2.168，均可以判断 A 疾病患者和健康人的两样本方差无明显差异，可以认为相同。由该结论，我们选择"t-检验：双样本等方差假设"工具。

（6）选择"数据"选项卡，然后单击"分析"组的"数据分析"工具中的"t-检验：双样本等方差假设"。

（7）设置"t-检验：双样本等方差假设"参数，如图 5-46 所示。

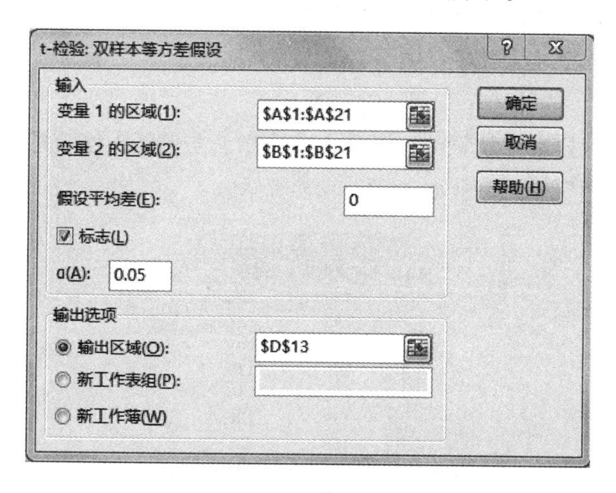

图 5-46　"t-检验：双样本等方差假设"参数

- 输入变量 1 的区域：$A$1：$A$21，选中变量 1 的数据区域。
- 输入变量 2 的区域：$B$1：$B$21，选中变量 2 的数据区域。
- 假设平均差：0。
- 标志：√，如果变量区域选中了标题行，则单击，否则不单击。
- 输出区域：$D$13，可自行单击。

（8）得到"t-检验：双样本等方差假设"结果，如图 5-47 所示。

t-检验：双样本等方差假设		
	A疾病患者	健康人
平均	139.75	136.5
方差	99.88157895	50.57895
观测值	20	20
合并方差	75.23026316	
假设平均差	0	
df	38	
t Stat	1.184914654	
P(T<=t) 单尾	0.121704517	
t 单尾临界	1.68595446	
P(T<=t) 双尾	0.243409033	
t 双尾临界	2.024394164	

图 5-47 “t-检验：双样本等方差假设”结果

【结论】

因为“P(T<=t)双尾”=0.243 4>0.05，所以得到最后结果，该项指标在两组之间不存在显著性差别。

下面我们将数据修改一下，看一下“t-检验：双样本异方差假设”的情况。

例 5.11 某医院研究某药物对 B 疾病的诊断价值，随机抽样的方法比较了 20 名 B 疾病患者与 20 名健康人某项指标(%)的差别，数据如下：

B 疾病患者：188 190 161 195 172 177 168 160 168 176 176 173 197 156 160 153 185 185 181 196

健康人：131 123 141 135 146 130 125 136 136 125 140 133 142 141 134 142 143 148 143 136

问该项指标在两组之间是否存在明显差别。

【实验步骤】

首先进行“F-检验 双样本方差”分析，判断 A 疾病患者与健康人该项指标数据方差是否相同。

(1) 把数据按照“列”的方式排列，如图 5-48 所示。

	A	B
1	B疾病患者	健康人
2	188	131
3	190	123
4	161	141
5	195	135
6	172	146
7	177	130
8	168	125
9	160	136
10	168	136
11	176	125
12	176	140
13	173	133
14	197	142
15	156	141
16	160	134
17	153	142
18	185	143
19	185	148
20	181	143
21	196	136

图 5-48 按列录入数据

（2）选择“数据”选项卡，然后单击“分析”组的“数据分析”工具中的“F-检验：双样本方差分析”。

（3）设置“F-检验：双样本方差”参数，如图 5-49 所示。

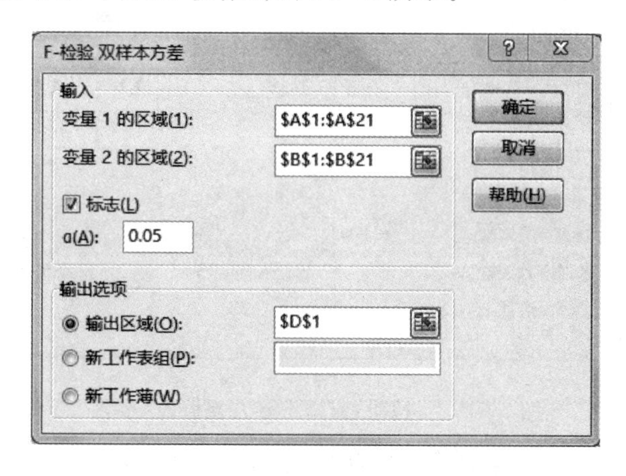

图 5-49　“F-检验：双样本方差”参数

- 输入变量 1 的区域：$A$1：$A$21，选中变量 1 的数据区域。
- 输入变量 2 的区域：$B$1：$B$21，选中变量 2 的数据区域。
- 标志：√，如果变量区域选中了标题行，则单击，否则不单击。
- 输出区域：$D$1(可自行单击)。

（4）得到“F-检验：双样本方差分析”结果，如图 5-50 所示。

F-检验 双样本方差分析		
	B疾病患者	健康人
平均	175.85	136.5
方差	186.7657895	50.5789474
观测值	20	20
df	19	19
F	3.692559834	
P(F<=f) 单尾	0.003266377	
F 单尾临界	2.168251601	

图 5-50　“F-检验：双样本方差分析”结果

（5）因为 F-统计值小于 f 的概率为 0.003 3＜0.05，且 $F=3.693>2.168$，均可以判断 B 疾病患者和健康人的两样本方差具有明显差异，可以认为不相同。由该结论，我们选择“t-检验：双样本异方差假设”工具。

（6）选择“数据”选项卡，然后单击“分析”组的“数据分析”工具中的“t-检验：双样本异方差假设”。

（7）设置“t-检验：双样本异方差假设”参数，如图 5-51 所示。

- 输入变量 1 的区域：$A$1：$A$21，选中变量 1 的数据区域。
- 输入变量 2 的区域：$B$1：$B$21，选中变量 2 的数据区域。
- 假设平均差：0。
- 标志：√，如果变量区域选中了标题行，则单击，否则不单击。
- 输出区域：$H$1，可自行单击。

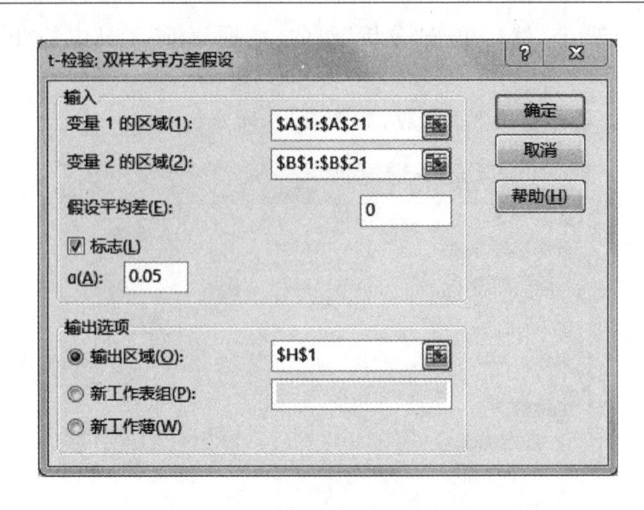

图 5-51 “t-检验:双样本异方差假设”参数

(8) 得到“t-检验:双样本异方差假设”结果,如图 5-52 所示。

t-检验: 双样本异方差假设		
	B疾病患者	健康人
平均	175.85	136.5
方差	186.7657895	50.5789474
观测值	20	20
假设平均差	0	
df	29	
t Stat	11.42273053	
P(T<=t) 单尾	1.48616E-12	
t 单尾临界	1.699127027	
P(T<=t) 双尾	2.97232E-12	
t 双尾临界	2.045229642	

图 5-52 “t-检验:双样本异方差假设”结果

【结论】

因为“P(T<=t)双尾”$=2.97232\times10^{-12}<0.05$,所以得到最后结果,该项指标在两组之间存在显著性差别。

第6章 方差分析

一个复杂的事物其中往往有许多因素互相制约又互相依存。在科学实验和生产实践中，影响一件事物的因素往往是很多的，因此在科学实验中常常要探讨不同实验条件或处理方法对实验结果的影响，通常是比较不同实验条件下样本均值间的差异。例如，医学界要研究几种药物对某种疾病的疗效，实际就是要判断“药物”对“疾病”是否有显著性影响，做出这种判断的依据是这几种药物对疾病的疗效的均值是否相等。如果疗效的均值相等，就意味着这几种药物对该疾病的疗效没有显著性差别；反之，如果均值不相等，就意味着这几种药物对该疾病的疗效有着显著性差别。例如，农业研究土壤、肥料、日照时间等因素对某种农作物产量的影响；不同化学药剂对作物害虫的杀虫效果等。在化工生产中，有原料成分、原料剂量、催化剂、反应温度、压力、溶液浓度、反应时间、机器设备及操作人员的水平等因素。每一因素的改变都有可能影响产品的数量和质量，有些因素影响较大，有些因素影响较小。为了使生产过程得以稳定，保证优质、高产，就有必要找出对产品质量有显著影响的那些因素。为此，需进行统计实验，并根据实验的结果进行分析，鉴别各个有关因素对实验结果的影响，这个统计分析的方法就是方差分析。方差分析是从观测变量的方差入手，在可比较的数组中，把数据间总的“变差”按各指定的变差来源进行分解的一种技术。在统计学中，当需要对两个总体均值进行检验时，即需要检验两个以上的总体是否具有相同的均值时，就需要用到方差分析。

方差分析研究诸多控制变量中哪些变量是对观测变量有显著影响的变量，通过对变差的度量采用离差平方和，从总离差平方和分解出可追溯到指定来源的部分离差平方和，找出对该事物有显著影响的因素、各因素之间的交互作用，以及显著影响因素的最佳水平等。方差分析通过检验总体均值是否相等来判断分类自变量对数值型因变量是否具有显著影响。那么研究均值差异的方差分析和第5章讨论两个正态总体均值之差的 z-检验和 t-检验有什么区别呢？z-检验和 t-检验只能用于两样本均数及样本均数与总体均数之间的比较，而方差分析可以用于两样本及以上样本之间的比较。另外，方差分析有十几种方法，不同的方差分析取决于不同的设计类型，因此方差分析结果更加准确，应用更加广泛。

在实验中，我们将要考察的指标称为实验指标。影响实验指标的条件称为因素。由于各种因素的影响，研究所得的数据呈现波动状，造成波动的原因可分成两类：不可控的随机因素和研究中施加的对结果形成影响的可控因素。例如，反应温度、原料剂量、溶液浓度等是可以控制的，而测量误差、气象条件等一般是难以控制的。但在本书中我们所说的因素都是指可控因素。因素所处的状态，称为该因素的水平。如果在一项实验的过程中只有一个因素在改变，称为单因素实验；如果多于一个因素在改变，称为多因素实验。在使用方差分析时，必须满足一定的条件，被称作方差分析的基本假定。假定如下：

（1）每一个总体都应服从正态分布。也就是说，对于因素的每一个水平，其观测值是来自正态分布总体的简单随机样本。

(2)每一个总体的方差必须相同。也就是说,对于各组观察数据,它们是从具有相同方差的正态总体中抽取的。

(3)观测值是独立的。

在上述假定成立的前提下,要分析自变量对因变量是否有影响,就会在形式上转化为检测自变量在各个水平的均值是否相等。

6.1 单因素实验

单因素分析,顾名思义,就是在实验过程中只有一个因素,或者处理为只有一个因素发生作用。例如,研究肥料对作物产量的影响、生长素对植物苗高的影响等,实验中的肥料因素和生长素因素均为单一的实验处理。

Excel 提供的单因素分析工具对两个或两个以上样本的数据方差执行简单的分析。此分析可提供一种假设检验,该假设的内容是:每个样本都取自相同基础概率分布,这与对所有样本来说基础概率分布都不相同的假设相反。如果只有两个样本,可以使用工作表函数 T. TEST。对于两个以上的样本,并无 T. TEST 的适宜推广形式,此时可调用单因素方差分析模型。

单因素实验的方差分析:设因素 A 有 s 个水平 A_1, A_2,…, A_s,在水平 $A_j(j=1,2,\cdots,s)$下,进行 $n_j(n_j\geqslant 2)$次独立实验,得到如表 6-1 所示的结果。

表 6-1 单因素方差分析

水平 / 观察结果	A_1	A_2	…	A_s
	X_{11} X_{21} … $X_{n_1 1}$	X_{12} X_{22} … $X_{n_2 2}$	… … …	X_{1s} X_{2s} … $X_{n_s s}$
样本总和	$T\cdot_1$	$T\cdot_2$	…	$T\cdot_s$
样本均值	$\overline{X}\cdot_1$	$\overline{X}\cdot_2$	…	$\overline{X}\cdot_s$
总体均值	μ_1	μ_2	…	μ_s

我们假定:各个水平 $A_j(j=1,2,\cdots,s)$下的样本 $X_{1j},X_{2j},\cdots,X_{n_j j}$ 来自具有相同方差 σ^2、均值分别为 $\mu_j(j=1,2,\cdots,s)$的正态总体 $N(\mu_j,\sigma^2)$,μ_j 与 σ^2 未知。且设不同水平 A_j 下的样本之间相互独立。

由于 $N_{ij}\sim N(\mu_j,\sigma^2)$,即有 $X_{ij}-\mu_j\sim N(0,\sigma^2)$,故 $X_{ij}-\mu_j$ 可看成是随机误差。记 $X_{ij}-\mu_j=\varepsilon_{ij}$,则 X_{ij} 可写成

$$\begin{aligned} &X_{ij}=\mu_j+\varepsilon_{ij} \\ &\varepsilon_{ij}\sim N(0,\sigma^2),\text{各 }\varepsilon_{ij}\text{ 独立} \\ &i=1,2,\cdots,n_j,j=1,2,\cdots,s \end{aligned} \tag{6-1}$$

其中,μ_j 与 σ^2 均为未知参数。式(6-1)称为单因素实验方差分析的数学模型。这是本节的研

究对象。

方差分析的任务是对于式(6-1)：

① 检验 s 个总体 $N(\mu_1,\sigma^2),\cdots,N(\mu_s,\sigma^2)$ 的均值是否相等，即检验假设

$$H_0:\mu_1=\mu_2=\cdots=\mu_s$$

$$H_1:\mu_1,\mu_2,\cdots,\mu_s \text{ 不全相等} \tag{6-2}$$

② 作出未知参数 $\mu_1,\mu_2,\cdots,\mu_s,\sigma^2$ 的估计。式(6-2)的拒绝域为

$$F=\frac{S_A/(s-1)}{S_E/(n-s)}\geqslant F_\alpha(s-1,n-s) \tag{6-3}$$

表 6-2 所示为单因素实验方差分析表。

表 6-2　单因素实验方差分析表

方差来源	平方和	自由度	均方	F 比
因素 A	S_A	$s-1$	$\overline{S}_A=\frac{S_A}{s-1}$	$F=\frac{\overline{S}_A}{\overline{S}_E}$
误差	S_E	$n-s$	$\overline{S}_E=\frac{S_E}{n-s}$	
总和	S_T	$n-1$		

表中 $\overline{S}_A=S_A/(s-1)$、$\overline{S}_E=S_E/(n-s)$ 分别称为 S_A、S_E 的均方。另外，因在 S_T 中 n 个变量 $X_{ij}-\overline{X}$ 之间仅满足一个约束条件，故 S_T 的自由度为 $n-1$。

在实际中，我们可以按以下较简便的公式来计算 S_T、S_A 和 S_E。

记

$$T_{\cdot j}=\sum_{i=1}^{n_j}X_{ij},j=1,2,\cdots,s,\quad T_{\cdot\cdot}=\sum_{j=1}^{s}\sum_{i=1}^{n_j}X_{ij}$$

即有

$$S_T=\sum_{j=1}^{s}\sum_{i=1}^{n_j}X_{ij}^2-n\overline{X}^2=\sum_{j=1}^{s}\sum_{i=1}^{n_j}X_{ij}^2-\frac{T_{\cdot\cdot}^2}{n}$$

$$S_A=\sum_{j=1}^{s}n_j\overline{X}_{\cdot j}^2-n\overline{X}^2=\sum_{j=1}^{s}\frac{T_{\cdot j}^2}{n_j}-\frac{T_{\cdot\cdot}^2}{n} \tag{6-4}$$

$$S_E=S_T-S_A$$

Excel 数据分析的“方差分析：单因素方差分析”为我们提供了简单方便的操作，下面通过例题说明。

例 6.1　设有三台机器，用来生产规格相同的铝合金薄板。取样，测量薄板的厚度，精确至 1/1 000 cm。测量结果如表 6-3 所示。

表 6-3　铝合金板的厚度

机器Ⅰ	机器Ⅱ	机器Ⅲ
0.236	0.257	0.258
0.238	0.253	0.264
0.248	0.255	0.259
0.245	0.254	0.267
0.243	0.261	0.262

这里实验的指标是薄板的厚度，机器为因素，不同的三台机器就是这个因素的三个不同的水平。我们假设除机器这一因素外，材料的规格、操作人员的水平等其他条件都相同，这就是单因素实验。实验的目的是为了考察各台机器所生产的薄板的厚度有无显著性差异，即为了考察机器这一因素对厚度有无显著性的影响。如果厚度有显著性差异，就表明机器这一因素对厚度的影响是显著的。

【单因素方差分析步骤】

(1) 将实验数据录入 Excel 表中，注意按照机器类型按列(或行)录入，如图 6-1 所示。

	A	B	C
1	表 铝合金板的厚度		
2	机器1	机器2	机器3
3	0.236	0.257	0.258
4	0.238	0.253	0.264
5	0.248	0.255	0.259
6	0.245	0.254	0.267
7	0.243	0.261	0.262

图 6-1　按列录入数据

(2) 选择“数据”选项卡，然后单击“分析”组的“数据分析”工具中的“方差分析：单因素方差分析”。

(3) 设置“方差分析：单因素方差分析”参数，如图 6-2 所示。

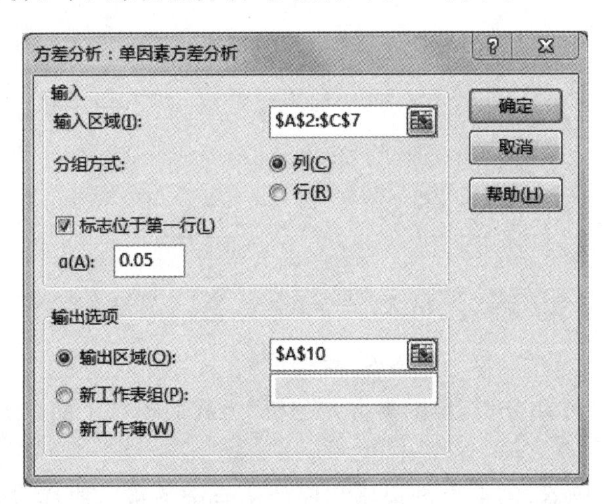

图 6-2　“方差分析：单因素方差分析”参数

- 输入区域：$A$2：$C$7，这里单击实际数据区域。
- 分组方式：列。按行录入数据，单击“行”；按列录入数据，单击“列”。
- 标志位于第一行：√。如果输入区域中未单击标题行，则不单击。
- α：0.05。根据实验要求的显著性水平填写。
- 输出区域：$A$10。这里可自行单击。

(4) 单因素方差分析结果如图 6-3 所示。

方差分析：单因素方差分析						
SUMMARY						
组	观测数	求和	平均	方差		
机器1	5	1.21	0.242	0.0000245		
机器2	5	1.28	0.256	0.00001		
机器3	5	1.31	0.262	0.0000135		
方差分析						
差异源	SS	df	MS	F	P-value	F crit
组间	0.001053333	2	0.000526667	32.91666667	1.34305E-05	3.885293835
组内	0.000192	12	0.000016			
总计	0.001245333	14				

图 6-3 “方差分析：单因素方差分析”结果

“方差分析：单因素方差分析”结果解释：

- 在 SUMMARY(摘要)中，计算出三个机器的观测数、和、平均值与方差。
- 方差分析：
  - ◇ SS 表示离均差平方和，也就是变量中每个数据点与变量均值差的平方和；
  - ◇ df 表示自由度；
  - ◇ MS 表示均方，MS 的值等于对应的 SS 除以 df；
  - ◇ F 表示 F 统计量，是方差分析中用于假设检验的统计量，其值等于处理的 MS 除以误差的 MS；
  - ◇ P-value 表示概率值；
  - ◇ F crit 表示在 0.05 的显著性水平下 F 的临界值。

【结论】

$F=32.92>F$ cirt$=3.885$，F 值落入拒绝域，因此三个机器生产的薄板厚度差异显著。

除了观察 F 值以外，我们还可以观察 P-value 的值，因为 P-value$=1.34305\times10^{-5}<0.05$，所以落入拒绝域，因此可以得到同样的结论，三个机器生产的薄板厚度差异显著。

在 Excel 结论区域可以录入“=IF(F21<0.05,"三个机器生产的薄板厚度差异显著","三个机器生产的薄板厚度差异不显著")”，迅速判断出结果：机器这一因素对厚度的影响是显著的。

6.2 双因素实验的方差分析

在实际问题中，可能不仅有一个因素对实验的结果产生影响，影响因素可能是多个，如果同时研究两种因素对实验结果的影响，便可以将单因素方差分析的思想推广，即双因素方差分析。例如饮料销售，除了关心饮料颜色之外，我们还想了解销售地区是否影响销售量，如果在不同的地区，销售量存在显著的差异，就需要分析原因。采用不同的销售策略，使该饮料品牌在市场占有率高的地区继续深入人心，保持领先地位；在市场占有率低的地区，进一步扩大宣传，让更多的消费者了解、接受该产品。若把饮料的颜色看作影响销售量的因素 A，饮料的销售地区则是影响因素 B。对因素 A 和因素 B 同时进行分析，就属于双因素方差分析的内容，双因素方差分析是对影响因素进行检验，究竟是一个因素在起作用，还是两个因素都起作用，或是两个因素的影响都不显著。

根据双因素分析中的两因素是否相互影响，双因素分析分为无重复双因素分析和有重复双因素分析。顾名思义，无重复双因素分析的两个因素之间无交互作用，而有重复双因素分析的两个因素之间有交互作用。所谓相互作用，就是因素 A 和因素 B 的结合是否会产生一种新的效应。例如，若假定不同地区的消费者对某种品牌有与其他地区消费者不同的偏好，这就是两个因素结合后产生的新效应，属于有交互作用的背景；否则，就是无交互作用的背景。

6.2.1 无重复双因素方差分析

无重复双因素方差分析假定因素 A 和因素 B 的效应之间是相互独立的，不存在相互关系。无重复实验只需要检验两个因素对实验结果有无显著影响。

如果在处理实际问题时，我们已经知道不存在交互作用，或已知交互作用对实验的指标影响很小，则可以不考虑交互作用。此时，即使 $k=1$，也能对因素 A、因素 B 的效应进行分析，现设对于两个因素的每一组合 (A_i, B_j) 只做一次实验，所得结果如表 6-4 所示。

表 6-4　双因素无重复随机实验

因素 A	因素 B			
	B_1	B_2	…	B_s
A_1	X_{11}	X_{12}	…	X_{1s}
A_2	X_{21}	X_{22}	…	X_{2s}
…	…	…		…
A_r	X_{r1}	X_{r2}	…	X_{rs}

对应的无重复双因素实验的方差分析如表 6-5 所示。

表 6-5　双因素无重复实验方差分析表

方差来源	平方和	自由度	均方	F 比
因素 A	S_A	$r-1$	$\overline{S}_A=\frac{S_A}{r-1}$	$F_A=\overline{S}_A/\overline{S}_E$
因素 B	S_B	$s-1$	$\overline{S}_B=\frac{S_B}{s-1}$	$F_B=\overline{S}_B/\overline{S}_E$
误差	S_E	$(r-1)(s-1)$	$\overline{S}_E=\frac{S_E}{(r-1)(s-1)}$	
总和	S_T	$rs-1$		

Excel 在数据分析中提供了“方差分析：无重复的双因素”工具。此分析工具可用于分析按两个不同的维度归类的数据。但是，对于此工具，假设每个配对只有一个观测值（每个{因素 A，因素 B} 配对）。

例 6.2　表 6-6 给出了在某 5 个不同地点、不同时间空气中颗粒状物（以 mg/m^3 计）的含量数据。

表 6-6　不同地点、不同时间空气中颗粒状物的含量

原始数据	地点 1	地点 2	地点 3	地点 4	地点 5
时间 2017 年 10 月	76	67	81	56	51
时间 2018 年 1 月	82	69	96	59	70
时间 2018 年 5 月	68	59	67	54	42
时间 2018 年 8 月	63	56	64	58	37

试在显著性水平 $\alpha=0.05$ 下检验：

(1) 在不同时间下颗粒状物含量的均值有无显著差异；

(2) 在不同地点下颗粒状物含量的均值有无显著差异。

【无重复双因素方差分析步骤】

(1) 将实验数据录入 Excel 表中，注意按照时间和地点按列(或行)录入，如图 6-4 所示。

	A	B	C	D	E	F
1	原始数据	地点1	地点2	地点3	地点4	地点5
2	时间2017年10月	76	67	81	56	51
3	时间2018年1月	82	69	96	59	70
4	时间2018年5月	68	59	67	54	42
5	时间2018年8月	63	56	64	58	37

图 6-4　实验数据录入

(2) 选择“数据”选项卡，然后单击“分析”组的“数据分析”工具中的“方差分析：无重复双因素分析”，如图 6-5 所示。

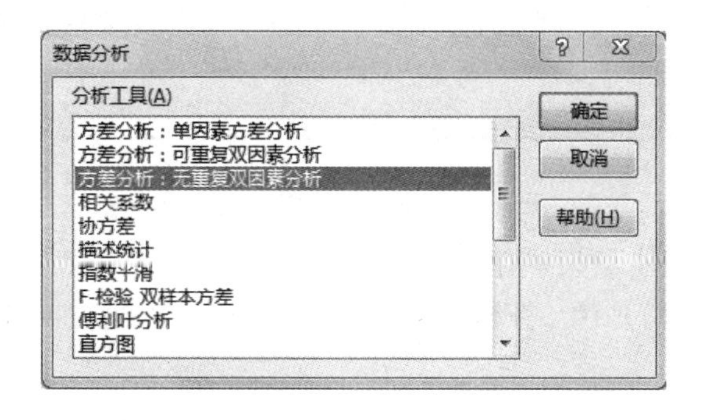

图 6-5　单击“方差分析：无重复双因素分析”

(3) 设置“方差分析：无重复双因素分析”参数，如图 6-6 所示。

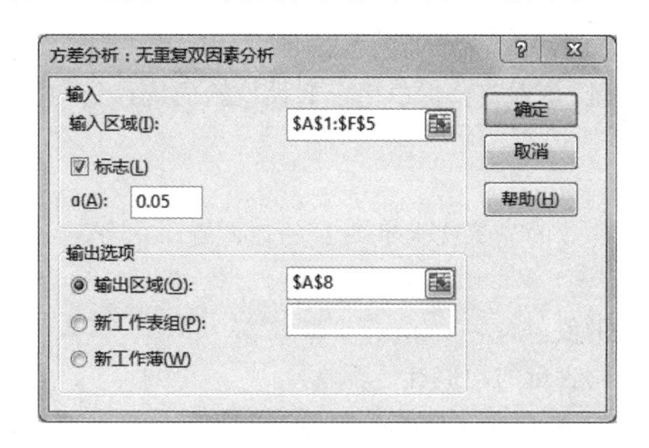

图 6-6　“方差分析：无重复双因素分析”参数设置

- 输入区域：$A$1：$F$5，这里单击实际数据区域。
- 标志：√。
- α：0.05。根据实验要求的显著性水平填写。
- 输出区域：$A$8。这里可自行单击。

(4) 无重复双因素方差分析结果如图 6-7 和图 6-8 所示。

SUMMARY	观测数	求和	平均	方差
时间2017年10月	5	331	66.2	162.7
时间2018年1月	5	376	75.2	201.7
时间2018年5月	5	290	58	113.5
时间2018年8月	5	278	55.6	119.3
地点1	4	289	72.25	70.91667
地点2	4	251	62.75	38.91667
地点3	4	308	77	215.3333
地点4	4	227	56.75	4.916667
地点5	4	200	50	211.3333

图 6-7 无重复双因素均值与方差

方差分析

差异源	SS	df	MS	F	P-value	F crit
行	1182.95	3	394.316667	10.72241	0.001033	3.490295
列	1947.5	4	486.875	13.23929	0.000234	3.259167
误差	441.3	12	36.775			
总计	3571.75	19				

图 6-8 无重复双因素方差分析

无重复双因素方差分析结果解释：

- 在 SUMMARY(摘要)中,分别计算出 4 个时间和 5 个地点对应的观测数、和、平均值与方差。
- 方差分析：
  - ◇ SS 表示离均差平方和,也就是变量中每个数据点与变量均值差的平方和；
  - ◇ df 表示自由度；
  - ◇ MS 表示均方,MS 的值等于对应的 SS 除以 df；
  - ◇ F 表示 F 统计量,是方差分析中用于假设检验的统计量,其值等于处理的 MS 除以误差的 MS；
  - ◇ P-value 表示概率值；
  - ◇ F crit 表示在 0.05 的显著性水平下 F 的临界值。

【结论】

(1) 观察行 P-value 的值,样本 P-value＝0.001 03＜0.05,落入拒绝域,因此可以得到结论,在不同时间下颗粒状物含量的均值有显著差异。

(2) 观察列 P-value 的值,样本 P-value＝0.000 234＜0.05,落入拒绝域,因此可以得到结论,在不同地点下颗粒状物含量的均值有显著差异。

6.2.2 有重复双因素方差分析

有重复双因素方差分析假定因素 A 和因素 B 的结合会产生一种新的效应。例如,若假定不同地区的消费者对某种颜色有与其他地区消费者不同的偏好,这就是两个因素结合后产生的新效应,属于有交互作用的背景；否则,就是无交互作用的背景。

设有两个因素 A 和 B 作用于实验的指标。因素 A 有 r 个水平 $A_1,A_2,\cdots,A_r$，因素 B 有 s 个水平 $B_1,B_2,\cdots,B_s$。为检验交互作用的效应是否显著，需对因素 A 和 B 的水平的每对组合 (A_i,B_j)，$i=1,2,\cdots,r$，$j=1,2,\cdots,s$ 都作 $t(t\geqslant 2)$ 次实验（称为等重复实验），得到表 6-7 所示。

表 6-7 双因素重复实验

因素 A	因素 B			
	B_1	B_2	…	B_s
A_1	$X_{111},X_{112},\cdots,X_{11t}$	$X_{121},X_{122},\cdots,X_{12t}$	…	$X_{1s1},X_{1s2},\cdots,X_{1st}$
A_2	$X_{211},X_{212},\cdots,X_{21t}$	$X_{221},X_{222},\cdots,X_{22t}$	…	$X_{2s1},X_{2s2},\cdots,X_{2st}$
⋮	⋮	⋮		⋮
A_r	$X_{r11},X_{r12},\cdots,X_{r1t}$	$X_{r21},X_{r22},\cdots,X_{r2t}$	…	$X_{rs1},X_{rs2},\cdots,X_{rst}$

可重复双因素实验方差分析如表 6-8 所示。

表 6-8 可重复双因素实验的方差分析表

方差来源	平方和	自由度	均方	F 比
因素 A	S_A	$r-1$	$\overline{S}_A=\dfrac{S_A}{r-1}$	$F_A=\dfrac{\overline{S}_A}{\overline{S}_E}$
因素 B	S_B	$s-1$	$\overline{S}_B=\dfrac{S_B}{s-1}$	$F_B=\dfrac{\overline{S}_B}{\overline{S}_E}$
交互作用	$S_{A\times B}$	$(r-1)(s-1)$	$\overline{S}_{A\times B}=\dfrac{S_{A\times B}}{(r-1)(s-1)}$	$F_{A\times B}=\dfrac{\overline{S}_{A\times B}}{\overline{S}_E}$
误差	S_E	$rs(t-1)$	$\overline{S}_E=\dfrac{S_E}{rs(t-1)}$	
总和	S_T	$rst-1$		

例 6.3 一火箭使用 4 种燃料、3 种推进器做射程实验。每种燃料与每种推进器的组合各发射火箭两次，得射程（以海里计）如表 6-9 所示。

表 6-9 火箭的射程

推进器(B)		B_1	B_2	B_3
燃料(A)	A_1	58.2	56.2	65.3
		52.6	41.2	60.8
	A_2	49.1	54.1	51.6
		42.8	50.5	48.4
	A_3	60.1	70.9	39.2
		58.3	73.2	40.7
	A_4	75.8	58.2	48.7
		71.5	51.0	41.4

假设符合双因素方差分析模型所需的条件。试在显著性水平 0.05 下，校验不同燃料（因素 A）、不同推进器（因素 B）下的射程是否有显著差异，交互作用是否显著。

【有重复双因素方差分析步骤】

(1) 将实验数据录入 Excel 表中,注意按照燃料和推进器的类型分别按列(或行)录入,如图 6-9 所示。

	A	B	C	D
1	原始数据	推进器B1	推进器B2	推进器B3
2	燃料A1	58.2	56.2	65.3
3		52.6	41.2	60.8
4	燃料A2	49.1	54.1	51.6
5		42.8	50.5	48.4
6	燃料A3	60.1	70.9	39.2
7		58.3	73.2	40.7
8	燃料A4	75.8	58.2	48.7
9		71.5	51.0	41.4

图 6-9　按列输入数据

(2) 选择"数据"选项卡,然后单击"分析"组的"数据分析"工具中的"方差分析：可重复双因素分析",如图 6-10 所示。

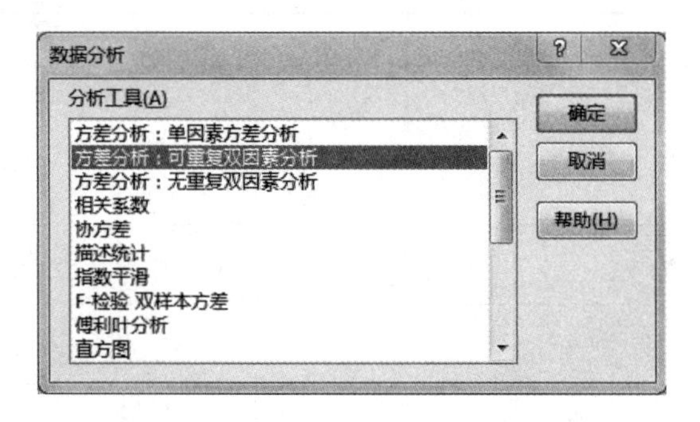

图 6-10　单击"方差分析:可重复双因素分析"

(3) 设置"方差分析：可重复双因素分析"参数,如图 6-11 所示。

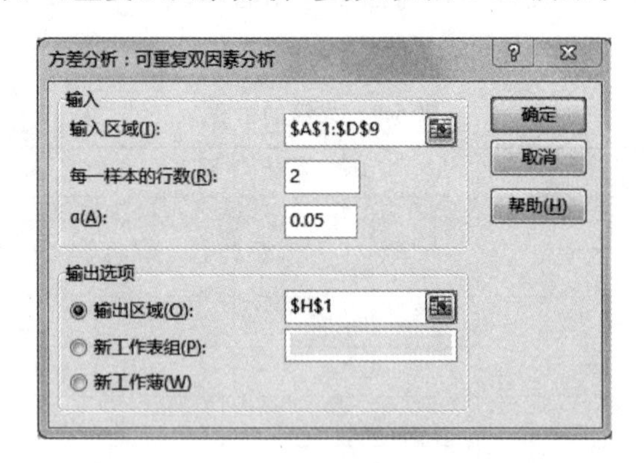

图 6-11　可重复双因素分析参数设置

- 输入区域:＄A＄1:＄D＄9,这里单击实际数据区域,注意包括标题栏。
- 每一样本的行数:2
- α:0.05。根据实验要求的显著性水平填写。
- 输出区域:＄H＄1。这里可自行单击。

(4) 可重复双因素方差分析结果如图 6-12 所示。

SUMMARY	推进器B1	推进器B2	推进器B3	总计
燃料A1				
观测数	2	2	2	6
求和	110.8	97.4	126.1	334.3
平均	55.4	48.7	63.05	55.71667
方差	15.68	112.5	10.125	68.90567
燃料A2				
观测数	2	2	2	6
求和	91.9	104.6	100	296.5
平均	45.95	52.3	50	49.41667
方差	19.845	6.48	5.12	14.55767
燃料A3				
观测数	2	2	2	6
求和	118.4	144.1	79.9	342.4
平均	59.2	72.05	39.95	57.06667
方差	1.62	2.645	1.125	209.8907
燃料A4				
观测数	2	2	2	6
求和	147.3	109.2	90.1	346.6
平均	73.65	54.6	45.05	57.76667
方差	9.245	25.92	26.645	181.9707
总计				
观测数	8	8	8	
求和	468.4	455.3	396.1	
平均	58.55	56.9125	49.5125	
方差	120.0886	113.4241	90.38982	

方差分析

差异源	SS	df	MS	F	P-value	F crit
样本	261.675	3	87.225	4.417388	0.025969	3.490295
列	370.9808	2	185.4904	9.393902	0.003506	3.885294
交互	1768.693	6	294.7821	14.92882	6.15E-05	2.99612
内部	236.95	12	19.74583			
总计	2638.298	23				

图 6-12　可重复双因素方差分析结果

可重复双因素方差分析结果解析：

- 在 SUMMARY(摘要)中，计算出 3 种推进器和 4 种燃料对应的观测数、和、平均值与方差。
- 方差分析：
  - ◇ SS 表示离均差平方和，也就是变量中每个数据点与变量均值差的平方和；
  - ◇ df 表示自由度；
  - ◇ MS 表示均方，MS 的值等于对应的 SS 除以 df；
  - ◇ F 表示 *F* 统计量，是方差分析中用于假设检验的统计量，其值等于处理的 MS 除以误差的 MS；
  - ◇ P-value 表示概率值；
  - ◇ F crit 表示在 0.05 的显著性水平下 *F* 的临界值。

【结论】

(1) 观察样本 P-value 的值，样本 P-value＝0.026 0＜0.05，落入拒绝域，因此可以得到结论，4 种燃料对射程的影响差异显著。

(2) 观察列 P-value 的值，样本 P-value＝0.003 5＜0.05，落入拒绝域，因此可以得到结论，3 种推动器对射程的影响差异显著。

(3) 观察交互 P-value 的值，样本 P-value$=6.15\times10^{-5}<0.05$，落入拒绝域，因此可以得到结论，4 种燃料和 3 种推动器的交互作用显著。

6.3 综合实验

【实验 6.1】 无重复双因素方差分析实验

农科院为了研究肥料 A、B、C 对于四种小麦品种生长的影响，在其他条件相同的情况下，给四种小麦品种分别使用三种肥料，产量如表 6-10 所示。

表 6-10 三种肥料四种小麦品种产量情况(单位：$\times10^3$ kg)

	小麦 1	小麦 2	小麦 3	小麦 4
肥料 A	7.3	6.5	4.2	6.3
肥料 B	9.5	5.8	8.9	7.2
肥料 C	5.9	5.4	6.1	5.1

试在显著性水平 0.05 下检验：

(1) 不同肥料对于小麦的产量是否有显著差异；

(2) 不同小麦品种对于小麦的产量是否有显著差异。

【实验步骤】

(1) 将实验数据录入 Excel 表中，注意按照肥料和品种按列(或行)录入，如图 6-13 所示。

	A	B	C	D	E
1		小麦1	小麦2	小麦3	小麦4
2	肥料A	7.3	6.5	4.2	6.3
3	肥料B	9.5	5.8	8.9	7.2
4	肥料C	5.9	5.4	6.1	5.1

表 6-13 按列录入数据

(2) 选择“数据”选项卡，然后单击“分析”组的“数据分析”工具中的“方差分析：无重复双因素分析”。

(3) 设置“方差分析：无重复双因素分析”参数，如图 6-14 所示。

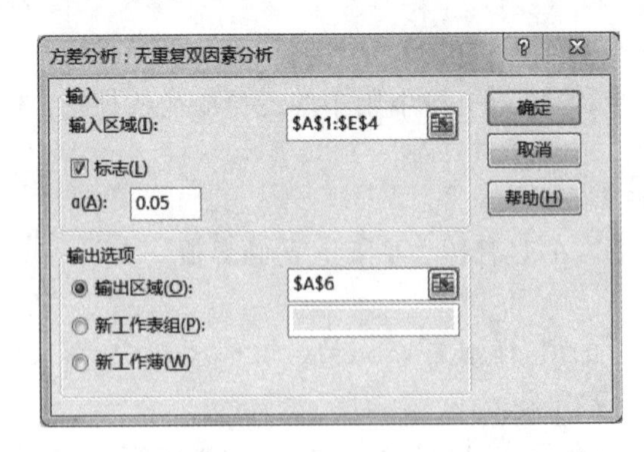

图 6-14 “方差分析：无重复双因素分析”参数设置

- 输入区域：$A$1：$E$4，这里单击实际数据区域。
- 标志：√。
- α：0.05。根据实验要求的显著性水平填写。
- 输出区域：$A$6。这里可自行单击。

（4）无重复双因素方差分析结果如图6-15所示。

方差分析：无重复双因素分析

SUMMARY	观测数	求和	平均	方差
肥料A	4	24.3	6.075	1.749167
肥料B	4	31.4	7.85	2.816667
肥料C	4	22.5	5.625	0.209167
小麦1	3	22.7	7.566667	3.293333
小麦2	3	17.7	5.9	0.31
小麦3	3	19.2	6.4	5.59
小麦4	3	18.6	6.2	1.11

方差分析

差异源	SS	df	MS	F	P-value	F crit
行	11.07167	2	5.535833	3.483482	0.099069	5.143253
列	4.79	3	1.596667	1.004719	0.452963	4.757063
误差	9.535	6	1.589167			
总计	25.39667	11				

图6-15 无重复双因素方差分析结果

【结论】

（1）观察行P-value的值，样本P-value=0.099>0.05，没有落入拒绝域，因此可以得到结论，三种肥料对应的产量均值相等，也就是肥料对于产量没有显著性差异。

（2）观察列P-value的值，样本P-value=0.453 0>0.05，没有落入拒绝域，因此可得到结论，四种小麦对应的产量均值相等，也就是小麦的品种对于产量没有显著性差异。

【实验6.2】 有重复方差分析实验

某公司有四种产品A、B、C、D分别在五个地区进行销售，销售数据如表6-11所示。

表6-11 四种产品在五个地区的销售数据

产品	地区一	地区二	地区三	地区四	地区五
A	6	4	5	5	4
	5	7	4	6	8
B	10	8	7	7	9
	7	9	12	8	8
C	7	5	6	6	9
	9	7	5	4	6
D	8	4	6	5	5
	5	7	9	7	10

该公司想研究产品销售量和产品之间、产品销售量和地区，以及产品和地区之间是否相互关联。试在显著性水平0.05下检验：

(1) 不同产品对产品销量是否有显著差异；

(2) 不同地区对产品销量是否有显著差异；

(3) 地区和产品之间是否存在着交互关系。

【实验步骤】

(1) 将实验数据录入 Excel 表中，注意按照产品和地区类型按列或行录入，如图 6-16 所示。

	A	B	C	D	E	F
1	产品	地区一	地区二	地区三	地区四	地区五
2	A	6	4	5	5	4
3		5	7	4	6	8
4	B	10	8	7	7	9
5		7	9	12	8	8
6	C	7	5	6	6	9
7		9	7	5	4	6
8	D	8	4	6	5	5
9		5	7	9	7	10

图 6-16 按列录入数据

(2) 选择“数据”选项卡，然后单击“分析”组的“数据分析”工具中的“方差分析：可重复双因素分析”。

(3) 设置“方差分析：可重复双因素分析”参数，如图 6-17 所示。

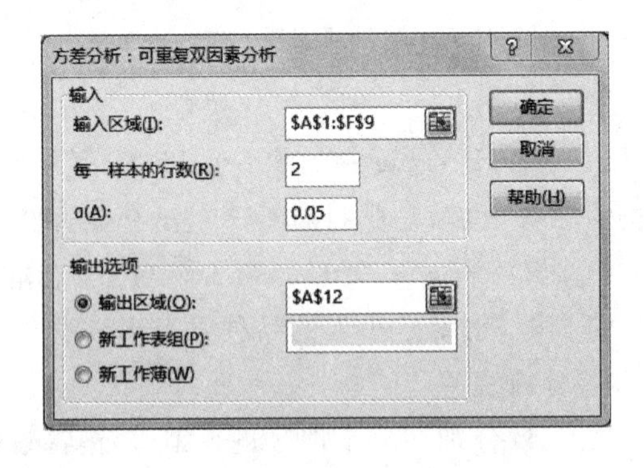

图 6-17 可重复双因素分析参数设置

- 输入区域：$A$1:$F$9，这里单击实际数据区域，注意包括标题栏。
- 每一样本的行数：2。
- α：0.05。根据实验要求的显著性水平填写。
- 输出区域：$A$12。这里可自行单击。

(4) 可重复双因素方差分析结果如图 6-18 所示。

【结论】

(1) 观察样本 P-value 的值，样本 P-value=0.012 3<0.05，落入拒绝域，因此可以得到结论，四种产品对应销量均值不同，即产品对销量的影响存在着显著性差异。

(2) 观察列 P-value 的值，样本 P-value=0.608 2>0.05，没有落入拒绝域，因此可以得到结论，五个地区对应销量均值相同，即地区对销量的影响不存在显著性差异。

(3) 观察交互 P-value 的值，样本 P-value=0.955 2>0.05，没有落入拒绝域，因此可以得到结论，四种产品和五个地区的交互作用不显著。

方差分析：可重复双因素分析

SUMMARY	地区一	地区二	地区三	地区四	地区五	总计
A						
观测数	2	2	2	2	2	10
求和	11	11	9	11	12	54
平均	5.5	5.5	4.5	5.5	6	5.4
方差	0.5	4.5	0.5	0.5	8	1.822222
B						
观测数	2	2	2	2	2	10
求和	17	17	19	15	17	85
平均	8.5	8.5	9.5	7.5	8.5	8.5
方差	4.5	0.5	12.5	0.5	0.5	2.5
C						
观测数	2	2	2	2	2	10
求和	16	12	11	10	15	64
平均	8	6	5.5	5	7.5	6.4
方差	2	2	0.5	2	4.5	2.711111
D						
观测数	2	2	2	2	2	10
求和	13	11	15	12	15	66
平均	6.5	5.5	7.5	6	7.5	6.6
方差	4.5	4.5	4.5	2	12.5	3.822222
总计						
观测数	8	8	8	8	8	
求和	57	51	54	48	59	
平均	7.125	6.375	6.75	6	7.375	
方差	3.267857	3.410714	6.785714	1.714286	4.553571	

方差分析

差异源	SS	df	MS	F	P-value	F crit
样本	50.275	3	16.75833	4.687646	0.012287	3.098391
列	9.85	4	2.4625	0.688811	0.608188	2.866081
交互	16.35	12	1.3625	0.381119	0.955183	2.277581
内部	71.5	20	3.575			
总计	147.975	39				

图 6-18　可重复双因素方差分析结果

第7章 相关分析与回归分析

客观事物是普遍联系的，事物间往往存在着一定的特定关系：人的身高与体重，施肥与作物产量，降雨量与作物病虫害发生程度，温湿条件与微生物的繁殖等。事物之间的相互关系都涉及两个或两个以上的变量，只要其中的一个变量变动了，另一个变量也会跟着变动，这种相互关系称为协变关系。具有协变关系的两个变量，一个变量用符号 x 表示，另一个变量用 y 表示，通过实验或调查获得两个变量的成对观测值，可表示为$(x_1,y_1),(x_2,y_2),\cdots,(x_n,y_n)$。将每一对观测值在平面直角坐标系中表示成一个点，直观表示 x 和 y 的变化关系。

变量间的协变关系又分成两种：一种是平行关系。如果两个以上变量之间共同受到另外因素的影响，这两个以上的变量之间就存在平行关系。例如，人的身高与体重之间的关系、兄弟姊妹的身高之间的关系等都属于平行关系。另一种是因果关系。如果一个变量的变化受另一个变量或几个变量的制约，则这些变量之间就存在着因果关系。例如，微生物的繁殖速度受温度、湿度、光照等因素的影响，子女的身高受父母身高的影响。其中繁殖速度和温度、湿度、光照之间的关系，子女身高和父母身高的关系就属于因果关系。

如果两变量 x 和 y 是平行关系，没有自变量和因变量的分别，而且 x 和 y 都具有随机误差(例如兄弟身高之间的关系，哥哥和弟弟的身高不存在因果关系，但是都和父母的身高存在一定关系)，那么我们只能研究两个变量之间的相关程度和性质，不能用一个变量的变化去预测另一个变量的变化，这种方法就叫作相关分析。

如果因变量 y 是随自变量 x 的变化而变化的，并有随机误差(例如作物施肥量和产量之间的关系，前者是表示原因的变量，是事先确定的，即自变量，后者是表示结果的变量，且具有随机误差，即因变量，作物产量是随施肥量的变化而变化的)，那么我们就需要找出因变量和自变量变化的规律性，由 x 的取值预测 y 的取值范围。这种方法就叫作回归分析。

能否用一个变量的变化去预测另一个变量的变化是相关分析与回归分析的关键区别。然而回归分析和相关分析二者不能截然分开，因为由回归分析可以获得相关分析的一些重要信息，同样由相关分析也可以获得回归分析的一些重要信息。在回归和相关分析中，必须注意下面一些问题，以避免统计方法的误用。

(1) 变量间是否存在相关以及在什么条件下会发生什么相关等问题，都必须由各具体学科本身来决定。回归只能作为一种分析手段，帮助认识和解释事物的客观规律。决不能把风马牛不相及的资料凑到一起进行分析。

(2) 由于自然界各种事物间的相互联系和相互制约，一个变量的变化通常会受到许多其他变量的影响，因此在研究两个变量之间的关系时，要求其余变量尽量保持在同一水平，否则，回归分析和相关分析就可能会导致不可靠甚至完全虚假的结果。例如人的身高和胸围之间的关系，如果体重固定，身高越高的人，胸围一定较小，当体重变化时，其结果就会相反。

(3) 在进行相关分析与回归分析时，两个变量成对观测值应尽可能多一些，这样可提高分析的准确性，一般至少有5对以上的观测值。同时变量 x 的取值范围要尽可能大一些，这样才容易发现两个变量间的协变关系。

(4) 相关分析与回归分析一般是在变量的一定取值区间内对两个变量间的关系进行描述，超出这个区间，变量间的关系类型可能会发生改变，所以回归预测必须限制自变量 x 的取值区间，外推要谨慎，否则容易得出错误的结果。

下面将就相关分析和回归分析分别进行介绍。

7.1　相关分析

相关分析是研究现象之间是否存在某种依存关系，并对具体有依存关系的现象探讨其相关方向以及相关程度，是研究随机变量之间的相关关系的一种统计方法。相关关系是一种非确定性的关系，例如，以 x 和 y 分别记一个人的身高和体重，或分别记每公顷施肥量和每公顷小麦产量，则显然这些 x 与 y 存在某种关系，但是这种关系又没有确切到可由其中的一个去精确地决定另一个的程度，这就是相关关系。相关分析一般分为线性相关分析、偏相关分析和距离相关分析。线性相关主要研究两变量间的线性相关关系，是最为简单的相关关系，也最能体现相关的思想。本书讨论的是 Excel 线性相关分析。

线性相关分析就是研究两个变量间线性关系的程度。著名统计学家卡尔·皮尔逊设计了统计指标——相关系数(Correlation Coefficient)。相关系数是用以反映变量之间相关关系密切程度的统计指标。一般总体相关系数记为 ρ，样本相关系数记为 r：

$$r = \frac{n\sum xy - \sum x \sum y}{\sqrt{n\sum x^2 - \left(\sum x\right)^2} - \sqrt{n\sum y^2 - \left(\sum y\right)^2}}$$

其中 r 表示相关系数，x 和 y 表示相关变量，n 表示变量样本容量。

表 7-1 所示为相关系数 r 的取值范围与相关关系。

表 7-1　相关系数 r 的取值范围与相关关系

r 的相关性	r 的取值范围	相关关系
正相关	$\|r\|>0.95$	显著相关
	$\|r\|\geqslant 0.8$	高度相关
	$0.5\leqslant\|r\|<0.8$	中度相关
	$0.3\leqslant\|r\|<0.5$	低度相关
	$\|r\|<0.3$	关系极弱，认为不相关
负相关	$r<0$	变化的方向相反
线性无关	$r=0$	无线性相关性
因果关系	$r=1$ 或 $r=-1$	回归分析

7.1.1　线性相关分析

线性相关中相关关系的判断主要就是计算相关系数的大小，然后根据相关系数的大小判断两个变量之间的相关关系。Excel 2019 提供了相关函数和相关工具可以对相关系数进行方便的计算。

1. 相关函数法(CORREL 函数)

例 7.1　某公司统计了 2008—2017 年公司的广告投入与商品销售额的数据，具体数据如

表 7-2 所示，试确定广告投入与商品销售额的相关关系。

表 7-2　某公司广告投入与商品销售额(单位:万元)

年份	广告投入额 X	商品销售额 Y
2008	44	525
2009	53	645
2010	71	801
2011	98	861
2012	110	957
2013	138	1 101
2014	159	1 245
2015	177	1 377
2016	197	1 485
2017	203	1 578

【相关函数法分析步骤】

(1) 将数据录入 Excel 表中，如图 7-1 所示。

	A	B	C
1	年份	广告投入额X	商品销售额Y
2	2008	44	525
3	2009	53	645
4	2010	71	801
5	2011	98	861
6	2012	110	957
7	2013	138	1101
8	2014	159	1245
9	2015	177	1377
10	2016	197	1485
11	2017	203	1578

图 7-1　按列录入数据

(2) 在相关系数对应的单元格输入“=CORREL(B2:B11,C2:C11)”，如图 7-2 所示。

B13　=CORREL(B2:B11,C2:C11)

	A	B	C	D
1	年份	广告投入额X	商品销售额Y	
2	2008	44	525	
3	2009	53	645	
4	2010	71	801	
5	2011	98	861	
6	2012	110	957	
7	2013	138	1101	
8	2014	159	1245	
9	2015	177	1377	
10	2016	197	1485	
11	2017	203	1578	
12				
13	相关系数	0.994640589		

图 7-2　计算广告投入与商品销售额的相关系数

CORREL 函数返回 array1 和 array2 单元格区域的相关系数。其语法为

CORREL(array1,array2)

CORRE 函数语法具有下列参数：

- array1：必需，值的单元格区域。
- array2：必需，值的第二个单元格区域。

注意：

(1) 如果数组或引用参数包含文本、逻辑值或空白单元格，则这些值将被忽略；但包含零值的单元格将计算在内。

(2) 如果 array1 和 array2 的数据点的数量不同，函数 CORREL 返回错误值 #N/A。

(3) 如果 array1 或 array2 为空，或者其数值的 s(标准偏差)等于零，函数 CORREL 返回错误值#DIV/0!。

【结论】

相关系数返回值为 0.994 6，因此可以得到出结论：广告投入额和商品销售额具有显著性相关关系。

2. 相关分析工具

除了使用相关函数以外，Excel 的分析工具还给出了相关系数宏工具，相关系数宏工具不但可以求简单相关的相关系数，还可以直接给出多元相关的相关系数矩阵。

例 7.2　某公司统计了 2008—2017 年公司的广告投入、商品销售额以及纯利润数据，具体如表 7-3 所示，试确定广告投入、商品销售额与纯利润的相关关系。

表 7-3　某公司广告投入、商品销售额与纯利润数据(单位：万元)

年份	广告投入额 X	商品销售额 Y	纯利润 Z
2008	44	525	125
2009	53	645	178
2010	71	801	227
2011	98	861	259
2012	110	957	387
2013	138	1 101	401
2014	159	1 245	467
2015	177	1 377	489
2016	197	1 485	534
2017	203	1 578	601

【相关函数法分析步骤】

(1) 将数据录入 Excel 表中，如图 7-3 所示。

(2) 选择“数据”选项卡，然后单击“分析”组的“数据分析”工具中的“相关系数”，如图 7-4 所示。

(3) 设置“相关系数”参数，如图 7-5 所示。

	A	B	C	D
1	年份	广告投入额X	商品销售额Y	纯利润Z
2	2008	44	525	125
3	2009	53	645	178
4	2010	71	801	227
5	2011	98	861	259
6	2012	110	957	387
7	2013	138	1101	401
8	2014	159	1245	467
9	2015	177	1377	489
10	2016	197	1485	534
11	2017	203	1578	601

图 7-3　按列录入数据

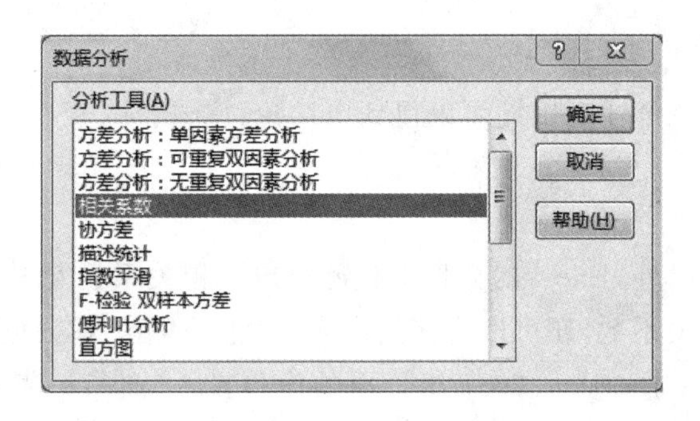

图 7-4　数据分析工具中的相关系数

- 输入区域：$B$1：$D$11，单击实际数据区域。
- 分组方式：逐列，根据实际数据是按照行或列录入单击。
- 标志位于第一行：√，根据输入区域是否包含标题行单击。
- 输出区域：$A$13。这里可自行单击。

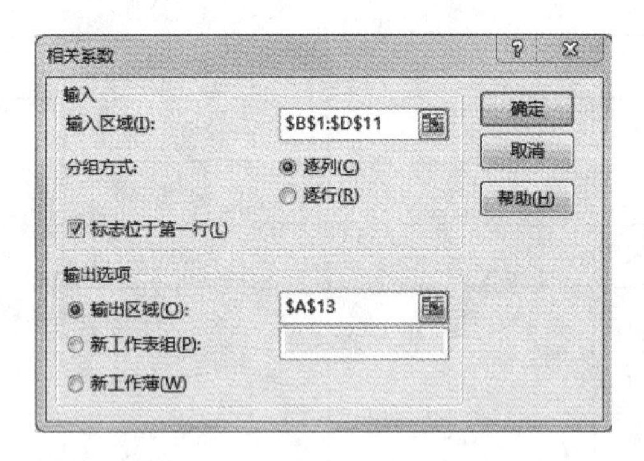

图 7-5　相关系数参数设置

（4）相关系数分析结果如图 7-6 所示。

	广告投入额X	商品销售额Y	纯利润Z
广告投入额X	1		
商品销售额Y	0.994640589	1	
纯利润Z	0.98454156	0.985464062	1

图 7-6　相关系数分析结果

【结论】

广告投入额与商品销售额的相关系数为 0.994 6，广告投入额与纯利润的相关系数为 0.984 5，商品销售额和纯利润之间的相关系数是 0.985 5，因此可以得到出结论：广告投入额、商品销售额和纯利润之间具有显著性相关关系。

7.1.2　相关系数的检验

相关系数的检验目的是检验总体两变量间的线性相关性是否显著，对于一个二元总体，提出假设

H_0：两变量无关($\rho=0$)；H_1：两变量相关($\rho\neq 0$)

如果样本容量 $n\leqslant 30$，那么该检验属于小样本相关系数为 0 的检验，即统计量为自由度为 $n-2$ 的 t 分布，对应的 t 统计量为

$$t=\frac{r\sqrt{n-2}}{\sqrt{1-r^2}}\sim t(n-2)$$

例 7.3　小样本相关系数为 0 的检验

某学校希望知道物理成绩与数学成绩是否存在相关性，因此从全校学生中随机抽取 8 个班级，统计后的数学与物理平均成绩如表 7-4 所示，试在 0.05 的显著性水平下判断数学成绩与物理成绩间是否存在相关性。

表 7-4　各班数学与物理平均成绩(单位：分)

班级	数学成绩	物理成绩
1	75	82
2	64	70
3	72	85
4	69	73
5	82	79
6	81	83
7	78	85
8	85	91

【相关系数为 0 的小样本检验步骤】

首先提出假设

H_0：两变量无关($\rho=0$)；H_1：两变量相关($\rho\neq 0$)

因为各有 8 个数据，所以例 7.3 属于小样本相关系数为 0 的检验，统计量为自由度为 $n-2$ 的 t 分布，对应的 t 统计量为

$$t=\frac{r\sqrt{n-2}}{\sqrt{1-r^2}}\sim t(n-2)$$

(1) 首先录入数据，并录入 $n=8$，$\alpha=0.05$，如图 7-7 所示。

(2) 计算样本相关系数，在单元格 B14 中输入“=CORREL(B2:B9,C2:C9)”，如图 7-8 所示。

(3) 计算统计量 t，在单元格 B15 中输入“=B14*SQRT(B11-2)/(1-B14^2)”，如图 7-9 所示。

	A	B	C
1	班级	数学成绩	物理成绩
2	1	75	82
3	2	64	70
4	3	72	85
5	4	69	73
6	5	82	79
7	6	81	83
8	7	78	85
9	8	85	91
10			
11	N	8	
12	α	0.05	

图 7-7　录入数据

B14　=CORREL(B2:B9,C2:C9)

	A	B	C	D	E
1	班级	数学成绩	物理成绩		
2	1	75	82		
3	2	64	70		
4	3	72	85		
5	4	69	73		
6	5	82	79		
7	6	81	83		
8	7	78	85		
9	8	85	91		
10					
11	N	8			
12	α	0.05			
13					
14	r	0.7843008			

图 7-8　计算样本相关系数

B15　=B14*SQRT(B11-2)/(1-B14^2)

	A	B	C	D	E	F
1	班级	数学成绩	物理成绩			
2	1	75	82			
3	2	64	70			
4	3	72	85			
5	4	69	73			
6	5	82	79			
7	6	81	83			
8	7	78	85			
9	8	85	91			
10						
11	N	8				
12	α	0.05				
13						
14	r	0.7843008				
15	t	4.9916219				

图 7-9　计算统计量的值

（4）计算临界值 $t_{\alpha/2}$，在单元格 B16 中输入"＝T. INV. 2T(B12，B11-2)"，如图 7-10 所示。

B16　　=T.INV.2T(B12,B11-2)

	A	B	C	D	E
1	班级	数学成绩	物理成绩		
2	1	75	82		
3	2	64	70		
4	3	72	85		
5	4	69	73		
6	5	82	79		
7	6	81	83		
8	7	78	85		
9	8	85	91		
10					
11	N	8			
12	α	0.05			
13					
14	r	0.7843008			
15	t	4.9916219			
16	$t_{\alpha/2}$	2.4469119			

图 7-10　计算临界值

【结论】

因为统计量 t 的值 4.992 大于 t 的临界值 2.447，所以 t 值落在了拒绝域，因此接受备择假设，数学成绩与物理成绩相关。

在结论单元格中输入“=IF(ABS(B15)<B16,"数学成绩与物理成绩无关","数学成绩与物理成绩相关")”。

上面讨论的是小样本的情况，如果样本容量 $n>30$，那么该检验属于大样本相关系数为 0 的检验，应采用标准正态分布进行检验，对应的 z 统计量为

$$z=r\sqrt{N-1}\sim N(0,1)$$

例 7.4　大样本相关系数为 0 的检验

某公司跟踪其商品在城市和农村的销售情况，统计的数据如下。

城市：114，116，104，100，97，118，83，115，94，108，128，93，97，107，108，107，98，83，105，93，111，107，88，98，76，115，118，112，116，121，97，126，98，122，97，120

农村：131，102，87，129，143，117，107，96，116，140，120，122，113，117，137，123，131，119，113，132，128，117，110，110，129，125，96，95，126，123，102，110，117，135，89，99

试在 0.05 的显著性水平下判断两地区的销量是否显著相关。

【相关系数为 0 的大样本检验步骤】

首先提出假设

$$H_0：两变量无关(\rho=0)；H_1：两变量相关(\rho\neq 0)$$

因为各有 36 个数据，所以例 7.4 属于大样本相关系数为 0 的检验，统计量为

$$z=r\sqrt{N-1}\sim N(0,1)$$

(1) 首先录入例 7.4 数据，并录入 $n=36$，$\alpha=0.05$，如图 7-11 所示。

(2) 计算样本相关系数，在单元格 B42 中输入“=CORREL(A2:A37,B2:B37)”，如图 7-12 所示。

(3) 计算统计量 z，在单元格 B43 中输入“=B42 * SQRT(B39-1)”，如图 7-13 所示。

(4) 计算临界值 $z_{\alpha/2}$，在单元格 B44 中输入=NORM.S.INV(B40/2)，如图 7-14 所示。

	A	B
1	城市	农村
2	114	131
3	116	102
4	104	87
5	100	129
18	98	131
19	83	119
20	105	113
21	93	132
34	98	117
35	122	135
36	97	89
37	120	99
38		
39	N	36
40	α	0.05

图 7-11　按列录入数据

B42　=CORREL(A2:A37,B2:B37)

	A	B	C	D	E
28	118	96			
29	112	95			
30	116	126			
31	121	123			
32	97	102			
33	126	110			
34	98	117			
35	122	135			
36	97	89			
37	120	99			
38					
39	N	36			
40	α	0.05			
41					
42	样本相关系数	-0.06648515			

图 7-12　计算样本相关系数

B43　=B42*SQRT(B39-1)

	A	B	C	D	E
28	118	96			
29	112	95			
30	116	126			
31	121	123			
32	97	102			
33	126	110			
34	98	117			
35	122	135			
36	97	89			
37	120	99			
38					
39	N	36			
40	α	0.05			
41					
42	样本相关系数	-0.06648515			
43	z	-0.393331453			

图 7-13　计算统计量 z 的值

B44　=NORM.S.INV(B40/2)

	A	B	C	D	E
28	118	96			
29	112	95			
30	116	126			
31	121	123			
32	97	102			
33	126	110			
34	98	117			
35	122	135			
36	97	89			
37	120	99			
38					
39	N	36			
40	α	0.05			
41					
42	样本相关系数	-0.06648515			
43	z	-0.393331453			
44	$z_{\alpha/2}$	-1.959963985			

图 7-14　计算 z 的临界值

【结论】

在结论单元格中输入“＝IF(ABS(B43)＜ABS(B46),"城市与农村的销售量无关","城市与农村的销售量相关")”。因为统计量 z 的绝对值 0.393 3 小于 z 的临界值的绝对值1.960，所以 z 值没有落在拒绝域，即无法拒绝原假设，因此城市与农村的销售量无关。

7.2　回归分析

在客观世界中普遍存在着变量之间的关系。变量之间的关系一般来说可分为确定性的与非确定性的两种。确定性关系是指变量之间的关系可以用函数关系来表达的。另一种非确定性关系即所谓相关关系。例如人的身高与体重之间存在着关系，一般来说，人高一些，体重要重一些，但同样高度的人，体重往往不相同。人的血压与年龄之间也存在着关系，但同年龄的人的血压往往不相同。气象中的温度与湿度之间的关系也是这样。这是因为我们涉及的变量(如体重、血压、湿度)是随机变量，上面所说的变量关系是非确定性的。

回归分析是应用极其广泛的数据分析方法之一。它基于观测数据建立变量间适当的依赖关系，以分析数据内在规律，并可用于预报、控制等问题。回归分析则要分析现象之间相关的具体形式，确定其因果关系，并用数学模型来表现其具体关系。比如说，从相关分析中我们可以得知“质量”和“用户满意度”变量密切相关，但是这两个变量之间到底是哪个变量受哪个变量的影响，影响程度如何，则需要通过回归分析方法来确定。具体分析是对具有相关关系的现象，选择一适当的数学关系式，用以说明一个或一组变量变动时，另一个变量或一组变量平均变动的情况。在回归分析中，把变量分为两类。一类是因变量，它们通常是实际问题中所关心的变量，一般用 Y 表示；而影响因变量取值的另一类变量称为自变量，自变量通常是实际问题中的条件，一般用 X 来表示。

模型完整(没有包含不该进入的变量，也没有漏掉应该进入的变量)的误差相互独立且服从标准正态分布。然而，现实数据常常不能完全符合上述假定，因此统计学家研究出许多回归模型来解决线性回归模型假定过程的约束。回归分析研究的一般方法如下。

（1）确定变量

明确预测的具体目标，也就确定了因变量。如果预测具体目标是下一年度的销售量，那么销售量 Y 就是因变量。通过市场调查和查阅资料，寻找预测目标的相关影响因素，即自变量，并从中选出主要的影响因素。

（2）建立预测模型

依据自变量和因变量的历史统计资料进行计算，在此基础上建立回归分析方程，即回归分析预测模型。

（3）进行相关分析

回归分析是对具有因果关系的影响因素（自变量）和预测对象（因变量）所进行的数理统计分析处理。只有当变量与因变量确实存在某种关系时，建立的回归方程才有意义。因此，作为自变量的因素与作为因变量的预测对象是否有关，相关程度如何，以及判断这种相关程度的把握性多大，就成为进行回归分析必须要解决的问题。进行相关分析，一般要求出相关关系，以相关系数的大小来判断自变量和因变量的相关程度。

（4）计算预测误差

回归预测模型是否可用于实际预测，取决于对回归预测模型的检验和对预测误差的计算。回归方程只有通过各种检验，且预测误差较小，才能将回归方程作为预测模型进行预测。

（5）变量的显著性检验

回归分析是要判断解释变量 X 是否是被解释变量 Y 的一个显著性的影响因素。在一元线性模型中，就是要判断 X 是否对 Y 具有显著的线性影响，这就需要进行变量的显著性检验。一个变量是显著的，也就是在回归方程中的系数不为 0，由此，可以提出原假设与备择假设：

$$H_0: \beta_i = 0, H_1: \beta_i \neq 0$$

构造 t 统计量，并由样本计算其值

$$t = \frac{\hat{\beta}_i}{S_{\hat{\beta}_i}}, \quad S_{\hat{\beta}_i} = \sqrt{\frac{\sum e_i^2}{(n-2)\sum (x_i - x)^2}}$$

根据给定显著性水平，判断统计量的值是否落在拒绝域内。

（6）确定预测值

利用回归预测模型计算预测值，并对预测值进行综合分析，确定最后的预测值。根据实测数据来求解模型的各个参数。

（7）评价回归模型

评价回归模型是否能够很好地拟合实测数据，如果能够很好地拟合，则可以根据自变量进一步预测。

回归方程是根据样本资料通过回归分析所得到的反映因变量和自变量回归关系的数学表达式。一般在实际应用中，线性回归方程应用得比较多。根据不同的回归分析方法得到不同的回归方程，这些都是合理的，我们可以通过分析标准误差和拟合优度，选择合适的回归方程。Excel 2019 提供了散点图和回归工具两种方法进行回归分析。

7.2.1 利用散点图法建立回归方程

设随机变量 Y 与 x 之间存在着某种相关关系。这里，x 是可以控制或可以精确观察的变量，如年龄、实验时的温度、施加的压力、电压与时间等。换句话说，我们可以随意指定 n 个值 $x_1,x_2,\cdots,x_n$。因此我们干脆不把 x 看成是随机变量，而将它当作普通的变量。设 Y 关于 x 的回归函数为 $\mu(x)$。在实际问题中，回归函数 $\mu(x)$一般是未知的，回归分析的任务是根据实验数据去估计回归函数，讨论有关的点估计、区间估计、假设检验等问题。特别重要的是对随机变量 y 的观察值作出点估计和区间估计。对于 x 取定一组不完全相同的值 $x_1,x_2,\cdots,x_n$，设 $Y_1,Y_2,\cdots,Y_n$ 分别是在 $x_1,x_2,\cdots,x_n$ 处对 Y 的独立观察结果，记为 $(x_1,Y_1),(x_2,Y_2),\cdots,(x_n,Y_n)$。

要解决如何利用样本来估计 Y 关于 x 的回归函数 $\mu(x)$的问题，首先需要推测 $\mu(x)$的形式。利用样本来估计 $\mu(x)$的问题称为求 Y 关于 x 的回归问题。特别地，若 $\mu(x)$为线性函数：$\mu(x)=a+bx$，此时估计 $\mu(x)$的问题称为求一元线性回归问题。在一些问题中，我们可以由专业知识知道 $\mu(x)$的形式。否则，可将每对观察值 (x_i,y_i)在直角坐标系中描出它的相应的点，这种图形称为散点图。散点图可以帮助我们粗略地看出 $\mu(x)$的形式。

例 7.5 为研究某一化学反应过程中温度 x(℃)对产品得率 Y(%)的影响，测得数据如表 7-5 所示。

表 7-5 某化学反应过程中温度对产品得率的影响

温度 x/℃	100	110	120	130	140	150	160	170	180	190
得率 Y(%)	45	51	54	61	66	70	74	78	85	89

试利用散点图法建立温度与得率的线性回归方程。

【散点图法步骤】

(1) 将数据录入 Excel 表中，如图 7-15 所示。

	A	B
1	温度	得率（%）
2	100	45
3	110	51
4	120	54
5	130	61
6	140	66
7	150	70
8	160	74
9	170	78
10	180	85
11	190	89

图 7-15 按列录入数据

(2) 选择“插入”选项卡，然后单击“图表”组的“散点图”选项，如图 7-16 所示。

(3) 选择“图表工具”中的“设计”选项卡，然后单击“数据”组的“单击数据”选项，并单击例 7.5 中的数据范围：\$A\$1：\$B\$11，如图 7-17 所示。

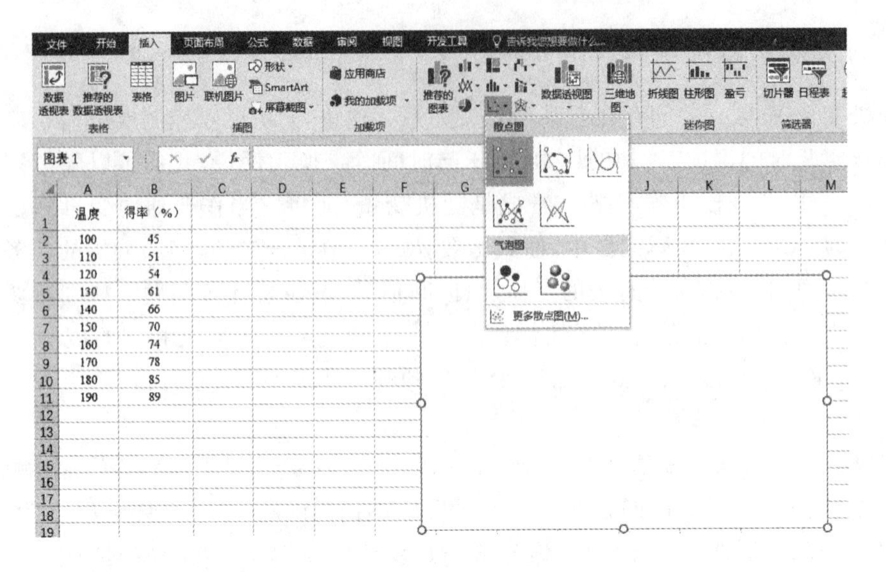

图 7-16　单击插入散点图工具

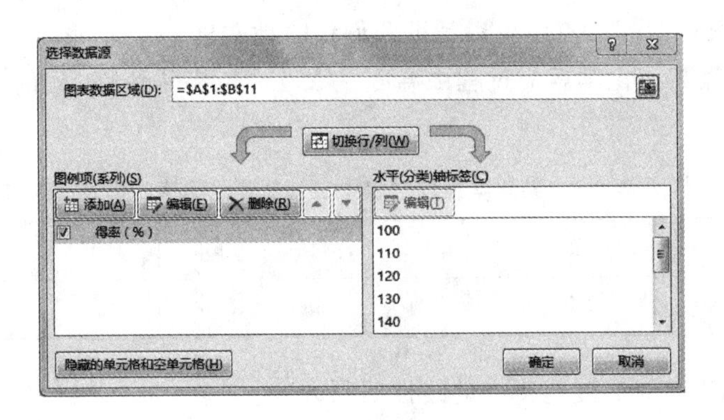

图 7-17　单击图表数据源

（4）出现散点图后，选中散点图的横坐标，单击右键，选择“设置坐标轴格式”，将横坐标最小值设为“90”，最大值设为“200”，如图 7-18 所示。

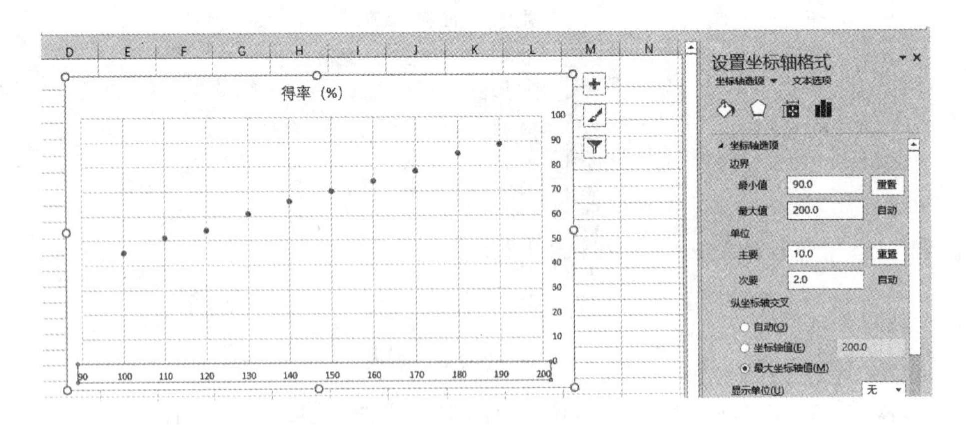

图 7-18　设置坐标轴最大值和最小值

注意：第 4 步主要起到美观的作用，可以跳过。

（5）选择“图表工具”中的“设计”选项卡，然后依次单击“图表布局”组的“添加图表元素”→“趋势线”→“其他趋势线选项”，如图 7-19 所示。

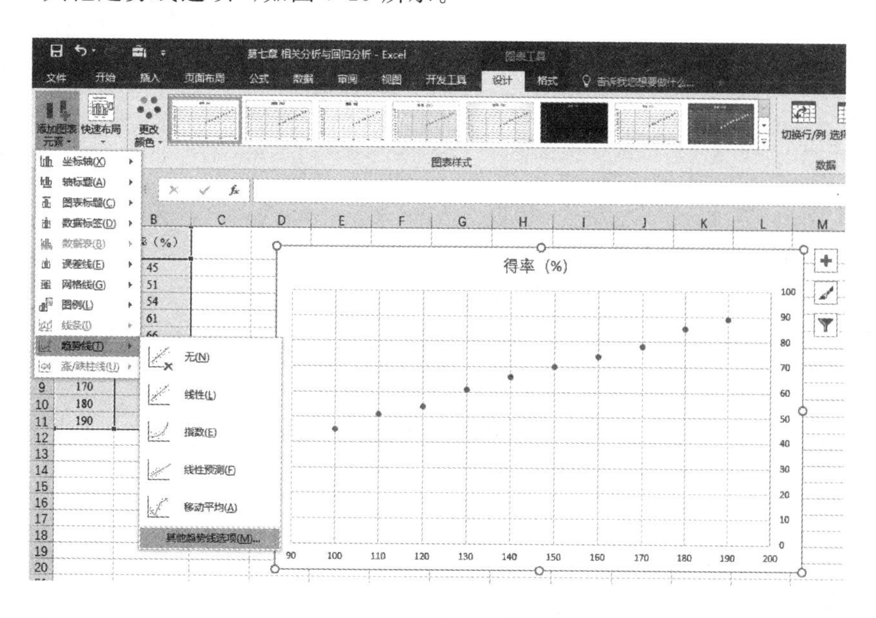

图 7-19　插入散点图趋势线

（6）在设置趋势线格式中，选择“线性”；趋势线名称设置为“散点图分析法”；选中“显示公式”和“显示 R 平方值”复选框，如图 7-20 所示。

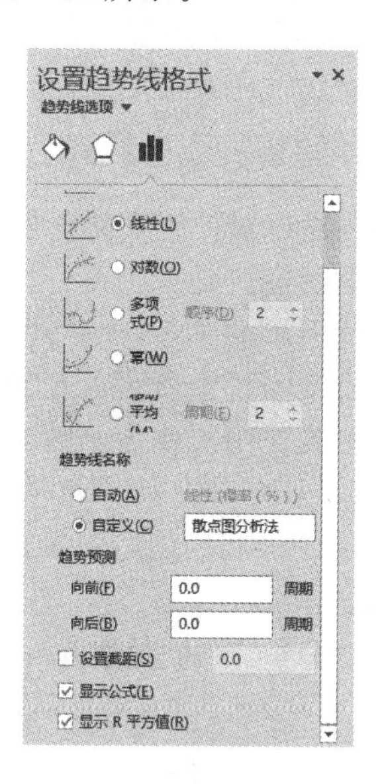

图 7-20　显示线性回归方程与拟合度

（7）在散点图中，出现线性趋势线和线性回归方程：$y=0.483x-2.7394$，其中 $R^2=0.9963$，如图 7-21 所示。

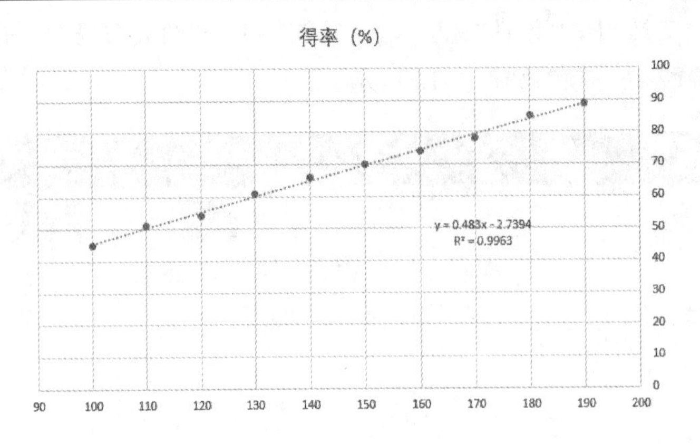

图 7-21　利用散点图建立回归方程的结果

【结论】

例 7.5 中估计 $\mu(x)$ 的问题的一元线性回归方程即为 $y=0.483x-2.7394$。

R^2 用来检验回归方程的拟合优度，$0\leqslant R^2\leqslant 1$，其中

$$R^2=\frac{\sum(\hat{y}_i-\bar{y})^2}{\sum(y_i-\bar{y})^2}=\frac{\text{SSR}}{\text{SST}}$$

式中：R^2 表示判定系数；$\sum(\hat{y}_i-\bar{y})^2$ 表示回归平方和，记为 SSR；$\sum(y_i-\bar{y})^2$ 表示总的离差平方和，记为 SST。

拟合度就是说这个模型和你想象的理想情况差多少。如果所有的点都在直线上，一个点也没有离开直线，那么说明拟合度完美，$R^2=1$。例 7.5 中的 $R^2=0.9963$，拟合度相当高，因此接受该回归方程。

7.2.2　利用回归工具建立一元线性回归方程

Excel 2019 提供的回归分析工具通过对一组观察值使用“最小二乘法”直线拟合来执行线性回归分析。该工具可用来分析单个因变量是如何受一个或多个自变量影响的。例如，分析某个运动员的运动成绩与一系列统计因素的关系，如年龄、身高和体重等。首先根据一组成绩数据可确定这三个因素分别在运动成绩测量中所占的比重；然后使用该结果对尚未测量的运动员的成绩作出预测。“回归分析”工具使用工作表函数 LINEST。

例 7.6　仍然使用例 7.5 的数据，即为研究某一化学反应过程中温度 x(℃)对产品得率 Y(%)的影响，测得数据如表 7-5 所示。试利用回归工具建立温度与得率的线性回归方程。

【回归工具步骤】

(1) 选择“数据”选项卡，然后单击“分析”组的“数据分析”工具中的“回归”，如图 7-22 所示。

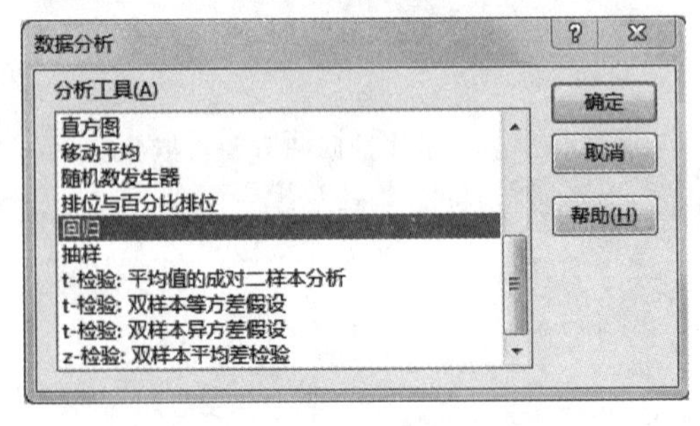

图 7-22　单击数据分析工具中的回归

(2) 设置“回归”参数，如图 7-23 所示。

- Y 值输入区域：$B$1：$B$11，单击实际数据区域。
- X 值输入区域：$A$1：$A$11，单击实际数据区域。
- 标志：√，根据输入区域是否包含标题行单击。
- 置信度：95%，根据实验要求输入。
- 输出区域：$D$1。这里可自行单击。
- 残差：√。
- 残差图：√。
- 标准残差：√。
- 线性拟合图：√。
- 正态概率图：√。

图 7-23　回归分析工具参数

(3) 回归分析结果如图 7-24 所示。

① 回归汇总输出。

回归汇总输出是回归结果中最重要的部分。包括回归统计信息决定系数、校正决定系数、标准误差、观测值数、方差分析表、回归参数信息。

回归分析结果解析：

- Multiple R：相关系数，分析衡量自变量和因变量的相关程度的大小。
- R Square：决定系数，即 R^2。R^2 越接近于 1，表示自变量对因变量的解释程度越高，表明回归模型与数据吻合得越好。
- Adjusted R Square：校正决定系数。由于用 R^2 评价拟合模型的好坏具有一定的局限性，即使向模型中增加的变量没有统计学意义，R^2 值仍会增大。因此需对其进行校正，从而形成了校正的决定系数(Adjusted R Square)。与 R^2 不同的是，当模型中增加的变量没有统计学意义时，校正决定系数会减小，因此校正 R^2 是衡量所建模型好坏的重要指标之一，校正 R^2 越大，模型拟合得越好，表明回归模型越可靠。
- 标准误差：这里的标准误差是估计标准误差，也就是度量各个实际观测点在直线周围的散布状况的一个统计量。

SUMMARY OUTPUT

回归统计	
Multiple R	0.99812872
R Square	0.99626094
Adjusted R Square	0.99579355
标准误差	0.95027907
观测值	10

方差分析

	df	SS	MS	F	Significance F
回归分析	1	1924.876	1924.876	2131.574	5.35253E-11
残差	8	7.224242	0.90303		
总计	9	1932.1			

	Coefficients	标准误差	t Stat	P-value	Lower 95%	Upper 95%	下限 95.0%	上限 95.0%
Intercept	-2.7393939	1.5465	-1.77135	0.11445	-6.3056292	0.826841	-6.30563	0.82684133
温度	0.4830303	0.010462	46.16897	5.35E-11	0.458904362	0.507156	0.458904	0.50715624

图 7-24　回归分析结果

- 观测值:实际数据的个数。
- df:自由度。
- SS:样本数据平方和。
- MS:样本数据平均平方和,MS=SS/df。
- F:统计量 F 的值。
- Significance F:对应的 P 值。
- Coefficients:对应变量的系数。
- 标准误差:对应变量的标准误差。
- t Stat:T 检验值=回归系数/标准差,用于假设检验,反映两个系数不为零的显著性。
- P-value:T 检验值查表对应的 P 概率,用于假设检验,即真实值为零的可能性。
- Lower 95%:表示根据回归参数计算出的 95%置信区间的下限。
- Upper 95%:表示根据回归参数计算出的 95%置信区间的上限。
- 下限 95.0%:表示根据回归参数计算出的 95%置信区间的下限。
- 上限 95.0%:表示根据回归参数计算出的 95%置信区间的上限。

【结论】

(1) 根据回归统计表可以得到相关系数为 0.998 128 72,说明温度与得率显著性相关,呈线性正相关关系。

(2) 根据回归统计表可以得到估计的标准误差为 0.950 279 07。

(3) 根据回归统计表可以得到 $R^2=0.996\,260\,94$,即 1 924.876/1 932.1=0.996 260 94,表明总误差平方和中有 99.63%可以由回归方程来解释。

(4) 根据回归的汇总输出可以得到线性回归方程为

$$y=0.483x-2.739\,4$$

(5) Intercept 对应的 P 值为 0.114 45 > 0.05,表明该常数项对回归方程的影响不显著。同样地,Intercept 对应的统计量 t Start 值为 $-1.771\,35\in[-6.305\,629\,2, 0.826\,841\,33]$($-6.305\,629\,2$ 和 0.826 841 33 分别为 Intercept 对应的统计量 t Start 在置信水平为 95%的置信区间的上下限),因此可以得到同样的结论,该常数项对回归方程的影响统计上不显著。

(6)"温度"对应的 P 值为 $5.35\times10^{-11}<0.05$,且"温度"对应的统计量 t Start 值为

46.168 97 大于置信水平为 95％的置信区间的上限 0.826 8，落入拒绝域内。以上两项数据均表明该“温度”的系数对回归方程的影响统计上显著。

② 残差输出。

残差输出就是每个数据点的预测值与真实值的差值，并计算出正态分布的标准残差数值。残差输出表如图 7-25 所示。实验点的标准化残差落在(－2，2)区间以外的概率≤0.05。若某一实验点的标准化残差落在(－2，2)区间以外，可在 95％置信度将其判为异常实验点，不参与回归直线拟合。

RESIDUAL OUTPUT

观测值	预测 得率 (%)	残差	标准残差
1	45.56363636	-0.56364	-0.62911
2	50.39393939	0.606061	0.676458
3	55.22424242	-1.22424	-1.36645
4	60.05454545	0.945455	1.055275
5	64.88484848	1.115152	1.244684
6	69.71515152	0.284848	0.317935
7	74.54545455	-0.54545	-0.60881
8	79.37575758	-1.37576	-1.53556
9	84.20606061	0.793939	0.886161
10	89.03636364	-0.03636	-0.04059

图 7-25　残差输出表

③ 残差图形。

根据前面的步骤计算出来的残差数值对应的残差图形如图 7-26 所示。

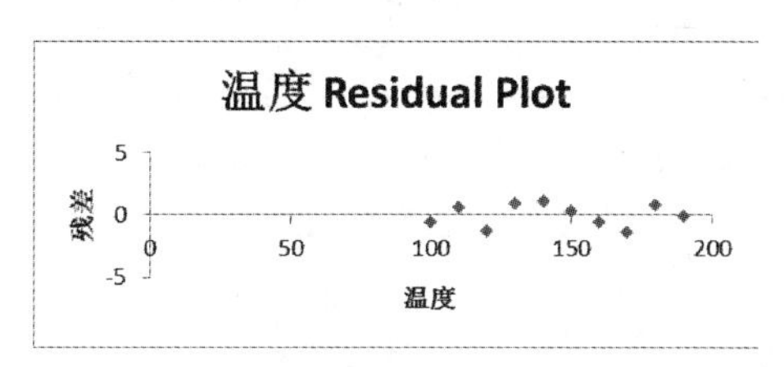

图 7-26　温度残差图形

④ 线性拟合图。

温度线性拟合图如图 7-27 所示。

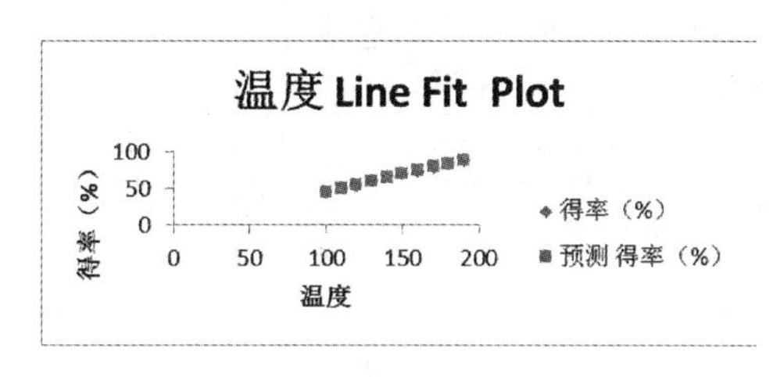

图 7-27　温度线性拟合图

⑤ 正态概率图。

正态概率图如图 7-28 所示。

Excel 2019 提供的回归分析工具执行线性回归分析，我们也可以利用数学方法解决非线性回归分析问题。例如，假设自变量 x 和因变量 y 满足指数关系，即

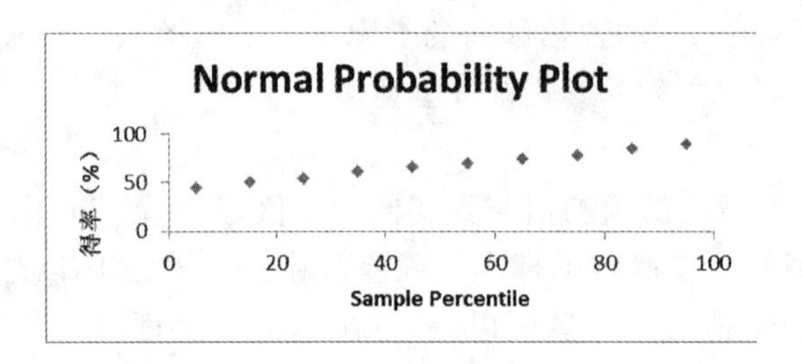

图 7-28　正态概率图

$$y=ae^{bx}$$

那么可以首先两边同时取对数，

$$\ln y=bx+\ln a$$

将指数关系转换成线性关系之后，再进行回归分析。

7.2.3　利用回归工具建立多元线性回归方程

Excel 2019 提供的回归工具不仅可以建立一元线性回归方程，还可以利用该工具对多个自变量进行分析，建立多元线性回归方程。

例 7.7　已知某企业分析了该企业近 15 年来的年销售收入，认为影响销售收入的主要因素是销售人员数量、年广告费用和固定投资额度，其原始数据(单位：万元)如表 7-6 所示。

表 7-6　某企业销售收入、销售人员数量、年广告费用与固定投资额度数据

年份	销售收入	销售人员数量	年广告费用	固定投资额度
2004	256	6	11	64
2005	368	7	12	73
2006	456	9	12	101
2007	585	11	16	103
2008	730	12	18	110
2009	732	16	29	115
2010	748	20	35	127
2011	769	25	38	139
2012	807	26	42	145
2013	975	32	44	157
2014	998	35	49	161
2015	1 136	31	53	162
2016	1 138	40	58	165
2017	1 273	45	58	178
2018	1 430	48	63	192

利用 Excel 对该企业的年销售收入、销售人员数量、年广告费用和固定投资额度进行回归分析。

【回归工具步骤】

假设销售收入为 A，销售人员数量为 x，年广告费用为 y，固定投资额度为 z。

(1) 将数据录入 Excel 表中,如图 7-29 所示。

	A	B	C	D	E
1	年份	销售收入	销售人员数量	年广告费用	固定投资额度
2	2004	256	6	11	64
3	2005	368	7	12	73
4	2006	456	9	12	101
5	2007	585	11	16	103
6	2008	730	12	18	110
7	2009	732	16	29	115
8	2010	748	20	35	127
9	2011	769	25	38	139
10	2012	807	26	42	145
11	2013	975	32	44	157
12	2014	998	35	49	161
13	2015	1136	31	53	162
14	2016	1138	40	58	165
15	2017	1273	45	58	178
16	2018	1430	48	63	192

图 7-29　按列录入数据

(2) 选择"数据"选项卡,然后单击"分析"组的"数据分析"工具中的"回归",如图 7-30 所示。

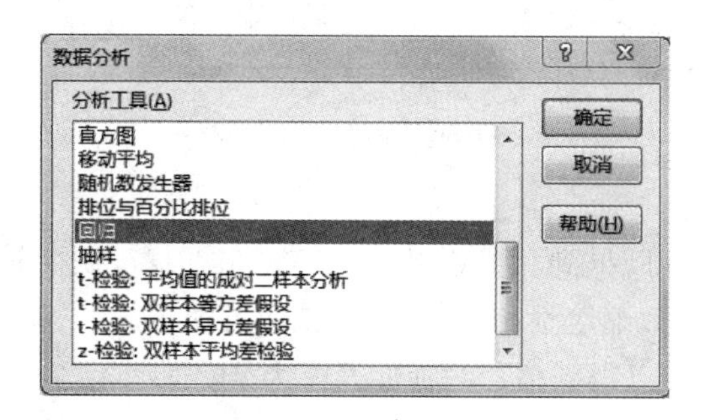

图 7-30　选择回归工具

(3) 设置"回归"参数,如图 7-31 所示。

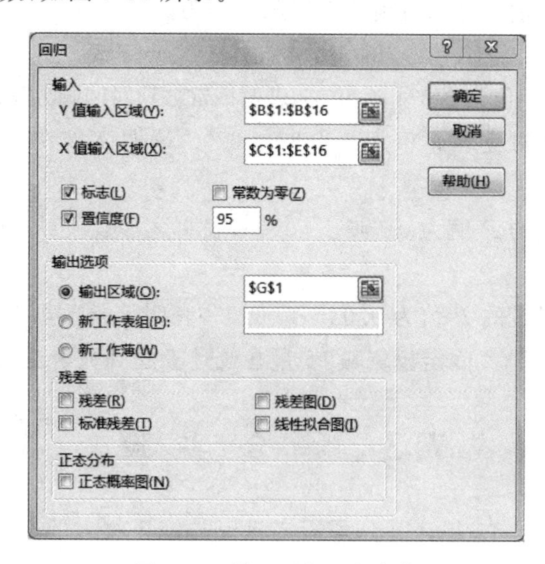

图 7-31　设置回归工具参数

- Y 值输入区域：$B$2：$B$16，单击实际数据区域。
- X 值输入区域：$C$1：$E$16，单击实际数据区域。
- 标志：√，根据输入区域是否包含标题行单击。
- 置信度：95%，根据实验要求输入。
- 输出区域：$G$1。这里可自行单击。

(4) 回归分析结果如图 7-32 所示。

SUMMARY OUTPUT

回归统计	
Multiple R	0.976594427
R Square	0.953736675
Adjusted R Square	0.941119405
标准误差	81.18754435
观测值	15

方差分析

	df	SS	MS	F	ignificance F
回归分析	3	1494731	498243.8	75.58978	1.26E-07
残差	11	72505.59	6591.417		
总计	14	1567237			

	Coefficients	标准误差	t Stat	P-value	Lower 95%	Upper 95%	下限 95.0%	上限 95.0%
Intercept	-154.989379	167.3255	-0.92627	0.374179	-523.27	213.2915	-523.27	213.2915
销售人员数量	6.379747684	8.390465	0.760357	0.463028	-12.0875	24.84704	-12.0875	24.84704
年广告费用	0.454053296	6.206772	0.073154	0.942996	-13.207	14.11507	-13.207	14.11507
固定投资额度	6.10728494	2.446602	2.496232	0.029705	0.722351	11.49222	0.722351	11.49222

图 7-32　回归分析结果

【结论】

(1) 根据回归统计表可以得到相关系数为 0.976 594 427，说明销售人员数量、年广告费用、固定投资额度与销售收入显著性相关，呈线性正相关关系。

(2) 根据回归统计表可以得到估计的标准误差为 81.187 544 35。

(3) 根据回归统计表可以得到 $R^2=0.953\ 736\ 675$，表明总误差平方和中有 95.37%可以由回归方程来解释。

(4) 根据回归的汇总输出可以得到线性回归方程为

$$A=6.38x+0.45y+6.11z-155$$

(5) Intercept 对应的 P 值为 $0.374>0.05$，表明该常数项对回归方程的影响统计上不显著。

(6) “销售人员数量”对应的 P 值为 $0.463>0.05$，表明该常数项对回归方程的影响统计上不显著。

(7) “广告费用”对应的 P 值为 $0.943>0.05$，表明该常数项对回归方程的影响统计上不显著。

(8) “固定投资额”对应的 P 值为 $0.030<0.05$，表明该常数项对回归方程的影响显著，即在以上三个自变量中，只有“固定投资额”变量在统计上起到显著性作用。

7.3　综合实验

【实验 7.1】　表 7-7 是 15 年来某公司固定投资与销售收入的数据(单位：万元)资料，今以 X 表示该公司的广告投入，Y 表示相应的销售额，求 Y 关于 X 的回归方程。

表 7-7　某公司固定投资与销售收入数据

年份	广告投入	销售额
2004	64	298
2005	73	368
2006	101	478
2007	103	530
2008	110	598
2009	115	624
2010	127	709
2011	139	769
2012	145	850
2013	157	975
2014	161	998
2015	162	1 025
2016	165	1 138
2017	178	1 273
2018	192	1 450

【方法 1:散点图法构建线性回归方程】

(1) 将数据录入 Excel 表中,如图 7-33 所示。

	A	B	C
1	年	广告投入	销售额
2	2004	64	298
3	2005	73	368
4	2006	101	478
5	2007	103	530
6	2008	110	598
7	2009	115	624
8	2010	127	709
9	2011	139	769
10	2012	145	850
11	2013	157	975
12	2014	161	998
13	2015	162	1025
14	2016	165	1138
15	2017	178	1273
16	2018	192	1450

图 7-33　按列录入数据

(2) 选择“插入”选项卡,然后单击“图表”组的“散点图”选项。

(3) 选择“图表工具”中的“设计”选项卡,然后单击“数据”组的“单击数据”选项,并单击数据范围:$B$1:$C$16,如图 7-34 所示。生成销售额散点图,如图 7-35 所示。

(4) 单击“图表工具”中的“设计”选项卡,然后单击“图表布局”组的“添加图表元素”选项,单击“趋势线”中的“其他趋势线选项”。

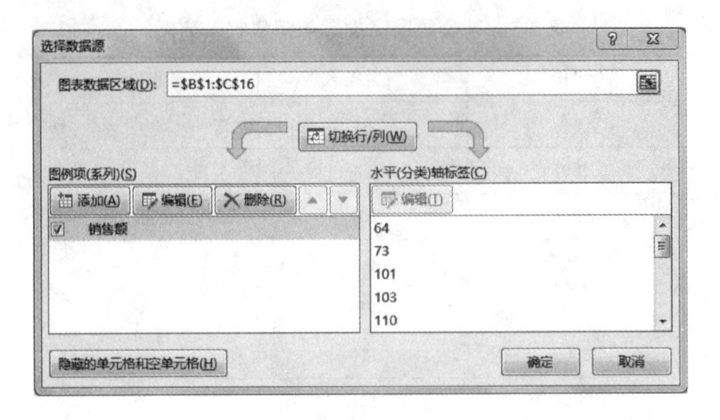

图 7-34　单击数据

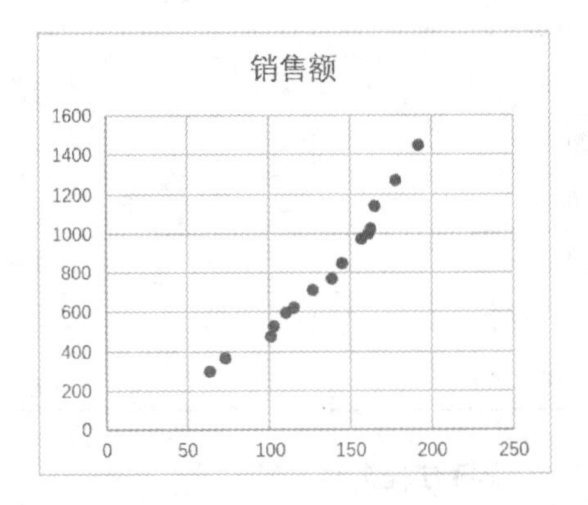

图 7-35　销售额散点图

（5）在设置趋势线格式中，选择“线性”；趋势线名称设置为“散点图分析法”；选中“显示公式”和“显示 R 平方值”复选框，如图 7-36 所示。

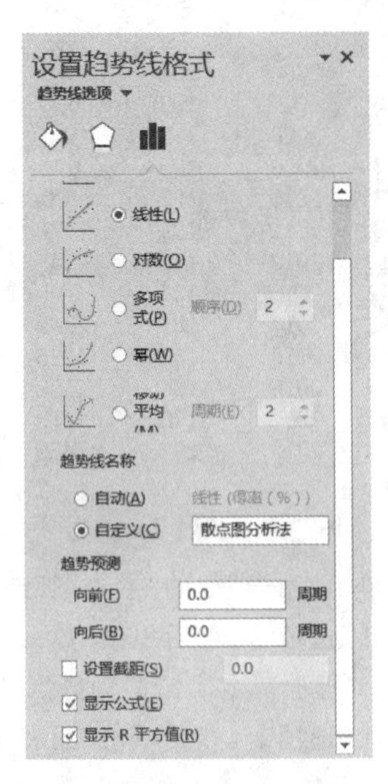

图 7-36　设置趋势线格式

(6) 在散点图中，出现线性趋势线和线性回归方程：

$$y=8.687x-348.1$$

其中 $R^2=0.9597$，如图 7-37 所示。

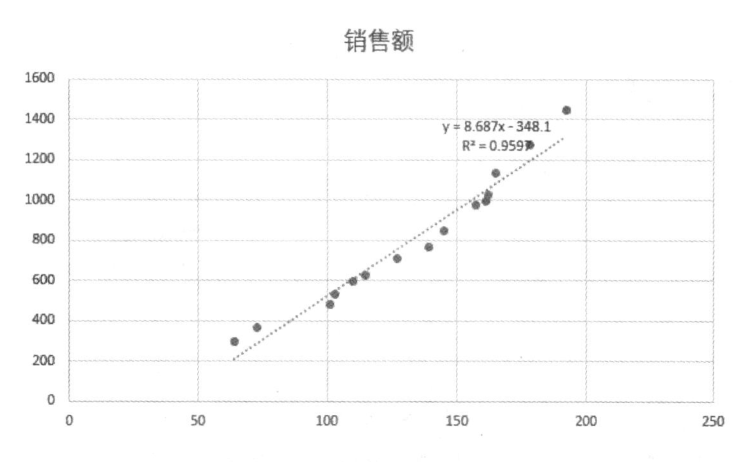

图 7-37　销售额散点图及趋势线

【结论】

销售额与广告投入对应的一元线性回归方程即为 $y=8.687x-348.1$，其中拟合度 $R^2=0.9597$。

【方法 2：散点图法构建指数回归方程】

步骤(1)～(4)同【方法 1：散点图法构建线性回归方程】

(5) 在设置趋势线格式中，选择“指数”；趋势线名称设置为“散点图分析法”；选中“显示公式”和“显示 R 平方值”复选框，如图 7-38 所示。

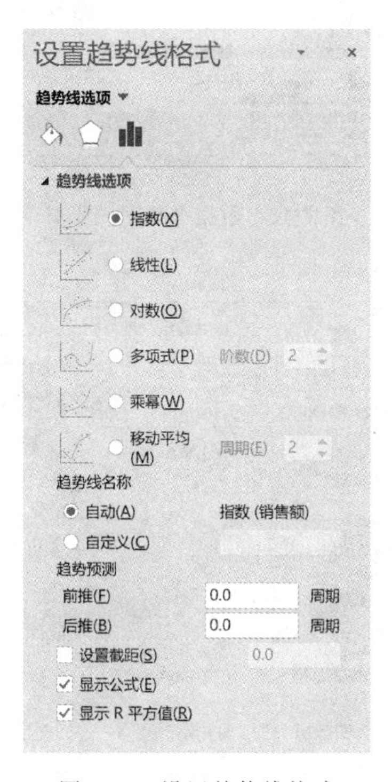

图 7-38　设置趋势线格式

(6) 在散点图中,出现线性趋势线和指数回归方程:

$$y=149.47e^{0.012x}$$

其中 $R^2=0.9918$,如图 7-39 所示。

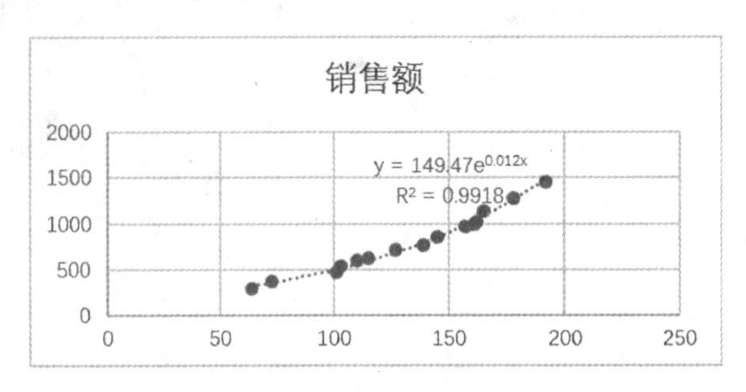

图 7-39　线性趋势线与回归方程

【结论】

销售额与广告投入对应的一元指数回归方程即为 $y=149.47e^{0.012x}$,其中拟合度 $R^2=0.9918$。

实验方法 1 和方法 2 比较,指数回归方程的拟合度优于线性回归方程,但是由于散点图方法的局限性,我们只能看到拟合度一个指标,因此下面我们单击用 Excel 提供的回归工具进行更加详细的分析。

【方法 3:利用回归工具构建线性回归方程】

(1) 选择"数据"选项卡,然后单击"分析"组的"数据分析"工具中的"回归",如图 7-40 所示。

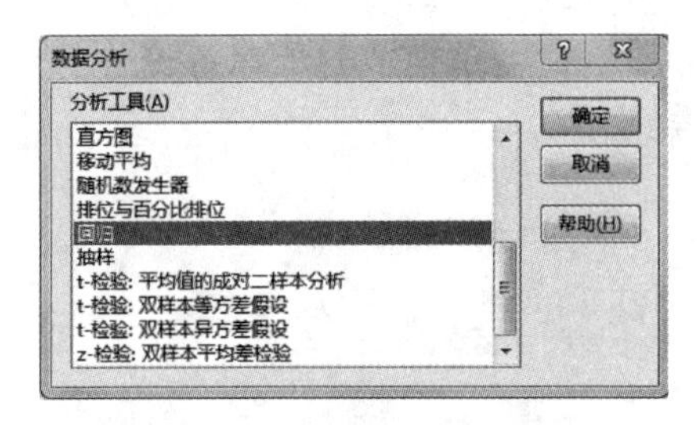

图 7-40　数据分析回归工具

(2) 设置"回归"参数,如图 7-41 所示。

图 7-41　回归工具参数设置

- Y 值输入区域：$C$1：$C$16，单击实际数据区域。
- X 值输入区域：$B$1：$B$16，单击实际数据区域。
- 标志：√，根据输入区域是否包含标题行单击。
- 置信度：95%，根据实验要求输入。
- 输出区域：$A$19。这里可自行单击。
- 残差：√。
- 残差图：√。
- 标准残差：√。
- 线性拟合图：√。
- 正态概率图：√。

（3）回归分析结果如图 7-42 所示。

SUMMARY OUTPUT								
回归统计								
Multiple R	0.979668166							
R Square	0.959749715							
Adjusted R	0.956653539							
标准误差	69.92486072							
观测值	15							
方差分析								
	df	SS	MS	F	Significance F			
回归分析	1	1515638	1515638	309.9791	1.88511E-10			
残差	13	63563.32	4889.486					
总计	14	1579202						
	Coefficients	标准误差	t Stat	P-value	Lower 95%	Upper 95%	下限 95.0%	上限 95.0%
Intercept	-348.096413	67.96585	-5.12164	0.000196	-494.9277152	-201.265	-494.928	-201.265
广告投入	8.686970982	0.493403	17.60622	1.89E-10	7.621037641	9.752904	7.621038	9.752904

图 7-42　回归分析结果

【结论】

（1）根据回归统计表可以得到相关系数为 0.979 668 166，说明广告投入与销售额显著性相关，呈线性正相关关系。

（2）根据回归统计表可以得到估计的标准误差为 69.92。

（3）根据回归统计表可以得到拟合度为 95.97%，表明总误差平方和中有 95.97%可以由回归方程来解释。

（4）根据回归的汇总输出可以得到线性回归方程为

$$y=8.687x-348.1$$

（5）Intercept 对应的 P 值为 $0.000\,196<0.05$，表明该常数项对回归方程的影响统计上显著。

（6）“广告投入”对应的 P 值为 $1.89\times10^{-10}<0.05$，表明该“广告投入”的系数对回归方程的影响统计上显著。

【方法 4：利用回归工具构建指数回归方程】

Excel 提供的回归工具只能构建线性方程，如果要利用回归工具构建指数回归方程，那么必然要对因变量和自变量进行一定的数学变换，形成线性关系。

假设题设的广告投入 X 和销售额 Y 存在指数关系，即

$$y=ae^{b}$$

那么等号两边同时取对数，可以得到

$$\ln y=bx+\ln a$$

下面开始具体的实验步骤。

(1) 选中单元格 D2，输入"=LN(C2)"，并向下复制单元格。

(2) 选择"数据"选项卡，然后单击"分析"组的"数据分析"工具中的"回归"。

(3) 设置"回归"参数，如图 7-43 所示。

图 7-43　回归参数设置

- Y 值输入区域：$D$1：$D$16，单击实际数据区域。
- X 值输入区域：$B$1：$B$16，单击实际数据区域。
- 标志：√，根据输入区域是否包含标题行单击。
- 置信度：95%，根据实验要求输入。
- 输出区域：$A$19。这里可自行单击。
- 残差：√。
- 残差图：√。
- 标准残差：√。
- 线性拟合图：√。
- 正态概率图：√。

(4) 回归分析结果如图 7-44 所示。

(5) 任意选一个单元格，输入"=EXP(B35)"或者"=EXP(5.0070837)"，计算出 $a=149.4677$，如图 7-45 所示。

SUMMARY OUTPUT								
回归统计								
Multiple R	0.99589283							
R Square	0.99180253							
Adjusted R	0.99117195							
标准误差	0.0428946							
观测值	15							
方差分析								
	df	SS	MS	F	ignificance F			
回归分析	1	2.893969	2.893969	1572.854	5.99E-15			
残差	13	0.023919	0.00184					
总计	14	2.917888						
	Coefficients	标准误差	t Stat	P-value	Lower 95%	Upper 95%	下限 95.0%	上限 95.0%
Intercept	5.00708037	0.041693	120.0944	3.48E-21	4.917008	5.097152	4.917008	5.097152
广告投入	0.01200376	0.000303	39.65923	5.99E-15	0.01135	0.012658	0.01135	0.012658

图 7-44　回归结果分析

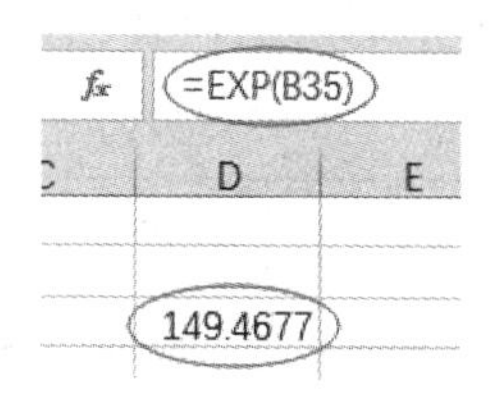

图 7-45　指数函数还原原函数

【结论】

（1）根据回归统计表可以得到相关系数为 0.995 892 83，说明广告投入与销售额显著性相关，呈线性正相关关系。

（2）根据回归统计表可以得到估计的标准误差为 0.042 894 6。

（3）根据回归统计表可以得到拟合度为 0.991 802 53，表明总误差平方和中有 99.18%可以由回归方程来解释。

（4）根据回归的汇总输出可以得到指数方程对应的线性回归方程为

$$\ln y=0.012x+5.007$$

对应的指数方程为

$$y=149.47e^{0.012x}$$

（5）Intercept 对应的 P 值为 $3.48\times10^{-21}<0.05$，表明该常数项对回归方程的影响统计上显著。

（6）“广告投入”对应的 P 值为 $5.99\times10^{-15}<0.05$，表明该“广告投入”的系数对回归方程的影响统计上显著。

【线性回归方程和指数回归方程的比较】

利用回归工具构建线性回归方程和指数回归方程的过程中，我们可以比较得到：

（1）线性回归方程的标准误差为 69.92，而指数回归方程的误差 $e^{0.042\,894\,601}=1.044$，即指数回归方程的误差远低于线性回归方程的标准误差。

（2）根据回归统计表可以得到线性回归方程拟合度为 95.97%，而指数回归方程的拟合度为 0.991 802 53，同样也是只是指数回归方程的拟合程度更好。

第8章 时间序列分析

实际生活中有很多现象都是随着时间的推移而变化，具有动态性。时间序列是按时间顺序的一组数字序列。时间序列分析就是利用这组数列，应用数理统计方法加以处理，以预测未来事物的发展。

8.1 时间序列简介

时间序列由两部分组成：时间和不同时间的具体指标数值，如表8-1所示。

表8-1 时间序列的组成

t	t_1	t_2	t_3	…	t_i	…	t_n
x	x_1	x_2	x_3	…	x_i	…	x_n

时间序列的统计解释是某项统计指标按时间顺序记录的指标值数列。时间序列的系统意义是某一系统运行过程中在不同时间点的响应，是系统行为量化数据的有序客观记录，反映了系统的结构特征和运行规律。时间序列的数学实质 $X_1, X_2, \cdots, X_N$ 是按时间次序排列的随机变量序列，其观测值序列 $x_1, x_2, \cdots, x_n$ 称为 $X_1, X_2, \cdots, X_N$ 的一条轨迹或一次实现，轨迹片段 $x_1, x_2, \cdots, x_n$ 称为 N 个观测样本。时间序列 $X_1, X_2, \cdots, X_N$ 简记为 $\{X_t, t\in T\}$ 或 $X(t)$。

时间序列分为三类：绝对数时间序列、相对数时间序列和平均数时间序列。

1. 绝对数时间序列

绝对数时间序列又称从总量指标时间序列，指将一系列同类的统计绝对数按照时间先后顺序排列起来而形成的统计序列。绝对数时间序列反映各时期内的总量水平，或者各时点上的发展水平。

绝对数时间序列又分为以下两类。

(1) 时期序列

时期序列是由时期总量指标排列而成的时间序列。它的主要特点为

① 序列中的指标数值具有可加性；

② 序列中每个指标数值的大小与其所反映的时期长短有直接联系；

③ 序列中每个指标数值通常是通过连续不断登记汇总取得的。

(2) 时点序列

时点序列是由时点总量指标排列而成的时间序列。时点序列中的指标数值不具可加性，序列中每个指标数值的大小与其间隔时间的长短没有直接联系，而且时点序列中每个指标数值通常是通过定期的一次登记取得的。

2. 相对数时间序列

相对数时间序列是把一系列同种相对数指标按时间先后顺序排列而成的时间序列，反映

社会经济现象数量对比关系的变化情况。

3. 平均数时间序列

平均数时间序列是指由一系列同类平均指标按时间先后顺序排列的时间序列，反映社会经济现象一般水平的变化过程。

时间序列的分类与其对应特征如表 8-2 所示。

表 8-2　时间序列的分类

<table>
<tr><th colspan="2">序列</th><th>特点</th></tr>
<tr><td rowspan="2">绝对数序列</td><td>时点序列</td><td>不可加性：不同时点的总量指标不可相加，这是因为把不同时点的总量指标相加后，无法解释所得数值的时间状态
无关联性：指标数值的大小与时点间隔的长短一般没有直接关系。在时点数列中，相邻两个指标所属时间的差距为时点间隔
间断登记：指标值采用间断统计的方式获得</td></tr>
<tr><td>时期序列</td><td>可加性：不同时期的总量指标可以相加
关联性：指标值的大小与所属时间的长短有直接关系
连续登记：指标值采用连续统计的方式获得</td></tr>
<tr><td colspan="2">相对数序列</td><td rowspan="2">派生性：由绝对数序列派生而成
不可加性</td></tr>
<tr><td colspan="2">平均数序列</td></tr>
</table>

例如，表 8-3 是某公司 2012—2017 年职工工资与员工人数统计表。

表 8-3　员工统计表

年份	2012	2013	2014	2015	2016	2017
职工工资总额/万元	2 277.8	2 472.3	2 688.1	2 957.4	2 990.7	2 747.2
年末职工人数/人	1 792	1 849	1 849	1 908	1 845	1 668
男性职工占比(%)	58.45	57.55	57.78	45.06	54.81	56.69
职工平均货币工资/元	12 711	13 371	14 538	15 500	16 210	16 470

其中职工工资总额是时期序列，年末职工人数为时点序列，男性职工占比为相对数序列，职工平均货币工资为平均数序列。很明显职工工资总额具有可加性，2 990.7＋2 747.2＝5 737.9万元是 2016—2017 两年的职工工资总额。而年末职工人数、男性职工占比和职工平均货币工资相加没有实际意义。

时间序列的作用是计算水平指标和速度指标，分析社会经济现象发展过程与结果，并进行动态分析；利用数学模型揭示社会经济现象发展变化的规律性并预测现象未来的发展趋势；揭示现象之间的相互联系程度及其动态演变关系。时间序列分析是定量预测方法之一，它的基本原理是承认事物发展的延续性，同时考虑事物发展的随机性。应用过去数据，就能推测事物的发展趋势，但是任何事物发展都可能受偶然因素影响，为此要利用统计分析中的加权平均法对历史数据进行处理。时间序列分析的方法简单易行，便于掌握，但准确性差，一般只适用于短期预测。时间序列预测一般反映三种实际变化规律：趋势变化、周期性变化、随机性变化。

时间序列的构成因素如下。

- 长期趋势(T)：长期趋势变动又称趋势变动，是时间序列在较长持续期内表现出来的总态势，是由现象内在的根本性、本质因素决定的，支配着现象沿着一个方向持续上升、下降或在原有水平上起伏波动。长期趋势时间序列具有随时间的变化而逐渐增加或减少的长期变化趋势。

- 季节变动(S)：季节变动时间序列在一年中或固定时间内，呈现出固定规则的变动。
- 循环变动(C)：循环变动是在时间序列中以若干年为周期、上升与下降交替出现的循环往复的运动。例如经济增长中的商业周期具有“繁荣－衰退－萧条－复苏－繁荣”的循环变动，固定资产或耐用消费品的更新周期等。
- 随机变动(R)：由于偶然性因素的影响而表现出的不规则波动，故也称为不规则变动。随机变动的成因包括自然灾害、意外事故、政治事件与大量无可言状的随机因素的干扰。

时间序列分析分为加法模型和乘法模型。

- 加法模型：假定四种变动因素相互独立，数列各时期发展水平是各构成因素之总和。

$$Y=T+S+C+I$$

- 乘法模型：假定四种变动因素之间存在着交互作用，数列各时期发展水平是各构成因素之乘积。

$$Y=T\times S\times C\times I$$

时间序列的分解分析就是按照时间序列的分析模型，测定出各种变动的具体数值。其分析取决于时间序列的构成因素。

① 仅包含趋势变动和随机变动(年度数据)：

乘法模型为

$$Y=T\times I$$

加法模型为

$$Y=T+I$$

消除随机变动，测算出长期趋势。

② 含趋势、季节和随机变动：

按月(季)编制的时间序列通常具有这种形态。

分析步骤如下。

a. 分析和测定趋势变动，求趋势值 T。

b. 对时间序列进行调整，得出不含趋势变动的时间序列资料。

乘法

$$\frac{Y}{T}=S\times I$$

加法

$$Y-T=(T+S+I)-T=S+I$$

c. 对以上的结果进一步进行分析，消除随机变动 I 的影响，得出季节变动的测定值 S。

时间序列分解分析可以测定各构成因素的数量表现，认识和掌握现象发展的规律。也可以将某一构成因素从数列中分离出来，便于分析其他因素的变动规律，为时间序列的预测奠定基础。对时间序列的长期趋势的测定主要是为了研究现象发展的主要趋势，同时也为通过分解模型研究季节变动或循环变动提供基础。

8.2　时距扩大法

时距扩大法是测定长期趋势最简单、最原始的方法。这种方法是把原时间序列中各个时期的数值加以适当合并,得出较长时距的数值,形成一个新的扩大了时距的时间数列,从而消除由于时距较短而受偶然因素影响所引起的波动,使现象发展变化的趋势明显地表露出来。

时距扩大法的一般方法有两种:总量扩大法与平均扩大法。其中,总量扩大法适用于时期数列;平均扩大法不仅适用于时期数列,还适用于时点数列。将时距扩大以后,原时间序列中的均值和总值仍然保持可比性,就可以采用时距扩大法。因此平均数和相对数形式的动态数列一般不采用时距扩大法。在时距的选择上,若数据资料包含 S 或 C 因素,以其变动周期为准;若数据资料同时包含 S 和 C 因素,以 C 变动周期为准。若数据资料只包含 T 和 I 因素,做多种测试选择 T 最为明显的时距。

例 8.1　某公司 2017 年 12 个月的销量如表 8-4 所示。

表 8-4　某公司 2017 年 12 个月销量表

月份	1	2	3	4	5	6	7	8	9	10	11	12
产量	61	42	40	41	50	45	61	58	65	39	42	56

将时距扩大为季度以后,产量均值和总值仍然保持可比性,如表 8-5 所示。

表 8-5　某公司 2017 年 4 个季度销量表

季度	1	2	3	4
产量平均	47.67	45.33	61.33	45.67
产量总值	143	136	184	137

注意:

(1) 时距扩大的选择,若原数列发展水平波动有周期性,则扩大的时距与周期相同,若无明显周期性,按经验逐步扩大。

(2) 由于时点数列的值相加无意义,因此时距扩大法只适用于时期数列,时点数列不能采用时距扩大法。

(3) 时距选择既不能太长也不能太短。时距过长,会使时间数列修饰过度。时距也不应太短,否则达不到修匀的目的。

(4) 扩大的时距应前后一致,以使修匀后的时间数列保持可比性。

8.3　移动平均法

移动平均,又称“移动平均线”,简称均线,是统计分析中一种分析时间序列数据的工具。移动平均法是测定时间序列长期趋势的基本方法,其基本原理是对时间序列按照一定的项数逐项移动计算平均值,从而达到对原始数据序列修正、消除偶然因素的目的。数学上,移动平均可视为一种卷积。统计中的移动平均法是对动态数列的修匀的一种方法,其本质就是将动态数列的时距扩大。时距扩大法是计算扩大时距内时期数值的和,而移动平均是采用逐期推移的简单算术平均法，计算出扩大时距的各个平均值，这一些值的推移动态平均数就形成了一个新的数列，即移动平均序列。通过移动平均，现象短期不规则变动的影响被消除。如果扩大的时距能与现象周期波动的时距相一致或为其倍数，就能进一步削弱季节变动和循环变动的影响，更好地反映现象发展的基本趋势。

移动平均法是一种简单平滑预测技术，使用移动平均法进行预测能平滑掉需求的突然波动对预测结果的影响，适用于即期预测。当产品需求既不快速增长也不快速下降，且不存在季节性因素时，移动平均法能有效地消除预测中的随机波动，是非常有用的。当时间序列的数值由于受周期变动和随机波动的影响，起伏较大，不易显示出事件的发展趋势时，使用移动平均法可以消除这些因素的影响，显示出事件的发展方向与趋势，然后依趋势线分析预测序列的长期趋势。

移动平均法分为简单移动平均法和加权移动平均法。

1．简单移动平均法

简单移动平均的各元素的权重都相等。简单移动平均的计算公式如下：

$$F_t=\frac{A_{t-1}+A_{t-2}+A_{t-3}+\cdots+A_{t-n}}{n}$$

其中：F_t 表示对下一期的预测值；n 表示移动平均的时期个数；A_{t-i}表示前 i 期的实际值。

2．加权移动平均法

加权移动平均给固定跨越期限内的每个变量值以不相等的权重。其原理是：历史各期产品需求的数据信息对预测未来期内的需求量的作用是不一样的。除了以 n 为周期的周期性变化外，远离目标期的变量值的影响力相对较低，故应给予较低的权重。

加权移动平均法的计算公式如下：

$$F_t=w_1A_{t-1}+w_2A_{t-2}+w_3A_{t-3}+\cdots+w_nA_{t-n}$$

其中：w_i 表示第 $t-i$ 期实际销售额的权重；n 表示移动平均的时期个数；这里 $\sum_{i=1}^{n} w_i=1$。

在运用加权平均法时，权重的选择是一个应该注意的问题。经验法和试算法是选择权重的最简单的方法。一般而言，最近期的数据最能预示未来的情况，因而权重应大些。例如，根据前一个月的利润和生产能力比起根据前几个月能更好地估测下个月的利润和生产能力。但是，如果数据是季节性的，则权重也应是季节性的。移动平均法对原序列有修匀或平滑的作用，使得原序列的上下波动被削弱了，而且平均的时距项数 n 越大，对数列的修匀作用越强。当序列包含季节变动时，移动平均时距项数 n 应与季节变动长度一致，才能消除其季节变动；当序列包含周期变动时，平均时距项数 n 应和周期长度基本一致，才能较好地消除周期波动。

但移动平均法运用时也存在着如下问题：

① 加大移动平均法的期数（即加大 n 值）会使平滑波动效果更好，但会使预测值对数据实际变动更不敏感。

② 移动平均值并不能总是很好地反映出趋势。由于是平均值，预测值总是停留在过去的水平上而无法预计会导致将来更高或更低的波动。

③ 移动平均法要有大量的过去数据的记录。

④ 它通过引进愈来愈近的新数据，不断修改平均值，以之作为预测值。

下面着重介绍两种常用的移动平均方法：中心移动平均与历史移动平均。

8.3.1　中心移动平均

中心移动平均法是将时间序列变量值以当前时间数据为中心做 K 项的滚动平均。

对于时间序列 $A_1, A_2, \cdots, A_n$，对应中心移动平均法进行平均结果如下。

当移动平均时距项数 K 为奇数时，以当前时间数据 A_t 为中心，要求 K 项的平均，那么只需要进行一次平均即可。

$$M_t^{(1)} = \frac{1}{K}(A_{t-\frac{K-1}{2}} + \cdots + A_{t-1} + A_t + A_{t+1} + \cdots + A_{t+\frac{K-1}{2}})$$

而当移动平均项数 K 为偶数时，当前时间数据 A_t 就不在中心位置了，因此需要再进行一次相邻两项平均值的移动平均，才能使二次平均值的中心正好对着某一时期值。这个过程也被称为移正平均，使得二次平均值也成为中心化的移动平均数。

$$M_t^{(1)} = \frac{1}{K}(A_{t-\frac{K}{2}} + \cdots + A_{t-1} + A_t + A_{t+1} + \cdots + A_{t+\frac{K}{2}})$$

$$M_t^{(2)} = \frac{M_{t-1}^{(1)} + M_t^{(1)}}{2}$$

这里 t 为 $\frac{K}{2}+1, \frac{K}{2}+2, \cdots$

例 8.2　已知某企业连续 3 年的销量(单位:件)如表 8-6 所示，试用平均项数 12 的中心移动平均法研究该企业销量的变化趋势。

表 8-6　某企业连续 3 年的销量表

年份	2014 年											
月份	1	2	3	4	5	6	7	8	9	10	11	12
销量	1 654	1 568	2 136	2 074	1 770	1 770	1 742	1 767	1 912	2 020	2 075	2 450
年份	2015 年											
月份	1	2	3	4	5	6	7	8	9	10	11	12
销量	1 485	1 768	1 994	1 938	1 979	2 062	2 105	2 033	2 222	2 368	2 528	2 969
年份	2016 年											
月份	1	2	3	4	5	6	7	8	9	10	11	12
销量	2 256	2 521	2 036	1 919	2 018	2 035	2 190	2 375	2 182	2 350	3 329	3 317

【中心移动平均】

(1) 将表中所有数据按列录入工作表内，如图 8-1 所示。

(2) 计算一次平均，也就是每 12 个销量的滚动平均。在单元格 C7 中输入"=AVERAGE(B2:B13)"，然后向下复制公式至单元格 C31，如图 8-2 所示。

注意：第一项一次移动平均是 2014 年 1 月到 12 月的平均值，最后一项一次移动平均值是 2016 年 1 月到 12 月的平均值。

(3) 计算二次平均，也就是每两个一次平均值的滚动平均值。即在单元格 D8 中输入"=AVERAGE(C7:C8)"，然后向下复制公式至单元格 D31，如图 8-3 所示。

	A	B
1	月份	销量
2	2014年1月	1654
3	2014年2月	1568
4	2014年3月	2136
5	2014年4月	2074
6	2014年5月	1770
7	2014年6月	1770
8	2014年7月	1742
9	2014年8月	1767
10	2014年9月	1912
11	2014年10月	2020
12	2014年11月	2075
13	2014年12月	2450
14	2015年1月	1485
15	2015年2月	1768
16	2015年3月	1994
17	2015年4月	1938
18	2015年5月	1979
19	2015年6月	2062
20	2015年7月	2105

图 8-1　按列录入工作表

C7　=AVERAGE(B2:B13)

	A	B	C	D	E
1	月份	销量	M1(T)		
2	2014年1月	1654			
3	2014年2月	1568			
4	2014年3月	2136			
5	2014年4月	2074			
6	2014年5月	1770			
7	2014年6月	1770	1911.5		
8	2014年7月	1742	1897.417		
9	2014年8月	1767	1914.083		
10	2014年9月	1912	1902.25		
11	2014年10月	2020	1890.917		
12	2014年11月	2075	1908.333		
13	2014年12月	2450	1932.667		
14	2015年1月	1485	1962.917		
15	2015年2月	1768	1985.083		
16	2015年3月	1994	2010.917		
17	2015年4月	1938	2039.917		
18	2015年5月	1979	2077.667		
19	2015年6月	2062	2120.917		
20	2015年7月	2105	2185.167		
21	2015年8月	2033	2247.917		
22	2015年9月	2222	2251.417		
23	2015年10月	2368	2249.833		

C31　=AVERAGE(B26:B37)

	A	B	C	D	E
16	2015年3月	1994	2010.917		
17	2015年4月	1938	2039.917		
18	2015年5月	1979	2077.667		
19	2015年6月	2062	2120.917		
20	2015年7月	2105	2185.167		
21	2015年8月	2033	2247.917		
22	2015年9月	2222	2251.417		
23	2015年10月	2368	2249.833		
24	2015年11月	2528	2253.083		
25	2015年12月	2969	2250.833		
26	2016年1月	2256	2257.917		
27	2016年2月	2521	2286.417		
28	2016年3月	2036	2308.667		
29	2016年4月	1919	2351.25		
30	2016年5月	2018	2418		
31	2016年6月	2035	2447		
32	2016年7月	2190			
33	2016年8月	2375			
34	2016年9月	2489			
35	2016年10月	2879			
36	2016年11月	3329			
37	2016年12月	3317			
38					

图 8-2　计算 12 项一次平均值

D8　=AVERAGE(C7:C8)

	A	B	C	D	E
1	月份	销量	M1(T)	M2(T)	
2	2014年1月	1654			
3	2014年2月	1568			
4	2014年3月	2136			
5	2014年4月	2074			
6	2014年5月	1770			
7	2014年6月	1770	1911.5		
8	2014年7月	1742	1897.417	1904.458	
9	2014年8月	1767	1914.083	1905.75	
10	2014年9月	1912	1902.25	1908.167	
11	2014年10月	2020	1890.917	1896.583	
12	2014年11月	2075	1908.333	1899.625	
13	2014年12月	2450	1932.667	1920.5	
14	2015年1月	1485	1962.917	1947.792	
15	2015年2月	1768	1985.083	1974	
16	2015年3月	1994	2010.917	1998	
17	2015年4月	1938	2039.917	2025.417	
18	2015年5月	1979	2077.667	2058.792	
19	2015年6月	2062	2120.917	2099.292	
20	2015年7月	2105	2185.167	2153.042	

D31　=AVERAGE(C30:C31)

	A	B	C	D	E
16	2015年3月	1994	2010.917	1998	
17	2015年4月	1938	2039.917	2025.417	
18	2015年5月	1979	2077.667	2058.792	
19	2015年6月	2062	2120.917	2099.292	
20	2015年7月	2105	2185.167	2153.042	
21	2015年8月	2033	2247.917	2216.542	
22	2015年9月	2222	2251.417	2249.667	
23	2015年10月	2368	2249.833	2250.625	
24	2015年11月	2528	2253.083	2251.458	
25	2015年12月	2969	2250.833	2251.958	
26	2016年1月	2256	2257.917	2254.375	
27	2016年2月	2521	2286.417	2272.167	
28	2016年3月	2036	2308.667	2297.542	
29	2016年4月	1919	2351.25	2329.958	
30	2016年5月	2018	2418	2384.625	
31	2016年6月	2035	2447	2432.5	
32	2016年7月	2190			
33	2016年8月	2375			
34	2016年9月	2489			
35	2016年10月	2879			
36	2016年11月	3329			
37	2016年12月	3317			

图 8-3　计算 12 项二次平均值

（4）绘制销量的散点图与中心移动平均的折线图，如图 8-4 所示。

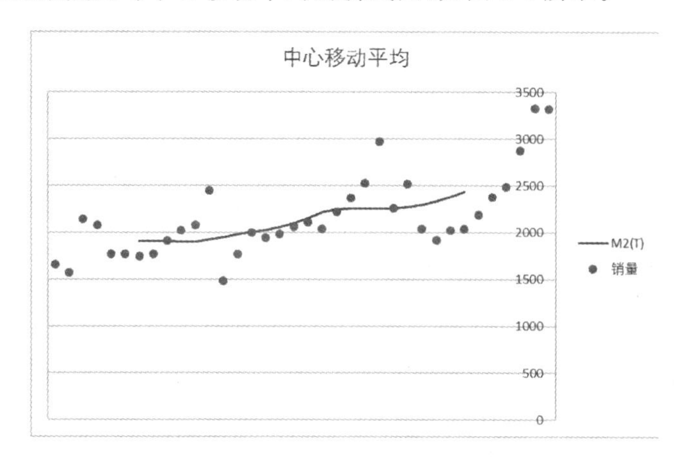

图 8-4　中心移动平均折线图

8.3.2　历史移动平均

历史移动平均值法是利用本期的前 K 期的算术平均值作为本期值，相当于利用过去 K 期的均值作为本期值的预测。

$$M_t = \frac{1}{K}\sum_{j=1}^{K} y_{t-j}$$

中心移动平均以当前时间数据为中心，求 K 期时间序列的算数平均值，也就是过去、现在和未来期的值共同作用计算得到本期值。而历史移动平均以过去 K 期的值计算本期值，因此也不存在当 K 为偶数时的二次平均工作，因此历史移动平均在实际应用中更加广泛。

例 8.3　已知某企业连续 3 年的销量如表 8-6 所示，试用平均项数 12 的历史移动平均法研究该企业销量的变化趋势。

【历史移动平均法】

（1）计算 12 个销售量的滚动平均，在单元格 C13 中输入"＝AVERAGE(B2:B13)"，然后向下复制公式到单元格 C37，如图 8-5 所示。

C13　=AVERAGE(B2:B13)

	A	B	C	D	E
1	月份	销量	M(12)		
2	2014年1月	1654			
3	2014年2月	1568			
4	2014年3月	2136			
5	2014年4月	2074			
6	2014年5月	1770			
7	2014年6月	1770			
8	2014年7月	1742			
9	2014年8月	1767			
10	2014年9月	1912			
11	2014年10月	2020			
12	2014年11月	2075			
13	2014年12月	2450	1911.5		
14	2015年1月	1485	1897.417		
15	2015年2月	1768	1914.083		
16	2015年3月	1994	1902.25		
17	2015年4月	1938	1890.917		
18	2015年5月	1979	1908.333		
19	2015年6月	2062	1932.667		

C37　=AVERAGE(B26:B37)

	A	B	C	D	E
19	2015年6月	2062	1932.667		
20	2015年7月	2105	1962.917		
21	2015年8月	2033	1985.083		
22	2015年9月	2222	2010.917		
23	2015年10月	2368	2039.917		
24	2015年11月	2528	2077.667		
25	2015年12月	2969	2120.917		
26	2016年1月	2256	2185.167		
27	2016年2月	2521	2247.917		
28	2016年3月	2036	2251.417		
29	2016年4月	1919	2249.833		
30	2016年5月	2018	2253.083		
31	2016年6月	2035	2250.833		
32	2016年7月	2190	2257.917		
33	2016年8月	2375	2286.417		
34	2016年9月	2489	2308.667		
35	2016年10月	2879	2351.25		
36	2016年11月	3329	2418		
37	2016年12月	3317	2447		

图 8-5　计算历史移动平均值

(2) 绘制销量的散点图与历史移动平均的折线图,如图 8-6 所示。

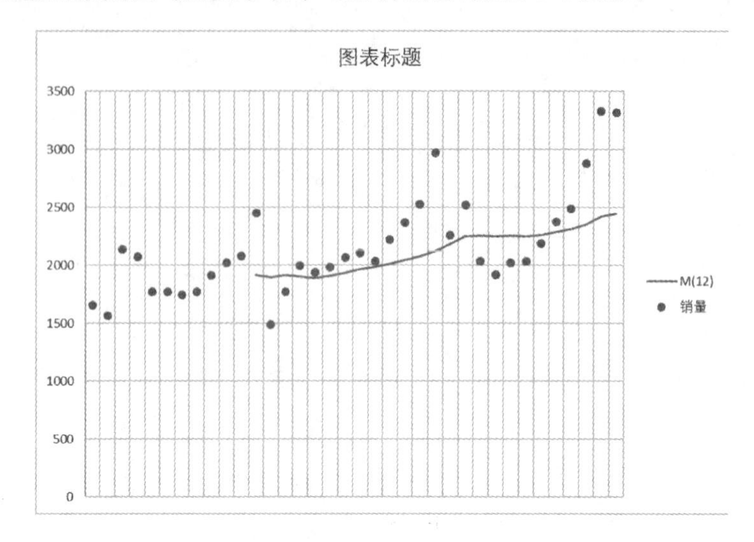

图 8-6　历史移动平均折线图

【移动平均工具】

(1) 选择"数据"选项卡"分析"组"数据分析"命令中的"移动平均"工具,如图 8-7 所示。

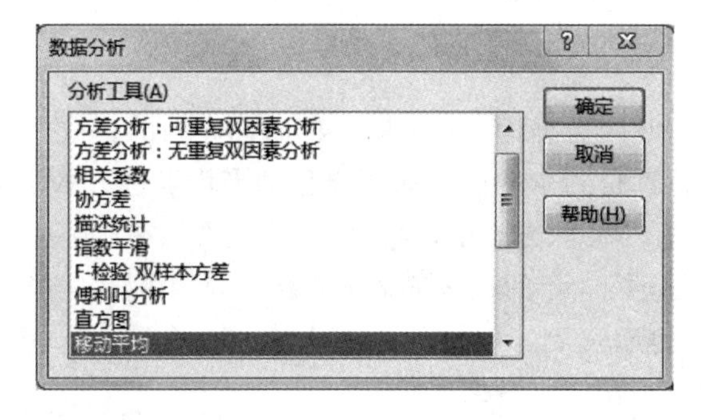

图 8-7　单击移动平均工具

(2) 设置移动平均工具参数,如图 8-8 所示。

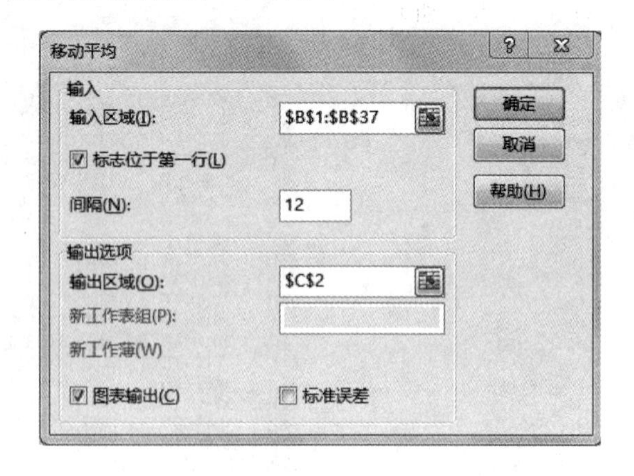

图 8-8　设置移动平均参数

- 输入区域:$B$1:$B$37,单击数据的实际区域。

- 标志位于第一行：√。数据的第一行是标题则勾选“标志”前面的复选框；如果第一行不是标题而是计算的数据，则不勾选。
- 间隔：12，根据计算的周期填写。
- 输出区域：可以任意单击。
- 图表输出：√，按需要勾选。

（3）输出结果如图 8-9 所示。

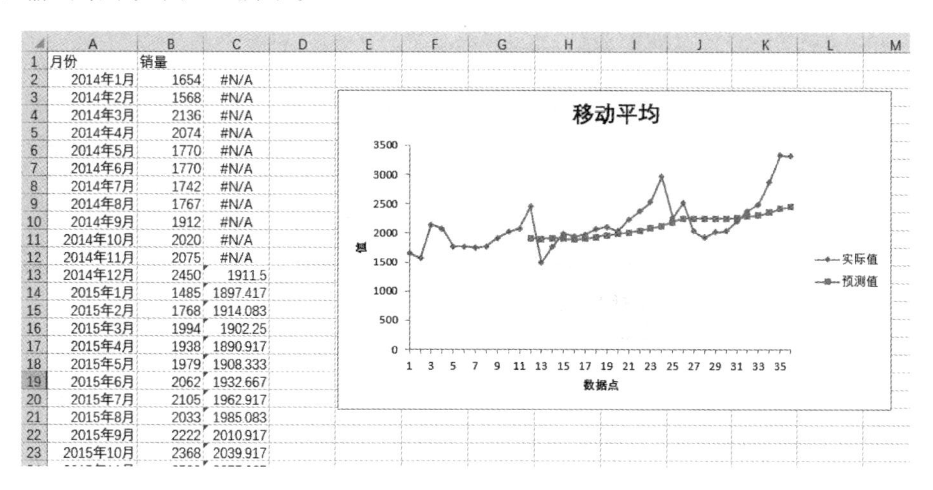

	A	B	C
1	月份	销量	
2	2014年1月	1654	#N/A
3	2014年2月	1568	#N/A
4	2014年3月	2136	#N/A
5	2014年4月	2074	#N/A
6	2014年5月	1770	#N/A
7	2014年6月	1770	#N/A
8	2014年7月	1742	#N/A
9	2014年8月	1767	#N/A
10	2014年9月	1912	#N/A
11	2014年10月	2020	#N/A
12	2014年11月	2075	#N/A
13	2014年12月	2450	1911.5
14	2015年1月	1485	1897.417
15	2015年2月	1768	1914.083
16	2015年3月	1994	1902.25
17	2015年4月	1938	1890.917
18	2015年5月	1979	1908.333
19	2015年6月	2062	1932.667
20	2015年7月	2105	1962.917
21	2015年8月	2033	1985.083
22	2015年9月	2222	2010.917
23	2015年10月	2368	2039.917

图 8-9　移动平均工具图表输出

由例 8.3 的两种方法的结论可知，Excel 提供的移动平均工具就是历史移动平均法。历史移动平均计算先前的时间序列数值的平均值，而中心移动平均计算围绕和包括当前值的时间序列数值的平均值。

8.4　指数平滑法

指数平滑法是在移动平均法的基础上发展起来的一种时间序列分析预测法，它通过计算指数平滑值，配合一定的时间序列预测模型对现象的未来进行预测。其原理是任一期的指数平滑值都是本期实际观察值与前一期指数平滑值的加权平均，相当于用本期的实际值对预测值进行不断的修正，以适应数据的变化。一次指数平滑法是一种加权预测，权数为 α。它既不需要存储全部历史数据，也不需要存储一组数据，从而可以大大减少数据存储问题，甚至有时只需一个最新观察值、最新预测值和 α 值，就可以进行预测。它提供的预测值是前一期预测值加上前期预测值中产生的误差的修正值。

$$Y_{t+1}^{*}=\alpha Y_t+(1-\alpha)Y_t^{*}$$

式中：Y_{t+1}^{*} 表示 $t+1$ 期的预测值；Y_t 表示 t 期的真实值；Y_t^{*} 表示 t 期的预测值；α 表示平滑系数，$\alpha\in[0,1]$；$1-\alpha$ 表示阻尼系数。

由该公式可知：

① Y_{t+1}^{*} 是 Y_t 和 Y_t^{*} 的加权算数平均数，随着 α 取值的大小变化，决定 Y_t 和 Y_t^{*} 对 Y_{t+1}^{*} 的影响程度，当 $\alpha=1$ 时，$Y_{t+1}^{*}=Y_t$；当 $\alpha=0$ 时，$Y_{t+1}^{*}=Y_t^{*}$。

② Y_{t+1}^{*} 具有逐期追溯性质，可探源至 Y_{t+1-t}^{*} 为止，包括全部数据。其过程中，平滑常数以指数形式递减，故称为指数平滑法。平滑常数决定了平滑水平以及对预测值与实际结果之间

差异的响应速度。平滑常数 α 越接近于 1，远期实际值对本期平滑值影响程度的下降越迅速；平滑常数 α 越接近于 0，远期实际值对本期平滑值影响程度的下降越缓慢。由此，当时间数列相对平稳时，可取较大的 α；当时间数列波动较大时，应取较小的 α，以不忽略远期实际值的影响。

指数平滑法的工作流程如图 8-10 所示。

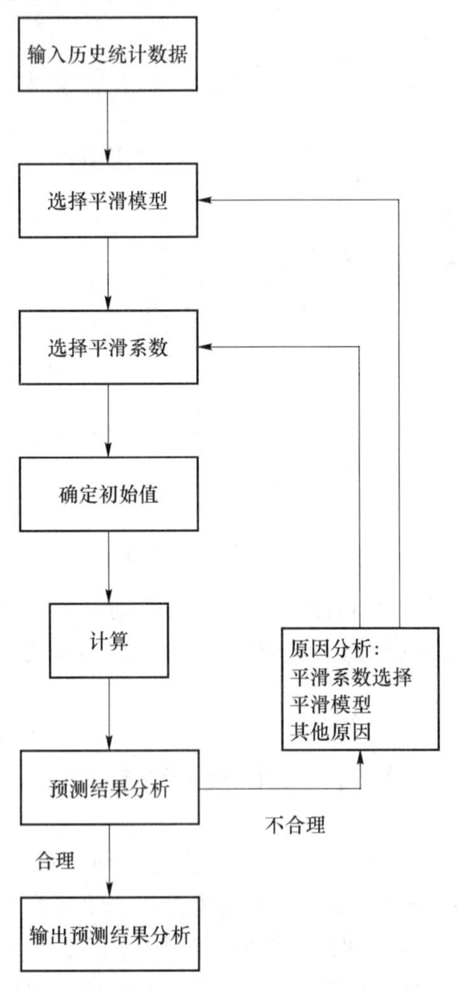

图 8-10　指数平滑法工作流程图

例 8.4　某公司 2006—2018 年投资总额(单位:万元)数据如表 8-7 所示。

表 8-7　某公司 2006—2018 年投资总额表

年度	2006	2007	2008	2009	2010	2011	2012	2013	2014	2015	2016	2017	2018
投资总额	309	411	511	768	894	1 050	998	1 191	1 098	1 278	1 440	1 560	1 806

已知该公司的阻尼系数为 0.2，计算 2007—2018 年的预测值，并进一步预测该公司 2019 年的投资总额。

【实验步骤】

(1) 按列录入表数据，预设 $1-\alpha=0.2$，那么 α 的值就是 0.8，因此在单元格 D1 中输入"=1-B1"，如图 8-11 所示。

D1　=1-B1

	A	B	C	D
1	1-a	0.2	a	0.8
2				
3	t	年度	投资总额	预测值
4	1	2006	309	
5	2	2007	411	
6	3	2008	511	
7	4	2009	768	
8	5	2010	894	
9	6	2011	1050	
10	7	2012	998	
11	8	2013	1191	
12	9	2014	1098	
13	10	2015	1278	
14	11	2016	1440	
15	12	2017	1560	
16	13	2018	1806	

图 8-11　预设阻尼系数与平滑系数

(2) 选择“数据”选项卡“分析”组中的“数据分析”选项,单击“指数平滑”命令,如图 8-12 所示。

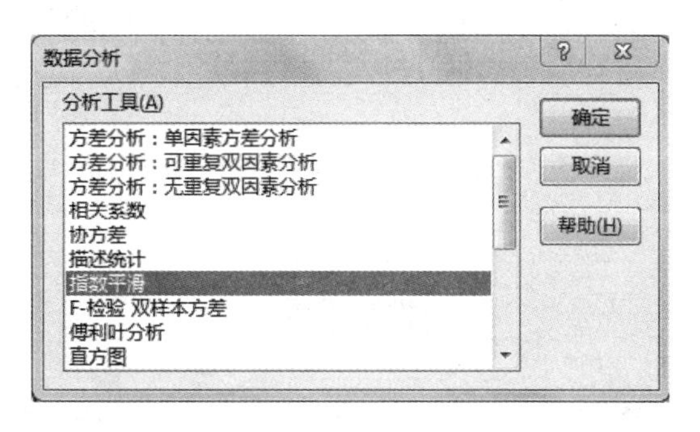

图 8-12　单击指数平滑命令

(3) 设置指数平滑参数,如图 8-13 所示。

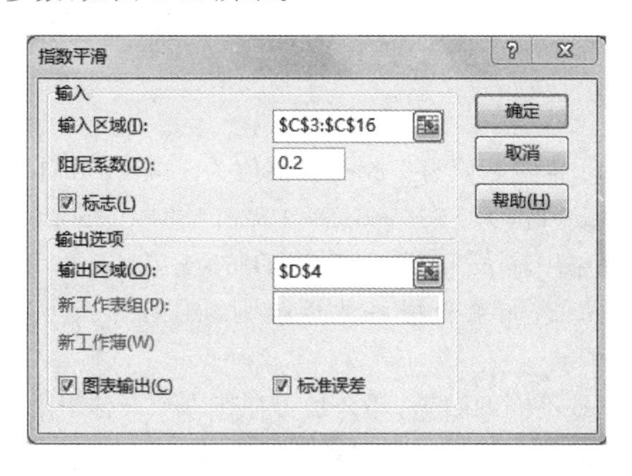

图 8-13　设置指数平滑参数

- 输入区域:$C$3:$C$16,即数据的所在区域;
- 阻尼系数:0.2,根据实际数字填写。
- 标志:√。如果输入区域包括标题行,则勾选“标志”复选框;如果输入区域不包括标题行，则保持“标志”前的复选框空白。

- 输出区域：$D$4，输出区域可以任意单击。
- 图表输出：√；
- 标准误差：√。

【实验结果】

2006—2018 年的预测值及误差如图 8-14 所示。

	A	B	C	D	E
1	1-a	0.2	a	0.8	
2					
3	t	年度	投资总额	预测	误差
4	1	2006	309	#N/A	#N/A
5	2	2007	411	309	#N/A
6	3	2008	511	390.6	#N/A
7	4	2009	768	486.92	#N/A
8	5	2010	894	711.784	186.1058
9	6	2011	1050	857.5568	205.5114
10	7	2012	998	1011.511	223.0419
11	8	2013	1191	1000.702	153.2097
12	9	2014	1098	1152.94	156.4504
13	10	2015	1278	1108.988	114.6215
14	11	2016	1440	1244.198	150.3293
15	12	2017	1560	1400.84	152.6675
16	13	2018	1806	1528.168	175.3431

图 8-14　指数平滑法预测值及误差

指数平滑实际值与预测值如图 8-15 所示。

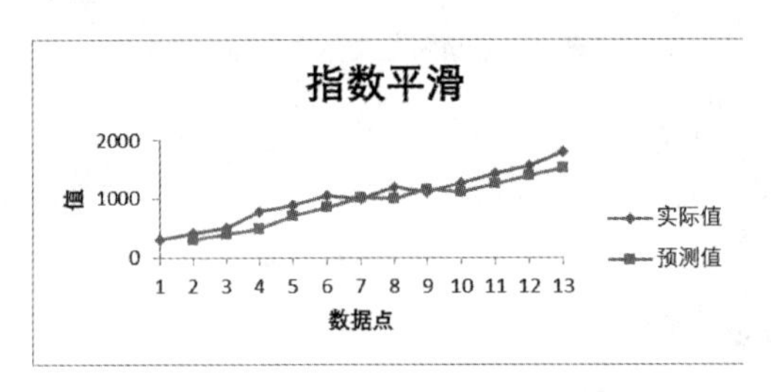

图 8-15　指数平滑图

【结论】

由上述分析可知，2018 年实际值为 1 806，预测值为 1 528.168，因此 2019 年预测值为

$$Y_{t+1}^{*}=0.8\times1\,806+0.2\times1\,528.168=1\,750.434$$

本例中可在指定单元格中输入“=C16 * D1+D16 * B1”。

本例中，阻尼系数为 0.2，如果阻尼系数更改为 0.15，那么可以得到一个新的预测值 1765.767，如图 8-16 所示。

不同的阻尼系数会导致不同的结果，那么是否存在一个最佳阻尼系数，帮助我们找到最优化的预测结果呢？下面我们将介绍最佳阻尼系数的求解。

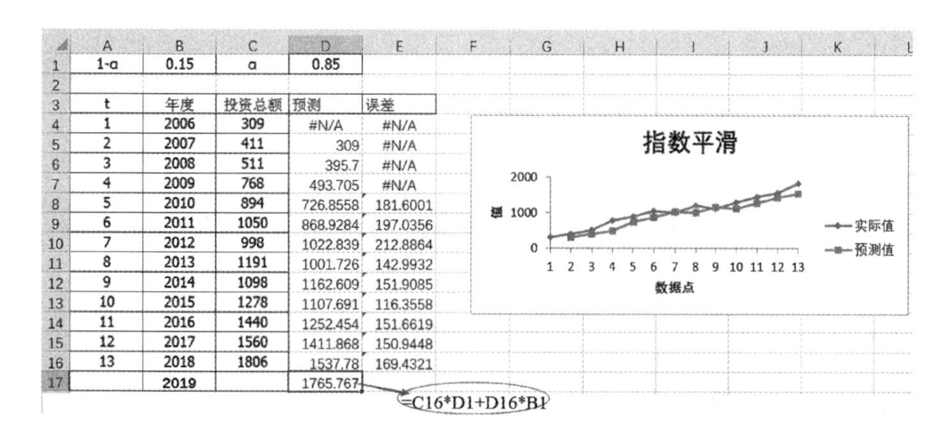

	A	B	C	D	E
1	1-α	0.15	α	0.85	
2					
3	t	年度	投资总额	预测	误差
4	1	2006	309	#N/A	#N/A
5	2	2007	411	309	#N/A
6	3	2008	511	395.7	#N/A
7	4	2009	768	493.705	#N/A
8	5	2010	894	726.8558	181.6001
9	6	2011	1050	868.9284	197.0356
10	7	2012	998	1022.839	212.8864
11	8	2013	1191	1001.726	142.9932
12	9	2014	1098	1162.609	151.9085
13	10	2015	1278	1107.691	116.3558
14	11	2016	1440	1252.454	151.6619
15	12	2017	1560	1411.868	150.9448
16	13	2018	1806	1537.78	169.4321
17		2019		1765.767	

图 8-16　阻尼系数为 0.15 条件下的指数平滑结果

8.5　最佳阻尼系数

在指数平滑法中，平滑系数越大反应越快，预测不稳定，平滑系数较小将导致预测值的滞后。但是根据给定时间序列的真实值，存在一个最佳的阻尼系数，使得已有数据的真实值和预测值的误差最小，因此在指数平滑时，首先根据时间序列数据，确定最佳阻尼系数，然后进行指数平滑的预测。最佳的阻尼系数使得已有数据的真实值和预测值的误差最小。通常满足预测误差的平方和 S^2 最小，或满足 S 最小来计算最佳阻尼系数。

$$S^2=\frac{1}{N-1}\sum_{i=1}^{N}(Y_i-\overline{Y})^2=\frac{1}{N-1}\sum_{i=1}^{N}(Y_i-\hat{Y}_i)^2+\frac{1}{N-1}\sum_{i=1}^{N}(\hat{Y}_i-\overline{Y})^2$$

式中：Y_i 表示第 i 期的真实值；$\hat{Y}_i$ 表示第 i 期的预测值；$\overline{Y}$ 表示期望，也就是平均值。

为了快速求出误差平方和的最小值，需要用到 Excel 提供的规划求解工具。加载宏规划求解工具如图 8-17 所示。

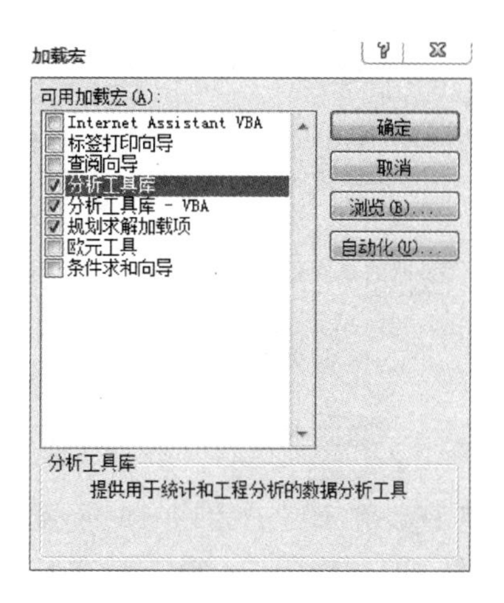

图 8-17　加载宏规划求解工具

例 8.5　某公司 2006—2018 年投资总额(单位：万元)数据如表 8-7 所示。

试确定采用指数平滑法时应选用的最佳阻尼系数，并预测该公司 2019 年的投资总额。

【实验步骤】

(1) 按列录入工作表数据,预设 $1-\alpha=0.2$,那么 α 的值就是 0.8,因此在单元格 D1 中输入“=1-B1”。计算投资总额的平均值,即在单元格 C18 中输入“=AVERAGE(C3:C15)”,如图 8-18 所示。

	A	B	C	D	E
1	1-α	0.2	α	0.8	
2	t	年度	投资总额	预测值	S^2
3	1	2006	309		
4	2	2007	411		
5	3	2008	511		
6	4	2009	768		
7	5	2010	894		
8	6	2011	1050		
9	7	2012	998		
10	8	2013	1191		
11	9	2014	1098		
12	10	2015	1278		
13	11	2016	1440		
14	12	2017	1560		
15	13	2018	1806		
16	14	2019			
17					
18		平均值	1024.1538	总误差	

=1-B1

=AVERAGE(C3:C15)

图 8-18 预设阻尼系数 & 计算总体平均值

(2) 第 1 期和第 2 期的预测值都是第 1 期的实际投资总额,在单元格 D3 和 D4 中都输入“=C3”。

第 1 期误差 S 的值按照公式与本期的预测值、投资总额及投资总额的平均值有关,在单元格 E3 中输入“=SQRT((D3-C3)^2+(D3-$C$18)^2)”。

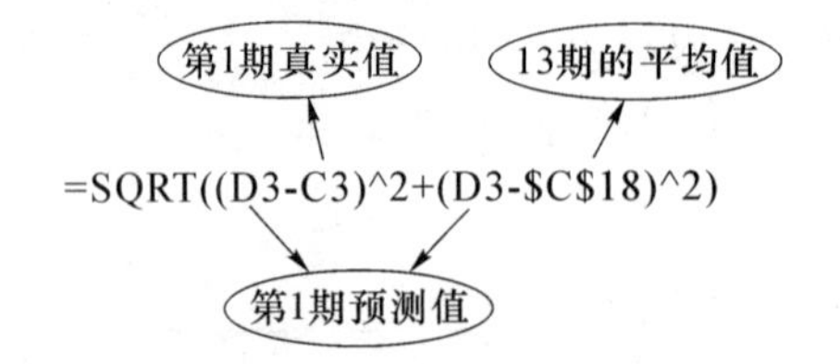

第 2 期的预测值与第 1 期的预测值以及第一期的实际值有关,在单元格 D4 中输入“=C3*$D$1+D3*$B$1”。

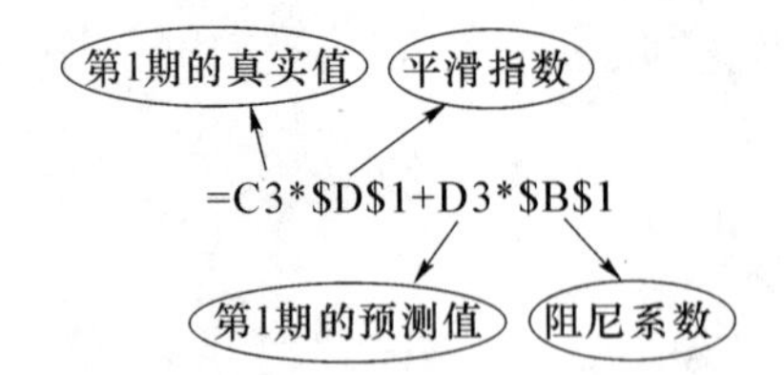

分别向下复制公式至单元格 D15 和 E15,如图 8-19 所示。最后计算总误差平方和,总误差是每期误差平方的和,在单元格 E18 中输入“=SUM(E3:E15)”。

(3) 求误差平方和的最小值。选择“数据”选项卡“分析”组“规划求解”命令,填写规划求解对话框的参数,如图 8-20 所示。

- 设置目标:$E$18,也就是总误差平方和所在单元格。
- 单击“最小值”单选按钮。

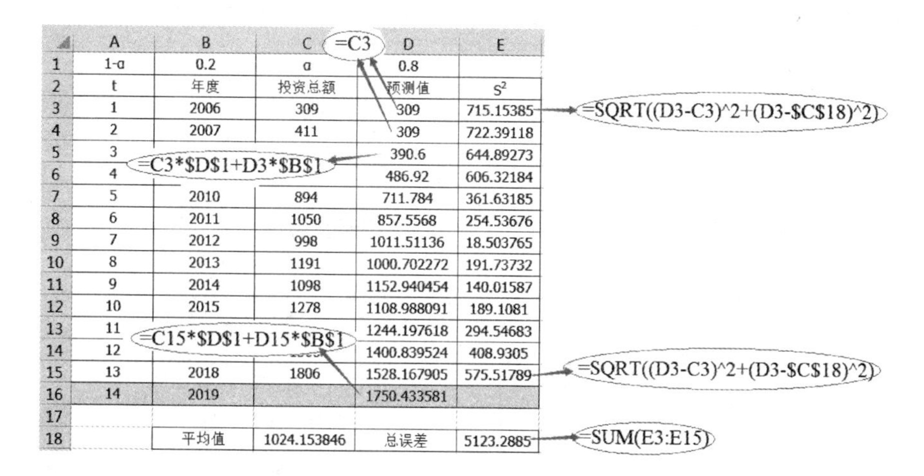

	A	B	C	D	E
1	1-α	0.2	α	0.8	
2	t	年度	投资总额	预测值	S^2
3	1	2006	309	309	715.15385
4	2	2007	411	309	722.39118
5	3	[illegible]	[illegible]	390.6	644.89273
6	4	[illegible]	[illegible]	486.92	606.32184
7	5	2010	894	711.784	361.63185
8	6	2011	1050	857.5568	254.53676
9	7	2012	998	1011.51136	18.503765
10	8	2013	1191	1000.702272	191.73732
11	9	2014	1098	1152.940454	140.01587
12	10	2015	1278	1108.988091	189.1081
13	11	[illegible]	[illegible]	1244.197618	294.54683
14	12	[illegible]	[illegible]	1400.839524	408.9305
15	13	2018	1806	1528.167905	575.51789
16	14	2019		1750.433581	
17					
18		平均值	1024.153846	总误差	5123.2885

图 8-19　计算预测值及误差

- 添加阻尼系数大于等于 0 小于等于 1 的约束条件，在约束条件对话框的右端单击“添加”按钮，在添加约束对话框，添加两个条件，如图 8-21 所示。
  - ◇ $B$1<=1；
  - ◇ $B$1>=0。

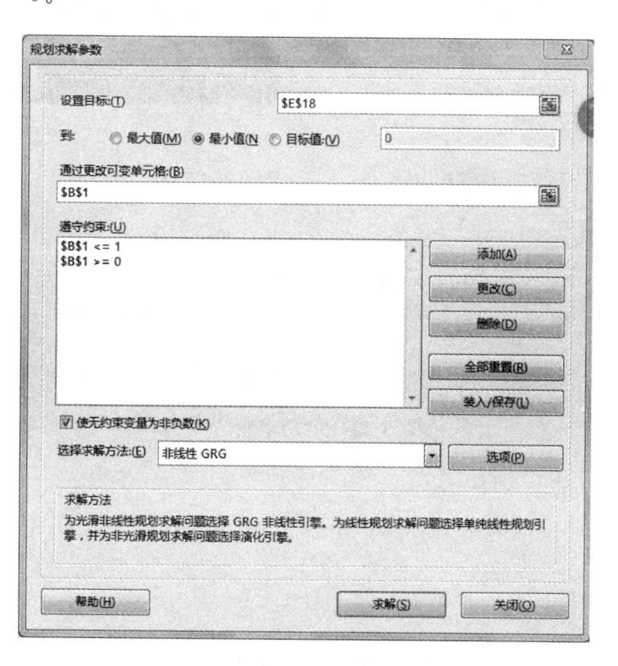

图 8-20　规划求解参数设置

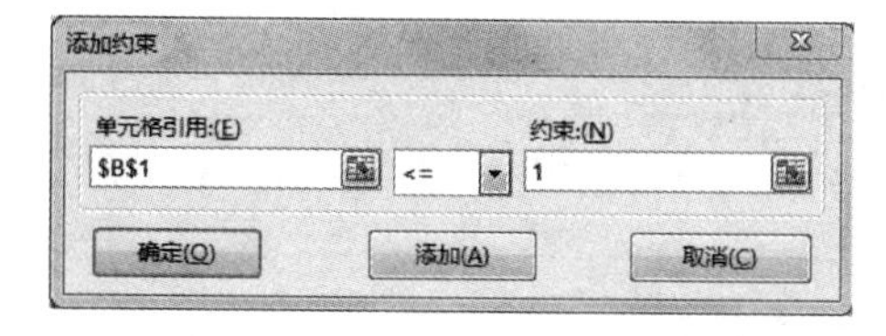

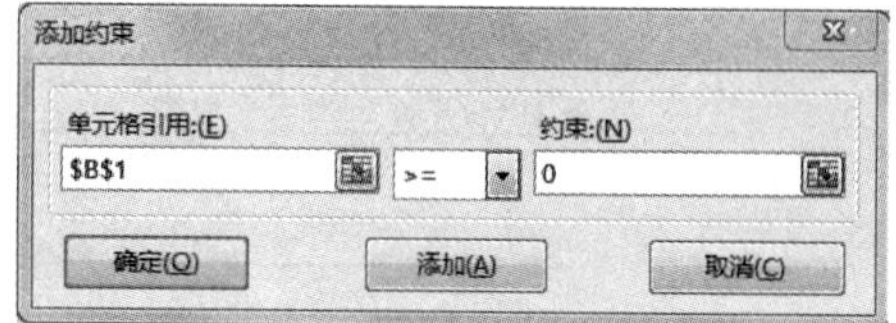

图 8-21　添加约束条件

• 单击“求解”按钮，最优化的结果如图 8-22 和图 8-23 所示，最佳阻尼系数为 0.017 4。

	A	B	C	D	E
1	1-α	0.017386876	α	0.982613124	
2	t	年度	投资总额	预测值	S^2
3	1	2006	309	309	715.15385
4	2	2007	411	309	722.39118
5	3	2008	511	409.2265387	623.29241
6	4	2009	768	509.2304775	576.2879
7	5	2010	894	763.5008064	291.49622
8	6	2011	1050	891.7310267	206.36102
9	7	2012	998	1047.248197	54.394246
10	8	2013	1191	998.8562723	193.80191
11	9	2014	1098	1187.659221	186.47462
12	10	2015	1278	1099.558894	193.71925
13	11	2016	1440	1274.897467	300.2186
14	12	2017	1560	1437.129383	430.86655
15	13	2018	1806	1557.863664	588.57269
16	14	2019		1801.685684	
17					
18		平均值	1024.153846	总误差	5083.0304

图 8-22　规划求解最优解

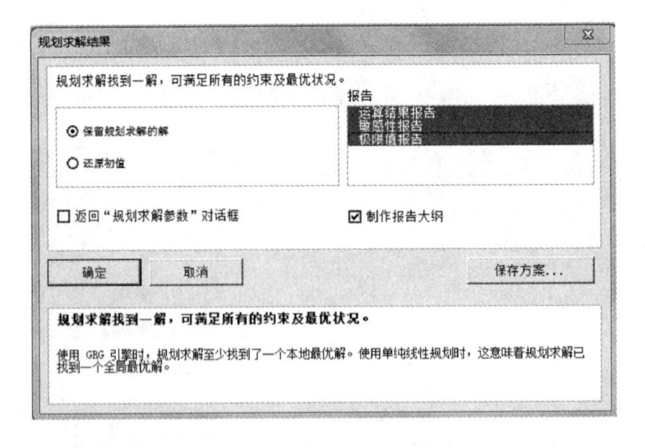

图 8-23　规划求解方案

运算结果报告如图 8-24 所示。

结果：规划求解找到一解，可满足所有的约束及最优状况。
规划求解引擎
　引擎：非线性 GRG
　求解时间：.031 秒。
　迭代次数：3 子问题：0
规划求解选项
　最大时间 无限制，迭代 无限制，Precision .000001，使用自动缩放
　收敛 .0001，总体大小 100，随机种子 0，向前派生，需要界限
　最大子问题数目 无限制，最大整数解数目 无限制，整数允许误差 1%，假设为非负数

目标单元格（最小值）

单元格	名称	初值	终值
$E$18	总误差 S2	5123.288491	5083.03045

可变单元格

单元格	名称	初值	终值	整数
$B$1	1-α	0.2	0.017386876	约束

图 8-24　规划求解运算结果报告

敏感性报告如图 8-25 所示。

可变单元格

单元格	名称	终值	递减梯度
$B$1	1-α	0.017386876	0

约束
无

图 8-25　规划求解敏感性报告

极限值报告如图 8-26 所示。

单元格	目标式名称	值
$E$18	总误差	##

单元格	变量名称	值	下限极限	目标式结果	上限极限	目标式结果
$B$1	1-α	0	0	5083.3	1	13820

图 8-26　规划求解极限值报告

【结论】由规划求解我们计算出最佳阻尼系数为 0.017 4，那么 2019 年该公司投资总额的预测值为 1 801.69。

8.6　时间序列分析在股票软件中的应用

在股票软件中，最常见的是利用股价、回报或交易量等变量计算出移动平均。移动平均可抚平短期波动，反映出长期趋势或周期。

8.6.1　MA 指标

在股票软件中 MA(Moving Average)指标就是简单移动平均，由于股票软件中将其制作成线形，所以一般称为移动平均线，简称均线。MA 是将某一段时间的收盘价除以该周期。比如日线 MA5 指 5 天内的收盘价除以 5。移动平均线常用线有 5 天、10 天、30 天、60 天、120 天和 240 天的指标，如图 8-27 所示。其中，5 天和 10 天的短期移动平均线是短线操作的参照指标，称作日均线指标；30 天和 60 天的是中期均线指标，称作季均线指标；120 天、240 天的是长期均线指标，称作年均线指标。均线理论是当今应用最普遍的技术指标之一，它帮助交易者确认现有趋势、判断将出现的趋势、发现即将反转的趋势，如图 8-28 所示。

举例说明：某股连续十个交易日收盘价(单位：元)分别为

8.15，8.07，8.84，8.10，8.40，9.10，9.20，9.10，8.95，8.70

以 5 天短期均线为例：

$$\text{第 5 天均值}=\frac{8.15+8.07+8.84+8.10+8.40}{5}=8.31\text{ 元}$$

$$\text{第 6 天均值}=\frac{8.07+8.84+8.10+8.40+9.10}{5}=8.50\text{ 元}$$

$$\text{第 7 天均值}=\frac{8.84+8.10+8.40+9.10+9.20}{5}=8.73\text{ 元}$$

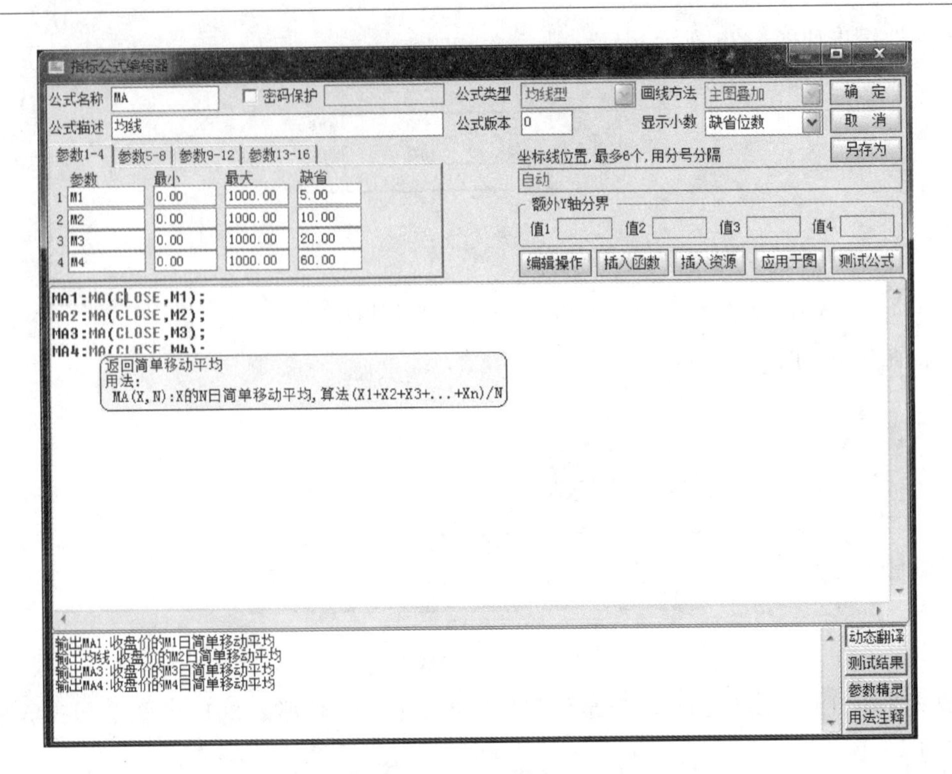

图 8-27 MA 指标公式编辑器

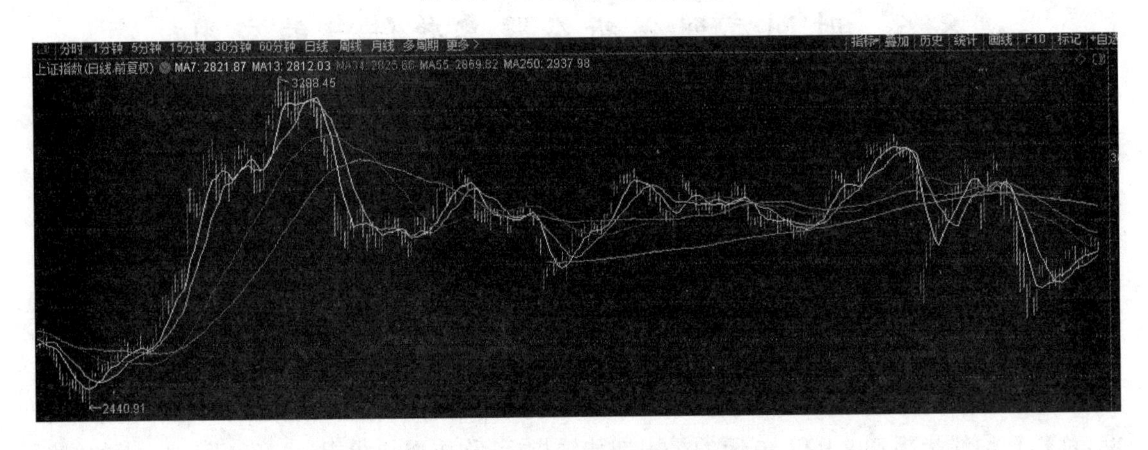

图 8-28 2020 年 4 月上证指数 MA 线

$$第\ 8\ 天均值=\frac{8.10+8.40+9.10+9.20+9.10}{5}=8.78\ 元$$

$$第\ 9\ 天均值=\frac{8.40+9.10+9.20+9.10+8.95}{5}=8.95\ 元$$

$$第\ 10\ 天均值=\frac{9.10+9.20+9.10+8.95+8.70}{5}=9.01\ 元$$

8.6.2 MACD 指标

股票软件里,一个更常用的指标 MACD 则采用加权平均的算法,如图 8-29 所示。加权的原因是基于移动平均线中收盘价对未来价格波动的影响最大,因此赋予较大的权值。

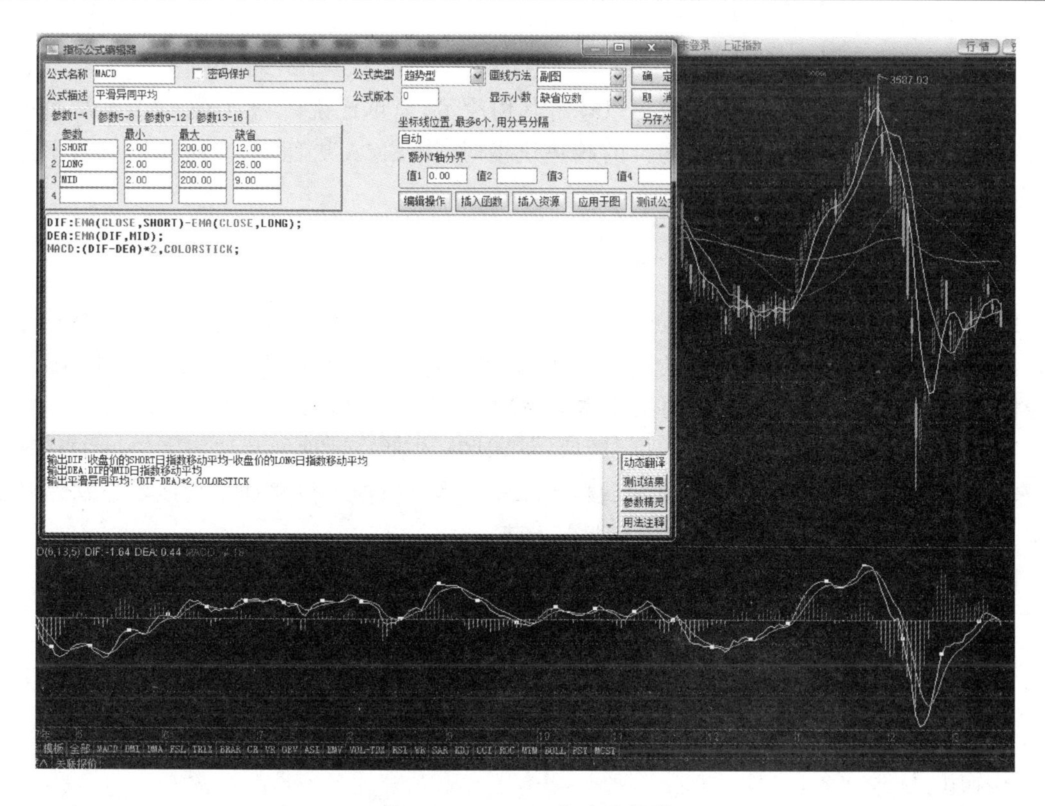

图 8-29　MACD 公式编辑器

以 MACD(12,26,9)为例来看 MACD 的计算过程,即 EMA1 的参数为 12 日,EMA2 的参数为 26 日,DIF 的参数为 9 日。

MACD 指标中的 EMA(Exponential Moving Average)是一种趋向类指标,也就是以指数式递减加权的移动平均。在 EMA 中,每天价格的权重系数以指数等比形式缩小。时间越靠近当今时刻,它的权重越大,说明 EMA(指数平均数指标)函数对近期的价格加强了权重比,更能及时反映近期价格波动情况。

EMA 的公式为

$$\text{EMA}=\alpha \cdot \text{Price}+(1-\alpha)\cdot \text{EMA}$$

其中,α 为平滑指数,一般取作$\frac{2}{n+1}$。

从该式中可以更清楚地看出 EMA 加权平均的特性。

① 计算移动平均值(EMA)。

12 日 EMA 的算式为

$$\text{EMA(12)}=\text{前一日 EMA(12)}\times\frac{11}{13}+\text{今日收盘价}\times\frac{2}{13}$$

26 日 EMA 的算式为

$$\text{EMA(26)}=\text{前一日 EMA(26)}\times\frac{25}{27}+\text{今日收盘价}\times\frac{2}{27}$$

② 计算离差值(DIF):

$$\text{DIF}=\text{今日 EMA(12)}-\text{今日 EMA(26)}$$

③ 计算 DIF 的 9 日 EMA,即离差平均值,也就是所求的 MACD 值。

$$今日DEA(MACD)=前一日DEA\times\frac{8}{10}+今日DIF\times\frac{2}{10}$$

理解了 MA、EMA 的含义后，就可以理解其用途了，简单地说，当要比较数值与均价的关系时，用 MA 就可以了，而要比较均价的趋势快慢时，用 EMA 更稳定；有时在均价值不重要时，也用 EMA 来平滑和美观曲线。

8.6.3 KDJ 指标

KDJ 指标全名为随机指标(Stochastics)，由美国的乔治・莱恩博士所创。KDJ 指标综合动量观念、强弱指标及移动平均线的优点，是欧美证券期货市场常用的一种技术分析工具。随机指标 KDJ 一般是用于股票分析的统计体系，根据统计学原理，通过一个特定的周期(常为 9 日、9 周等)内出现过的最高价、最低价、最后一个计算周期的收盘价及这三者之间的比例关系，来计算最后一个计算周期的未成熟随机值 RSV，然后根据平滑移动平均线的方法来计算 K 值、D 值与 J 值，并绘成曲线图来研判股票走势。

KDJ 指标的公式如下。

- RSV：$=\frac{CLOSE-LLV(LOW,N)}{HHV(HIGH,N)-LLV(LOW,N)}\times 100$
- 输出 K：SMA(RSV,M1,1)；
- 输出 D：SMA(K,M2,1)；
- 输出 J：3×K－2×D。

KDJ 指标公式解释：

- RSV 赋值：(收盘价－N 日内最低价的最低值) ÷ (N 日内最高价的最高值－N 日内最低价的最低值) ×100。
- 输出 K：RSV 的 M1 日[1 日权重]移动平均。
- 输出 D：K 的 M2 日[1 日权重]移动平均。
- 输出 J：$3\times K-2\times D$。

随机指标 KDJ 是以最高价、最低价及收盘价为基本数据进行计算，得出的 K 值、D 值和 J 值分别在指标的坐标上形成的一个点，连接无数个这样的点位，就形成一个完整的、能反映价格波动趋势的 KDJ 指标。它主要是利用价格波动的真实波幅来反映价格走势的强弱和超买超卖现象，在价格尚未上升或下降之前发出买卖信号的一种技术工具。它在设计过程中主要是研究最高价、最低价和收盘价之间的关系，同时也融合了动量观念、强弱指标和移动平均线的一些优点，因此，能够比较迅速、快捷、直观地研判行情。

随机指标 KDJ 最早是以 KD 指标的形式出现，而 KD 指标是在威廉指标的基础上发展起来的。不过威廉指标只判断股票的超买超卖现象，在 KDJ 指标中则融合了移动平均线速度上的观念，形成比较准确的买卖信号依据。在实践中，K 线与 D 线配合 J 线组成 KDJ 指标来使用。由于 KDJ 线本质上是一个随机波动的观念，故其对于掌握中短期行情走势比较准确。

8.7 综合实验

【实验 8.1】某品牌饮料 30 天销量(单位：万瓶)数据如下：

1 023，1 044，1 086，1 099，1 183，1 213，1 239，1 278，1 281，1 326，1 396，1 412，

1 436，1 389，1 533，1 566，1 498，1 593，1 620，1 522，1 650，1 699，1 750，1 691，1 796，1 840，1 789，1 847，1 933，1 942

（1）绘制 30 天饮料销售数据折线图。

（2）在 0.05 的显著性水平下，利用回归分析预测第 31 天饮料销量数量，并绘制观测值和预测值的折线图。

（3）分别用 $k=3$ 和 $k=5$ 的历史移动平均法预测第 31 天饮料销售数量，并绘制观测值和预测值的折线图。

（4）设平滑系数 $\alpha=0.7$，试用指数平滑法预测第 31 天饮料销售数据，并绘制观测值和预测值折线图。

（5）求出最佳阻尼系数，预测第 31 天饮料销售数据，并绘制观测值和预测值折线图。

【实验步骤】

按列录入数据，如图 8-30 所示。

	A	B	C	D
1	1-α		α	
2	日期	销售数据	预测值	误差
3	1	1023		
4	2	1044		
5	3	1086		
6	4	1099		
7	5	1183		
8	6	1213		
9	7	1239		
10	8	1278		
11	9	1281		
12	10	1326		
13	11	1396		
14	12	1412		
15	13	1436		
16	14	1389		

	A	B	C
18	16	1566	
19	17	1498	
20	18	1593	
21	19	1620	
22	20	1522	
23	21	1650	
24	22	1699	
25	23	1750	
26	24	1691	
27	25	1796	
28	26	1840	
29	27	1789	
30	28	1847	
31	29	1933	
32	30	1942	
33	31		

图 8-30　录入实验数据

（1）绘制 30 天饮料销售数据折线图。

选中区域 B3:B32，选择“插入”选项卡“图表”组“二维折线图”命令，如图 8-31 所示。

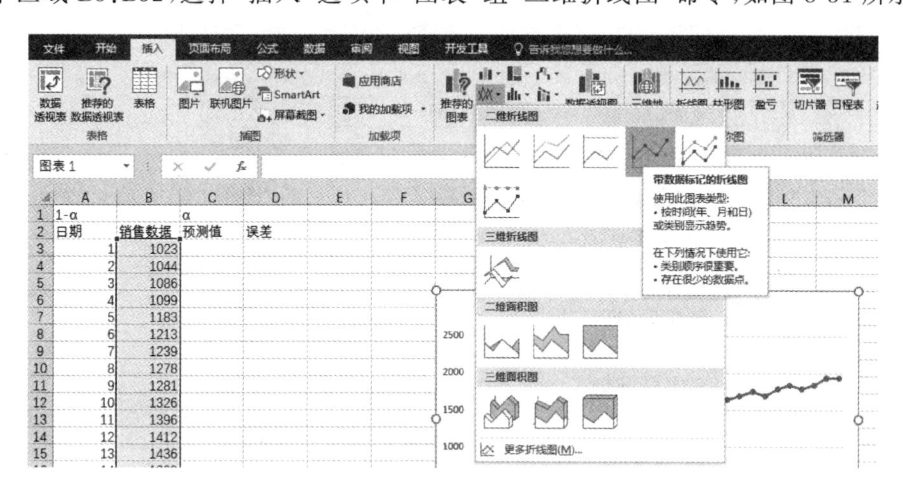

图 8-31　绘制二维折线图

30 天饮料销售数据折线图如图 8-32 所示。

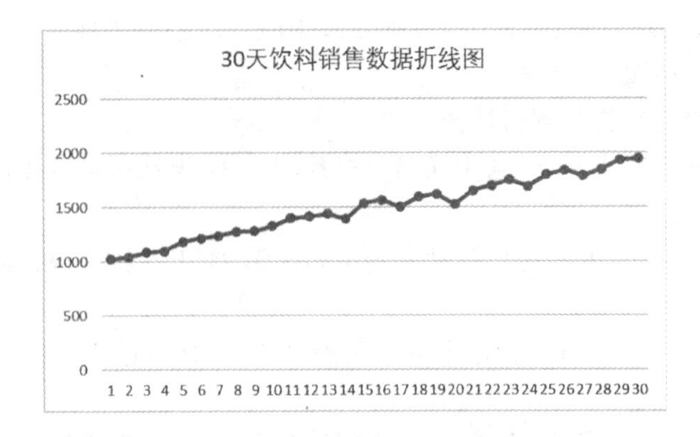

图 8-32　30 天饮料销售数据折线图

(2) 在 0.05 的显著性水平下,利用回归分析预测第 31 天饮料销量数量,并绘制观测值和预测值的折线图。选择“数据”选项卡“分析”组“数据分析”命令,在“数据分析”对话框中单击“回归”命令,如图 8-33 所示。

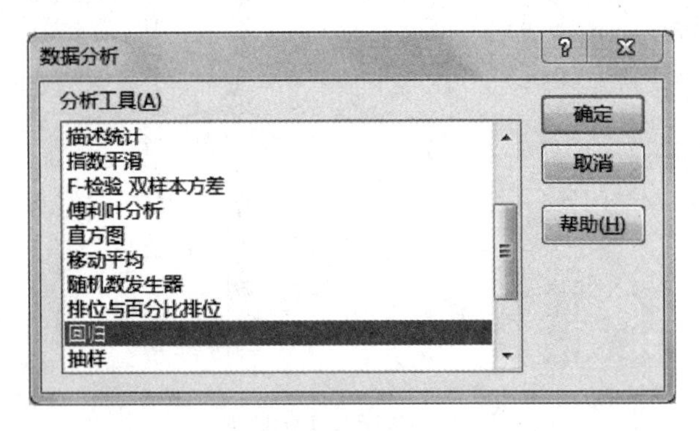

图 8-33　单击回归工具

设置回归参数如图 8-34 所示。

图 8-34　设置回归参数

- Y 值输入区域：$B$2：$B$32。
- X 值输入区域：$A$2：$A$32。
- 标志：√。
- 置信度：√。
- 输出区域：$F$3。
- 线性拟合图：√。
- 正态分布概率图：√。

回归分析结果如图 8-35 所示。

SUMMARY OUTPUT								
回归统计								
Multiple R	0.990275							
R Square	0.980645							
Adjusted R	0.979954							
标准误差	38.61952							
观测值	30							
方差分析								
	df	SS	MS	F	ignificance F			
回归分析	1	2115898	2115898	1418.669	1.56E-25			
残差	28	41761.09	1491.468					
总计	29	2157659						
	Coefficients	标准误差	t Stat	P-value	Lower95%	Upper95%	下限 95.0%	上限 95.0%
Intercept	1013.547	14.46196	70.08366	5.3E-33	983.9231	1043.171	983.9231	1043.171
日期	30.68298	0.814624	37.66522	1.56E-25	29.0143	32.35166	29.0143	32.35166

图 8-35　回归分析结果

方差分析中的 Significance F 值为 1.56×10^{-25} 远远小于 0.05，因此自变量对因变量的影响显著。

回归方程为

$$y=30.683x+1\,013.547$$

常数对应的 P-value 值为 5.3×10^{-33}，变量 x 对应的 P-value 值为 1.56×10^{-25}，都远小于 0.05，因此常数与变量 x 对因变量 y 影响显著。

由回归方程，第 31 天的销量值为

$$y=30.683\times31+1\,013.547=1\,964.72$$

线性拟合图如图 8-36 所示。

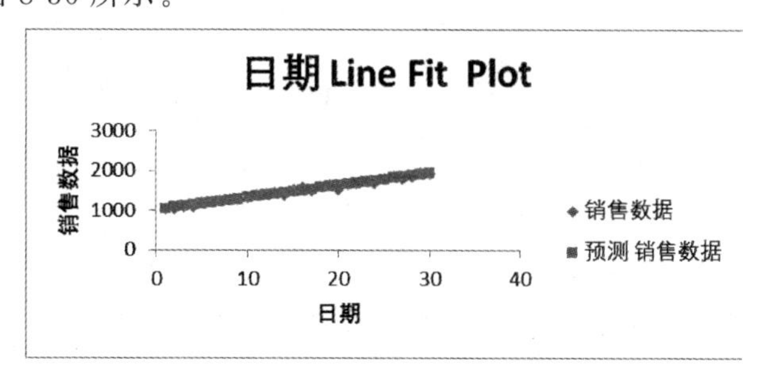

图 8-36　线性拟合图

(3) 分别用 $k=3$ 和 $k=5$ 的历史移动平均法预测第 31 天饮料销售数量,并绘制观测值和预测值的折线图。选择“数据”选项卡“分析”组“数据分析”中的“移动平均工具”。

① 设置 $k=3$ 时的移动平均工具参数,如图 8-37 所示。

- 输入区域:$B$2:$B$32。
- 标志位于第一行:√。
- 输出区域:$C$3。
- 图表输出:√。

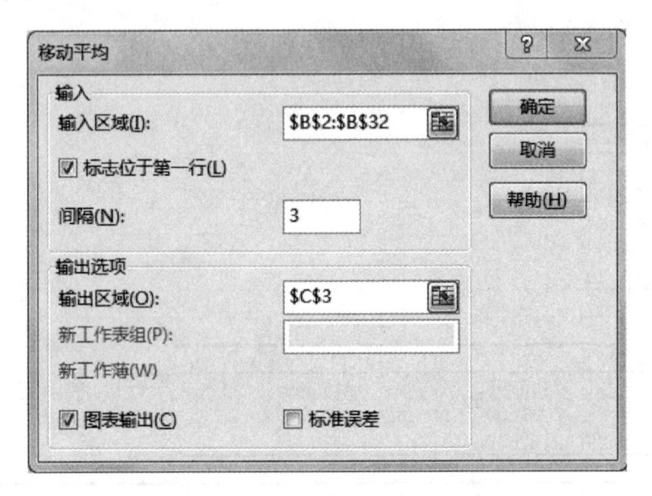

图 8-37 设置 $k=3$ 时移动平均参数

$k=3$ 时的移动平均结果如图 8-38 所示。

	A	B	C
1	1-α		α
2	日期	销售数据	k=3
3	1	1023	#N/A
4	2	1044	#N/A
5	3	1086	1051
6	4	1099	1076.333
7	5	1183	1122.667
8	6	1213	1165
9	7	1239	1211.667
10	8	1278	1243.333
11	9	1281	1266
12	10	1326	1295
13	11	1396	1334.333
14	12	1412	1378
15	13	1436	1414.667
16	14	1389	1412.333
17	15	1533	1452.667
18	16	1566	1496

	A	B	C
1	1-α		α
2	日期	销售数据	k=3
17	15	1533	1452.667
18	16	1566	1496
19	17	1498	1532.333
20	18	1593	1552.333
21	19	1620	1570.333
22	20	1522	1578.333
23	21	1650	1597.333
24	22	1699	1623.667
25	23	1750	1699.667
26	24	1691	1713.333
27	25	1796	1745.667
28	26	1840	1775.667
29	27	1789	1808.333
30	28	1847	1825.333
31	29	1933	1856.333
32	30	1942	1907.333
33	31		

图 8-38 $k=3$ 时的移动平均结果

$k=3$ 时预测值的折线图如图 8-39 所示。

因此在 $k=3$ 的条件下,预测第 31 个月的销售数值为 1 907.333。

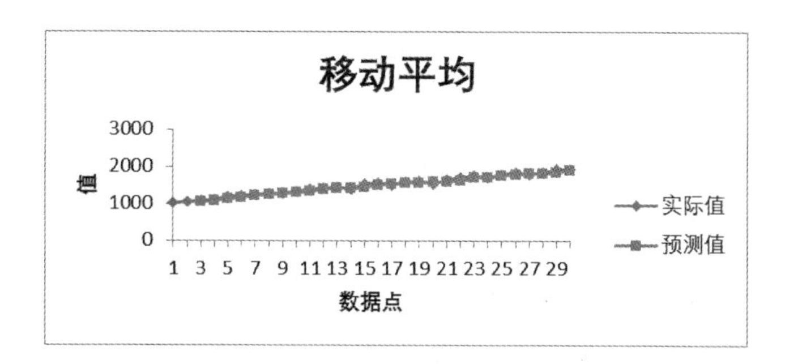

图 8-39　$k=3$ 时预测值的折线图

② 设置 $k=5$ 时的移动平均工具参数，设置间隔为 5，如图 8-40 所示。

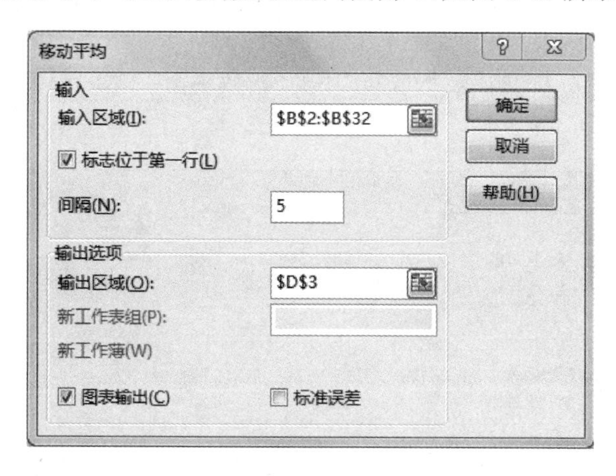

图 8-40　设置 $k=5$ 时移动平均参数

$k=5$ 时的移动平均结果如图 8-41 所示。

	A	B	C	D
2	日期	销售数据	k=3	k=5
3	1	1023	#N/A	#N/A
4	2	1044	#N/A	#N/A
5	3	1086	1051	#N/A
6	4	1099	1076.333	#N/A
7	5	1183	1122.667	1087
8	6	1213	1165	1125
9	7	1239	1211.667	1164
10	8	1278	1243.333	1202.4
11	9	1281	1266	1238.8
12	10	1326	1295	1267.4
13	11	1396	1334.333	1304
14	12	1412	1378	1338.6
15	13	1436	1414.667	1370.2
16	14	1389	1412.333	1391.8
17	15	1533	1452.667	1433.2
18	16	1566	1496	1467.2
19	17	1498	1532.333	1484.4

	A	B	C	D
1	1-α		α	
2	日期	销售数据	k=3	k=5
18	16	1566	1496	1467.2
19	17	1498	1532.333	1484.4
20	18	1593	1552.333	1515.8
21	19	1620	1570.333	1562
22	20	1522	1578.333	1559.8
23	21	1650	1597.333	1576.6
24	22	1699	1623.667	1616.8
25	23	1750	1699.667	1648.2
26	24	1691	1713.333	1662.4
27	25	1796	1745.667	1717.2
28	26	1840	1775.667	1755.2
29	27	1789	1808.333	1773.2
30	28	1847	1825.333	1792.6
31	29	1933	1856.333	1841
32	30	1942	1907.333	1870.2
33	31			

图 8-41　$k=5$ 时预测值的折线图

$k=5$ 时预测值的折线图如图 8-42 所示。

因此在 $k=5$ 的条件下，预测第 31 个月的销售数值为 1 870.2。

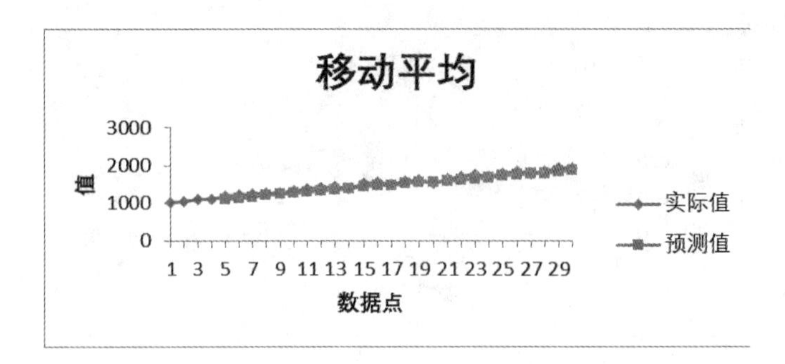

图 8-42　$k=5$ 时预测值的折线图

(4) 设平滑系数 $\alpha=0.7$，试用指数平滑法预测第 31 天饮料销售数据，并绘制观测值和预测值折线图。

选择“数据”选项卡“分析”组“数据分析”中的“指数平滑”工具，设置“指数平滑”参数，如图 8-43 所示。

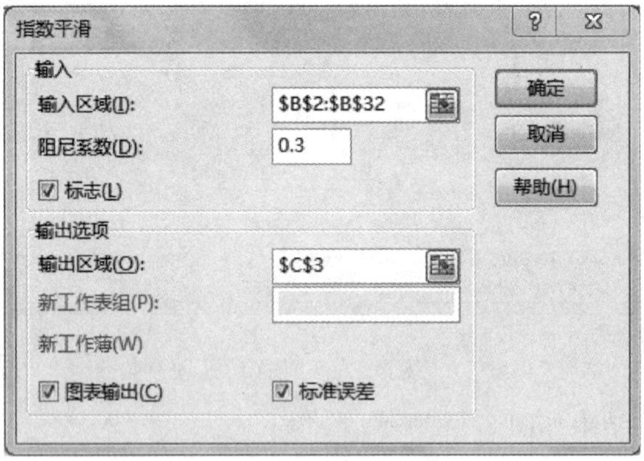

指数平滑
输入
输入区域(I): $B$2:$B$32
阻尼系数(D): 0.3
标志(L)
确定
取消
帮助(H)
输出选项
输出区域(O): $C$3
新工作表组(P):
新工作薄(W)
图表输出(C)
标准误差

图 8-43　设置指数平滑参数

其中输入区域单击原始数据的实际区域，输出区域单击指定的位置，阻尼系数为 1－0.7＝0.3，指数平滑计算结果如图 8-44 所示。

指数平滑实际值与预测值折线图如图 8-45 所示。

第 30 天的预测值为 1 902.772，因此第 31 天的预测值为

$$Y_{31}=0.7\times 1\,942+0.3\times 1\,902.772=1\,930.232$$

也可以利用 Excel 公式求解“＝B32 * $B$1+C32 * $D$1”进行计算。

(5) 求出最佳阻尼系数，预测第 31 天饮料销售数据，并绘制观测值和预测值折线图。首先设置 α 的初始值 0.7，$1-\alpha$ 的值即为“＝1-B1”，计算 30 天销售数据的平均值，对应公式为“＝AVERAGE(B3:B32)”，如图 8-46 所示。

第 1 天和第 2 天的预测值均为第 1 天的实际销量，预测公式为“＝B3”。

第 3 天的预测值的计算公式为

$$Y_3^*=\alpha Y_2+(1-\alpha)Y_2^*$$

Excel 对应的公式为“＝B4 * $B$1+C4 * $D$1”，向下复制公式至 C32。

因为总误差平方和公式为

	A	B	C	D
1	α	0.7	1-α	0.3
2	日期	销售数据		
3	1	1023	#N/A	#N/A
4	2	1044	1023	#N/A
5	3	1086	1037.7	#N/A
6	4	1099	1071.51	#N/A
7	5	1183	1090.753	34.30058
8	6	1213	1155.326	62.17743
9	7	1239	1195.698	64.78557
10	8	1278	1226.009	67.60398
11	9	1281	1262.403	51.33035
12	10	1326	1275.421	40.51324
13	11	1396	1310.826	43.23246
14	12	1412	1370.448	58.19128
15	13	1436	1399.534	62.01988
16	14	1389	1425.06	58.62562
17	15	1533	1399.818	38.10804

	A	B	C	D
16	14	1389	1425.06	58.62562
17	15	1533	1399.818	38.10804
18	16	1566	1493.045	82.39642
19	17	1498	1544.114	90.11129
20	18	1593	1511.834	91.62652
21	19	1620	1568.65	68.40259
22	20	1522	1604.595	61.51198
23	21	1650	1546.779	73.13606
24	22	1699	1619.034	81.88085
25	23	1750	1675.01	89.20249
26	24	1691	1727.503	86.93445
27	25	1796	1701.951	66.7098
28	26	1840	1767.785	72.57454
29	27	1789	1818.336	71.63023
30	28	1847	1797.801	70.5237
31	29	1933	1832.24	53.21691
32	30	1942	1902.772	66.91708

图 8-44　指数平滑法结果

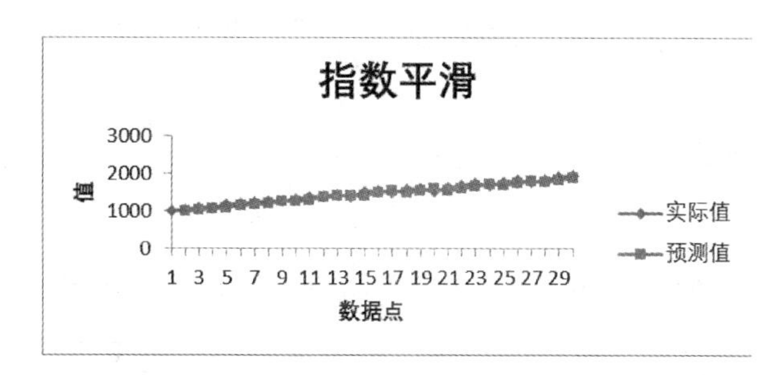

图 8-45　指数平滑预测值折线图

	A	B	C	D	E	F	G
1	α	0.7	1-α	0.3			
2	日期	销售数据	预测值	误差		平均值	1489.133
3	1	1023				总误差	
4	2	1044					

=1-B1

=AVERAGE(B3:B32)

图 8-46　设置平滑系数初始值并计算对应的阻尼系数与平均值

$$S^2=\frac{1}{N-1}\sum_{i=1}^{N}(Y_i-\hat{Y}_i)^2+\frac{1}{N-1}\sum_{i=1}^{N}(\hat{Y}_i-\overline{Y})^2$$

所以第 1 天的误差公式为“＝(B3-C3)^2＋(C3-＄G＄2)^2”，向下复制公式至单元格 D32，计算总误差为 30 天误差的平方和，即“＝SUM(D3:D32)”，如图 8-47 所示。

	A	B	C	D	E	F	G
1	α	0.7	1-α	0.3			
2	日期	销售数据	预测值	误差		平均值	1489.133
3	1	1023	1023	217280.3		总误差	2280217
4	2	1044	1023	217721.3			
5	3	1086	1037.7	206124.9			
6	4	1099	1071.51	175164.9			
7	5	1183	1090.753	167216.4			

=B4*$B$1+C4*$D$1

=SUM(D3:D32)

=(B3-C3)^2+(C3-$G$2)^2

图 8-47　计算预测值、误差及总误差的平方和

选择“数据”选项卡“分析”组中的“规划求解”工具，设置规划求解参数，如图 8-48 所示，设置目标单元格为总误差平方和数值所在单元格，可变单元格为平滑系数所在单元格。

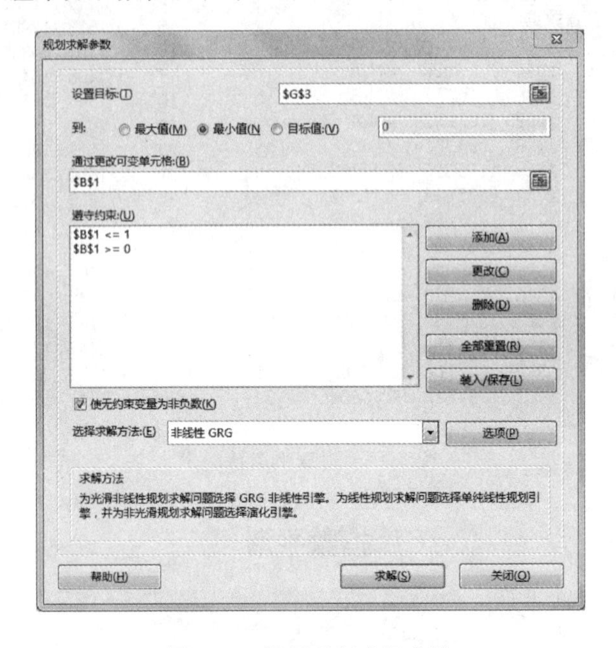

图 8-48 设置规划求解参数

添加约束条件，平滑系数 $0 \leqslant \alpha \leqslant 1$，即对单元格 B1 进行设置，如图 8-49 所示。

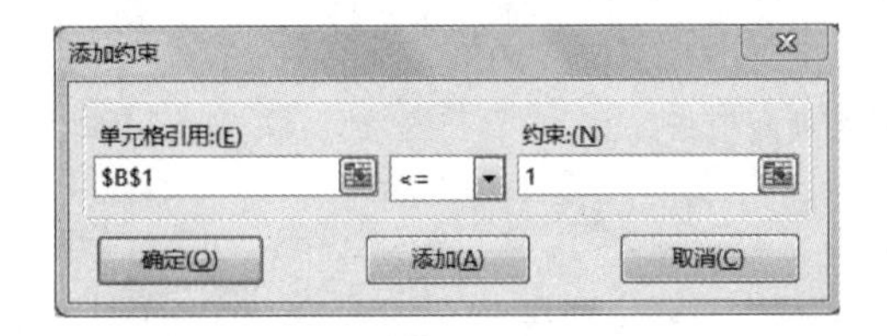

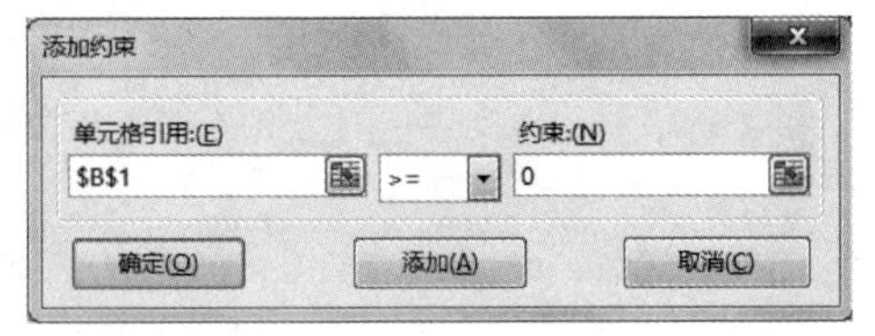

图 8-49 规划求解添加约束条件

规划求解的结果如图 8-50 所示。

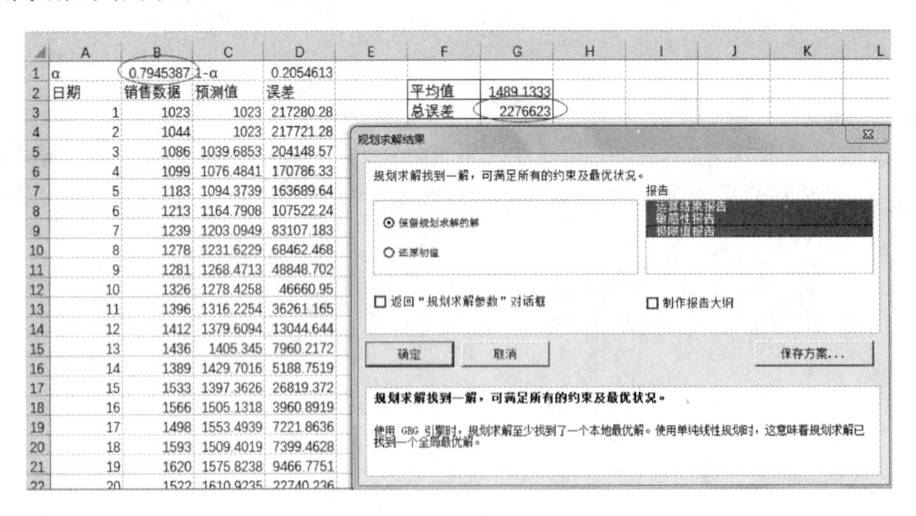

	A	B	C	D	E	F	G
1	α	0.7945387	1-α	0.2054613			
2	日期	销售数据	预测值	误差		平均值	1489.1333
3	1	1023	1023	217280.28		总误差	2276623
4	2	1044	1023	217721.28			
5	3	1086	1039.6853	204148.57			
6	4	1099	1076.4841	170786.33			
7	5	1183	1094.3739	163689.64			
8	6	1213	1164.7908	107522.24			
9	7	1239	1203.0949	83107.183			
10	8	1278	1231.6229	68462.468			
11	9	1281	1268.4713	48848.702			
12	10	1326	1278.4258	46660.95			
13	11	1396	1316.2254	36261.165			
14	12	1412	1379.6094	13044.644			
15	13	1436	1405.345	7960.2172			
16	14	1389	1429.7016	5188.7519			
17	15	1533	1397.3626	26819.372			
18	16	1566	1505.1318	3960.8919			
19	17	1498	1553.4939	7221.8636			
20	18	1593	1509.4019	7399.4628			
21	19	1620	1575.8238	9466.7751			
22	20	1522	1610.9235	22740.236			

图 8-50 规划求解结果

规划求解运算结果报告如图 8-51 所示。

规划求解选项
最大时间 无限制, 迭代 无限制, Precision 0.000001, 使用自动缩放
收敛 0.0001, 总体大小 100, 随机种子 0, 向前派生, 需要界限
最大子问题数目 无限制, 最大整数解数目 无限制, 整数允许误差 1%, 假设为非负数

目标单元格 (最小值)

单元格	名称	初值	终值
$G$3	总误差	2280216.843	2276623.041

可变单元格

单元格	名称	初值	终值	整数
$B$1	α	0.7	0.794538712	约束

约束

单元格	名称	单元格值	公式	状态	型数值
$B$1	α	0.794538712	$B$1<=1	未到限制值	0.205461288
$B$1	α	0.794538712	$B$1>=0	未到限制值	0.794538712

图 8-51　规划求解运算结果报告

敏感性报告如图 8-52 所示。

可变单元格

单元格	名称	终值	递减梯度
$B$1	α	0.794538712	0

约束
无

图 8-52　规划求解敏感性报告

极限值报告如图 8-53 所示。

目标式		
单元格	名称	值
$G$3	总误差	##

变量			下限	目标式	上限	目标式
单元格	名称	值	极限	结果	极限	结果
$B$1	α	1	0	2E+07	1	2E+06

图 8-53　规划求解极限值报告

计算第 31 日的预测销售数量为“=B32 * B1+C32 * D1”,如图 8-54 所示。

因此可以计算出第 31 天的预测值为 1 936.085。

	A	B	C	D	E	F	G
1	α	0.794538712	1-α	0.205461288			
2	日期	销售数据	预测值	误差		平均值	1489.133333
3	1	1023	1023	217280.2844		总误差	2276623.041
28	26	1840	1776.34737	86543.56002			
29	27	1789	1826.921849	115539.1476			
30	28	1847	1796.791472	97174.42649			
31	29	1933	1836.684091	130068.2836			
32	30	1942	1913.210809	180670.5231			
33	31		1936.084936	=B32*B1+C32*D1			

图 8-54　预测第 31 天销量值

由实验 8.1 的表 8-8 可知不同的方法对同样的问题得到不同的预测结果。

表 8-8　不同预测方法的结果比较

预测方法		预测结果
回归		1 964.72
移动平均	$k=3$	1 907.333
	$k=5$	1 870.2
指数平滑		1 930.232
最佳阻尼系数		1 936.085

预测一般是不太准确的。由于预测所研究的是不确定的事物和现象，影响它们的因素多而复杂，很难完全把握，这就决定了预测结果的不准确性。因此预测结果的表达常常是预测区间或预测范围。由于预测对象的不确定性，所以预测结果只能是一个区间，而不需要苛求预测的百分之百正确，只要求将事物的发展规律和趋势基本揭示清楚，为决策提供支持。

第9章　聚类分析与判别分析

“物以类聚，人以群分”,科学研究在揭示对象特点及其相互作用的过程中，不惜花费时间和精力进行对象分类,以揭示其中相同和不相同的特征。聚类是将数据分到不同的类的一个过程,同一类中的对象具有很大的相似性,而不同类的对象具有很大的相异性。从统计学的观点看,聚类分析是通过数据建模简化数据的一种方法。在分类的过程中,人们不必事先给出一个分类的标准,聚类分析能够从样本数据出发,自动进行分类。聚类分析所使用方法的不同,常常会得到不同的结论。不同研究者对于同一组数据进行聚类分析,所得到的聚类数未必一致。判别分析也是一个分类的过程,例如在医疗实践中,要根据患者的各种体验指标(如体温、血压、脉搏、白细胞等)判别患者是否是该种疾病。判别分析是按照一定的判别准则,计算判别指标,从而确定某一样本属于哪一类。

虽然判别分析和聚类分析都是研究有关对象的分类问题,但是它们的出发点和结果是不一样的。聚类分析是在不知道类型的个数和结构的前提下工作,把相似性最大的样本分到一类。而判别分析已经对类有基本的了解,根据判别准则,对样本的归属做出判别。实际实验的时候,可以先通过聚类分析以得知分类,然后再根据分类进行判别。下面将分别介绍聚类分析与判别分析。

9.1　聚类分析

聚类分析是一种数值分类方法,即完全是根据数据关系进行分类。聚类分析前,所有个体或样本所属的类别是未知的,类别个数一般也是未知的,分析的依据就是原始数据,没有任何事先的有关类别的信息可参考。所以严格说来,聚类分析并不是纯粹的统计技术,它不像其他多元分析法那样,需要从样本去推断总体。聚类分析一般都涉及不到有关统计量的分布,也不需要进行显著性检验。聚类分析更像是一种建立假设的方法,而对假设的检验还需要借助其他统计方法。简单说,聚类分析就是研究物以类聚的多元统计分析方法。这里的物就是我们所收集的样本,通过比较样本中各事物之间的性质,将性质相近的聚为一类,性质差别比较大的分在别的类。而所谓性质,是由一个或多个指标所组成的指标群来表达,因此如何单击指标(群)就成了研究事物的关键。

要进行聚类分析就要首先建立一个由某些事物属性构成的指标体系,或者说是一个变量组合。入选的每个指标必须能刻画事物属性的某个侧面,所有指标组合起来形成一个完备的指标体系,它们互相配合可以共同刻画事物的特征。所谓完备的指标体系,是说入选的指标是充分的,其他任何新增变量对辨别事物差异无显著性贡献。如果所选指标不完备,则导致分类偏差。比如要对家庭教养方式进行分类,就要有描述家庭教育方式的一系列变量,这些变量能够充分地反映不同家庭对子女的教养方式。简单地说,聚类分析的结果取决于变量的选择和变量值获取两个方面。变量选择越准确、测量越可靠,得到的分类结果越是能描述事物各类间的本质区别。

聚类分析的目的是对研究样本或个案的分类，即根据每个个案的一系列观测指标，将那些在这些观测量方面表现相近的个案归为一类，将那些在这些观测量方面的表现很不相同的个案归为不同类，类似于判别分析。但聚类分析和判别分析不同的是，聚类分析是先将最相似的两个变量聚为一小类，再去与最相似的变量或小类合并，如此分层依次进行。而判别分析是要先知道各种类，然后判断某个案是否属于某一类。聚类分析对观测量的分类，即将一系列的观测量归类合并为性质明显不同的少数几个方面，类似于因素分析。但是聚类分析与因素分析的区别的是，聚类分析是先将最相似的两个变量聚为一小类，再去与最相似的变量或小类合并，如此分层依次进行。而因素分析是根据所有变量间的相关关系提取公共因子。

总之，聚类分析满足以下三条：

(1) 依据研究对象的特征，对其进行分类的方法，减少研究对象的数目；

(2) 各类事物缺乏可靠的历史资料，无法确定共有多少类别，目的是将性质相近的事物归入一类；

(3) 各指标之间具有一定的相关关系。

聚类分析简单、直观，主要应用于探索性的研究，其分析的结果可以提供多个可能的解，最后通过研究者的主观判断和后续的分析选择最终的解，也就是说聚类分析的结果具有主观性。不管实际数据中是否真正存在不同的类别，利用聚类分析都能得到分成若干类别的解，即聚类分析只是对数字进行分析，而不检查其合理性。另外，聚类分析的解完全依赖于研究者所选择的聚类变量，增加或删除一些变量对最终的解都可能产生实质性的影响。研究者在使用聚类分析时应特别注意可能影响结果的各个因素，其中异常值和特殊的变量对聚类有较大影响。

由上面的分析我们可以知道，聚类分析有很多需要注意的地方。首先，聚类分析不能自动发现和告诉你应该样本可以分成多少个类，聚类分析属于非监督类分析方法。其次，期望通过聚类分析能很清楚地找到大致相等的类或细分市场是不现实的，聚类分析是纯粹数字分析，样本聚类、变量之间的关系需要研究者决定。聚类分析无法自动给出一个最佳聚类结果，也无法根据聚类变量得到描述两个个体间(或变量间)的对应程度或联系紧密程度的度量。需要注意的是，聚类分析是以完备的数据文件为基础的，这一数据文件除观测变量比较完备之外，一般还要求各个观测变量的量纲一致，即各变量取值的数量级一致，否则各变量在描述客观事物某方面特征差异性的作用有被夸大或缩小的可能。所以，聚类分析前要检查各变量的量纲是否一致，不一致则需进行转换，如将各变量均作标准化转换就可保证量纲一致。

标准化的常用方法有以下 4 种。

(1) 极差规格化法

$$x'_{ij}=\frac{x_{ij}-x_{j\min}}{x_{j\min}-x_{j\max}}$$

这里的 $x_{j\min}$ 表示第 j 个指标里的最小值，$x_{j\max}$ 表示第 j 个指标里的最大值。

(2) 标准差规格化法

$$x'_{ij}=\frac{x_{ij}-\overline{x_j}}{S_j}$$

这里的 $\overline{x_j}$ 表示第 j 个指标的平均值，S_j 表示第 j 个指标的标准偏差。

(3) 均值规格化法

$$x_{ij}' = \frac{x_{ij}}{\frac{1}{n}\sum_{i=1}^{n} x_{ij}}$$

（4）极大值规格化法

$$x_{ij}' = \frac{x_{ij}}{\max_{i}\{x_{ij}\}}$$

9.1.1　距离分析法

聚类分析常常采用描述个体对之间的接近程度的指标来进行分类。例如，选择个体之间的“距离”来进行分类，设定“距离”越短的两个个体越具有相似性，把距离接近的个体归于一类。这里的距离也是一个广泛的定义，常用的距离方法有以下 5 种。

（1）绝对距离

$$d_{ij} = \sum_{m} |x_{im} - x_{jm}|$$

（2）欧氏距离

$$d_{ij} = \sqrt{\sum_{m} (x_{im} - x_{jm})^2}$$

欧氏距离即大家最常用的两点之间直线最短的概念。

（3）马哈拉诺比斯距离

$$d_{ij} = \sqrt{(X_i - X_j)^{\mathrm{T}} S^{-1} (X_i - X_j)}$$

马氏距离中引入协方差参数（表征的是点的稀密程度）来平衡两个类别的概率。马氏距离的特点是结果与量纲无关，排除变量之间相关性的干扰。若协方差矩阵是对角矩阵，公式变成了标准化欧氏距离。

（4）切比雪夫距离

切比雪夫距离定义为两个点之间各坐标数值差的最大值。以点 (x_1, y_1) 和 (x_2, y_2) 为例，它们的切比雪夫距离为

$$\max\{|x_1 - x_2|, |y_1 - y_2|\}$$

（5）海明距离

两个码字的对应比特取值不同的比特数称为这两个码字的海明距离。例如 10101 和 00110 从第一位开始依次有第一位、第四位、第五位不同，则海明距离为 3。

对一个实际分类问题选定一种最能刻画样本间相似、相近程度的距离的过程，也被称为分类统计量。将统计量进行分类以后，接下来就是制定分类规则。当然将全部样品合并成一类并不是我们的目的，我们的目的在于，通过上述逐渐并类的过程，有可能找到最佳的分类方案。具体地讲，通过上述并类过程，我们可以根据聚类的先后以及并类时两类间的距离，画出能直观反映各样品之间相近和疏远程度的聚类图。根据这张聚类图有可能找到最合适的分类方案。为了实现上述思想，必须考虑类与类之间的距离如何定义。在上述聚类过程的第一步，由于每一类中的样品都只有一个，因此可以用样品间的距离来定义类间的距离。可是第一次并类以后，某些类中所包含的样品数将多于一个，在这种情况下，如何合理地定义类间的距离非常重要。实际上，用不同的方法定义类间距离就产生了不同的系统聚类的方法。

下面介绍距离法聚类的具体步骤。

假设样本 i 到样本 j 的距离 d_{ij} 与样本 j 到样本 i 的距离相等。

(1) 计算样本两两距离，由于初始状态每个样本自成一类，此时 $D_{ij}=d_{ij}$，得到初始距离阵 $\boldsymbol{D}(0)$，第 i 行和第 j 列一样，都称为一个类 G_i。

(2) 找出 $\boldsymbol{D}(0)$ 的非对角线最小元素，假设为 D_{pq}，则将 G_p 与 G_q 合并成一个新类，记为 G_r，即 $G_r=\{G_p,G_q\}$。

(3) 给出计算新类与其他类的距离公式：$D_{kr}=\min\{D_{kp},D_{kq}\}$，$\boldsymbol{D}(0)$ 中第 p、q 行及 p、q 列均利用上面的方法并成一个新行及新列，新行及新列对应 G_r，所得到的矩阵记为 $\boldsymbol{D}(1)$。

(4) 对 $\boldsymbol{D}(1)$ 重复上述对 $\boldsymbol{D}(0)$ 的(2)、(3)步骤得 $\boldsymbol{D}(2)$，如此下去，直到所有的元素并成一类为止。如果某一步 $\boldsymbol{D}(k)$ 中非对角线最小的元素不止 1 个，则对应这些最小元素的类可以同时合并。

1. 最短距离法

最短距离法就是对于距离法中的类的距离定义为两类最近样本的距离。最短距离法聚类的基本思想是：首先是 n 个样本各自成一类，然后规定类与类之间的距离，单击距离最小的 2 类合并成 1 个新类，计算新类与其他类的距离，再将距离最小的 2 类进行合并，这样每次减少 1 类，直到达到所需的分类数或所有的样本都归为 1 类为止，其中距离系数都是正数，而且 2 类之间的距离系数越小则认为两类间的关系越密切。

定义类 i 与 j 之间的距离为两类最近样品的距离：

$$D_{ij}=\min_{i,j} d_{ij}$$

若类 p 与 q 合并成一个新类记作 r，则 k 与 r 的距离为

$$D_{kr}=\min_{k,r} d_{kr}=\min\{\min d_{kp},\min d_{kq}\}=\min\{D_{kp},D_{kq}\}$$

例 9.1 我国油茶主产区集中分布在湖南、江西、广西、浙江、福建、广东、湖北、贵州、安徽、云南、重庆、河南、四川和陕西 14 个省(区、市)的 642 个县(市、区)，表 9-1 为 2017 年全国油茶主产区分布范围统计表(单位：万亩)，要求使用最短距离法对样本进行聚类分析，并将油茶产地分布范围分为“很集中”、“集中”、“较集中”与“一般”4 个类别。

表 9-1　2017 年全国油茶主要产区分布范围统计

湖南	江西	广西	浙江	福建	广东	湖北	贵州	安徽	云南	重庆	河南	四川	陕西
121	100	61	63	63	18	46	12	35	47	15	5	43	13

【实验步骤】

(1) 将表 9-1 的数据录入 Excel 中，并利用标准差规格化法，将原始数据标准化。

① 计算原始数据的平均值，选中单元格 E2，输入“=AVERAGE(B2:B15)”。

② 计算原始数据的标准差，选中单元格 F2，输入“=STDEV.S(B2:B15)”。

③ 标准化过程，选中单元格 C2，输入“=(B2-$E$2)/$F$2”，复制单元格 C3 至 C15，如图 9-1 所示。

(2) 利用“选择性粘贴中”的“数值”功能，将省份和标准化后的数据复制到“最小距离法”的表中，如图 9-2 所示。

在表“最小距离法”中，将标准化后的数据，利用“选择性粘贴”中的“转置”，将 A、B 列的数据复制到 2、3 行，并将其美化，如图 9-3 所示。

C2　=(B2-$E$2)/$F$2

	A	B	C	D	E	F
1		原始数据	标准化后		均值	标准差
2	湖南	121	2.201479		45.85714	34.1329
3	江西	100	1.586237			
4	广西	61	0.443644			
5	浙江	63	0.502239			
6	福建	63	0.502239			
7	广东	18	-0.81614			
8	湖北	46	0.004185			
9	贵州	12	-0.99192			
10	安徽	35	-0.31808			
11	云南	47	0.033483			
12	重庆	15	-0.90403			
13	河南	5	-1.197			
14	四川	43	-0.08371			
15	陕西	13	-0.96262			

图 9-1　原始数据标准化

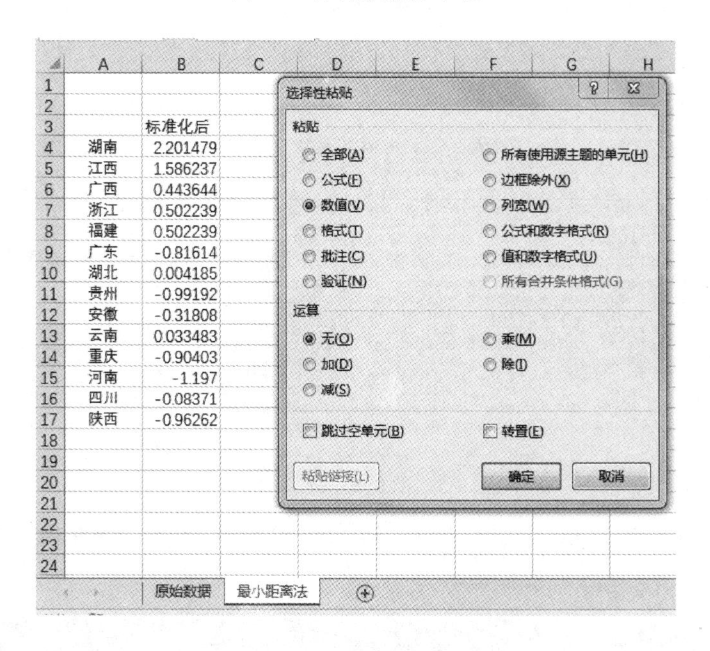

图 9-2　选择性粘贴只粘贴数值

	A	B	C	D	E	F	G	H	I	J	K	L	M	N	O	P
1																
2			湖南	江西	广西	浙江	福建	广东	湖北	贵州	安徽	云南	重庆	河南	四川	陕西
3		标准化后	2.201479	1.586237	0.443644	0.502239	0.502239	-0.81614	0.004185	-0.99192	-0.31808	0.033483	-0.90403	-1.197	-0.08371	-0.96262
4	湖南	2.201479														
5	江西	1.586237														
6	广西	0.443644														
7	浙江	0.502239														
8	福建	0.502239														
9	广东	-0.81614														
10	湖北	0.004185														
11	贵州	-0.99192														
12	安徽	-0.31808														
13	云南	0.033483														
14	重庆	-0.90403														
15	河南	-1.197														
16	四川	-0.08371														
17	陕西	-0.96262														
18																
19																

图 9-3　原始数据标准化

(3) 本例中利用欧氏距离计算标准化数据之间的距离，选中单元格 C4，输入“=ABS

（$B4-C$3)”（如图 9-4 所示），注意相对引用中 $ 符号的位置，复制公式覆盖整张表（如图 9-5 所示）。

C4　=ABS($B4-C$3)

	A	B	C	D	E	F	G	H
1								
2			湖南	江西	广西	浙江	福建	广东
3		标准化后	2.201479	1.586237	0.443644	0.502239	0.502239	-0.816
4	湖南	2.201479	0	0.615242	1.757835	1.69924	1.69924	3.0176
5	江西	1.586237	0.615242	0	1.142593	1.083998	1.083998	2.4023
6	广西	0.443644	1.757835	1.142593	0	0.058594	0.058594	1.2597
7	浙江	0.502239	1.69924	1.083998	0.058594	0	0	1.3183
8	福建	0.502239	1.69924	1.083998	0.058594	0	0	1.3183
9	广东	-0.81614	3.017616	2.402374	1.259782	1.318376	1.318376	
10	湖北	0.004185	2.197293	1.582051	0.439459	0.498053	0.498053	0.8203
11	贵州	-0.99192	3.1934	2.578158	1.435565	1.49416	1.49416	0.1757
12	安徽	-0.31808	2.519563	1.904321	0.761728	0.820323	0.820323	0.4980
13	云南	0.033483	2.167996	1.552754	0.410161	0.468756	0.468756	0.849

图 9-4　欧氏距离计算公式

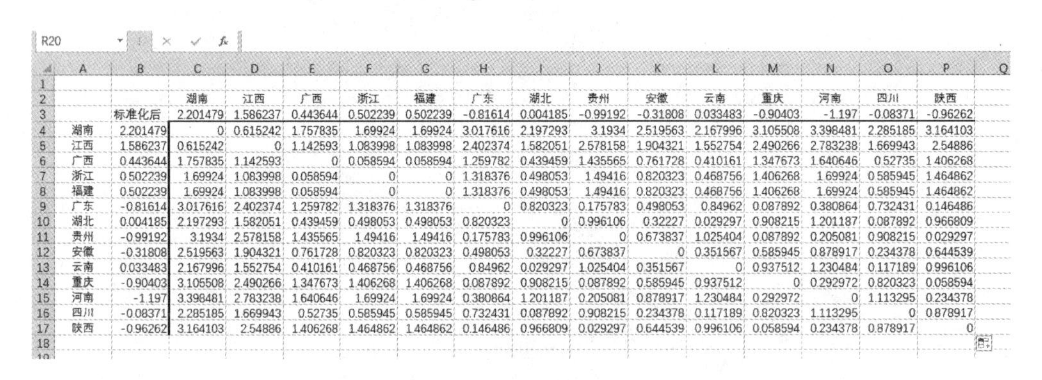

	A	B	C	D	E	F	G	H	I	J	K	L	M	N	O	P
1																
2			湖南	江西	广西	浙江	福建	广东	湖北	贵州	安徽	云南	重庆	河南	四川	陕西
3		标准化后	2.201479	1.586237	0.443644	0.502239	0.502239	-0.81614	0.004185	-0.99192	-0.31808	0.033483	-0.90403	-1.197	-0.08371	-0.96262
4	湖南	2.201479	0	0.615242	1.757835	1.69924	1.69924	3.017616	2.197293	3.1934	2.519563	2.167996	3.105508	3.398481	2.285185	3.164103
5	江西	1.586237	0.615242	0	1.142593	1.083998	1.083998	2.402374	1.582051	2.578158	1.904321	1.552754	2.490266	2.783238	1.669943	2.54886
6	广西	0.443644	1.757835	1.142593	0	0.058594	0.058594	1.259782	0.439459	1.435565	0.761728	0.410161	1.347673	1.640646	0.52735	1.406268
7	浙江	0.502239	1.69924	1.083998	0.058594	0	0	1.318376	0.498053	1.49416	0.820323	0.468756	1.406268	1.69924	0.585945	1.464862
8	福建	0.502239	1.69924	1.083998	0.058594	0	0	1.318376	0.498053	1.49416	0.820323	0.468756	1.406268	1.69924	0.585945	1.464862
9	广东	-0.81614	3.017616	2.402374	1.259782	1.318376	1.318376	0	0.820323	0.175783	0.498053	0.84962	0.087892	0.380864	0.732431	0.146486
10	湖北	0.004185	2.197293	1.582051	0.439459	0.498053	0.498053	0.820323	0	0.996106	0.32227	0.029297	0.908215	1.201187	0.087892	0.966809
11	贵州	-0.99192	3.1934	2.578158	1.435565	1.49416	1.49416	0.175783	0.996106	0	0.673837	1.025404	0.087892	0.205081	0.908215	0.029297
12	安徽	-0.31808	2.519563	1.904321	0.761728	0.820323	0.820323	0.498053	0.32227	0.673837	0	0.351567	0.585945	0.878917	0.234378	0.644539
13	云南	0.033483	2.167996	1.552754	0.410161	0.468756	0.468756	0.84962	0.029297	1.025404	0.351567	0	0.937512	1.230484	0.117189	0.996106
14	重庆	-0.90403	3.105508	2.490266	1.347673	1.406268	1.406268	0.087892	0.908215	0.087892	0.585945	0.937512	0	0.292972	0.820323	0.058594
15	河南	-1.197	3.398481	2.783238	1.640646	1.69924	1.69924	0.380864	1.201187	0.205081	0.878917	1.230484	0.292972	0	1.113295	0.234378
16	四川	-0.08371	2.285185	1.669943	0.52735	0.585945	0.585945	0.732431	0.087892	0.908215	0.234378	0.117189	0.820323	1.113295	0	0.878917
17	陕西	-0.96262	3.164103	2.54886	1.406268	1.464862	1.464862	0.146486	0.966809	0.029297	0.644539	0.996106	0.058594	0.234378	0.878917	0

图 9-5　欧氏距离计算结果

（4）选中区域 C4:P17，依次选择“开始”选项卡→“样式”组→“条件格式”→“项目选取规则”→“其他规则”命令，如图 9-6 所示。

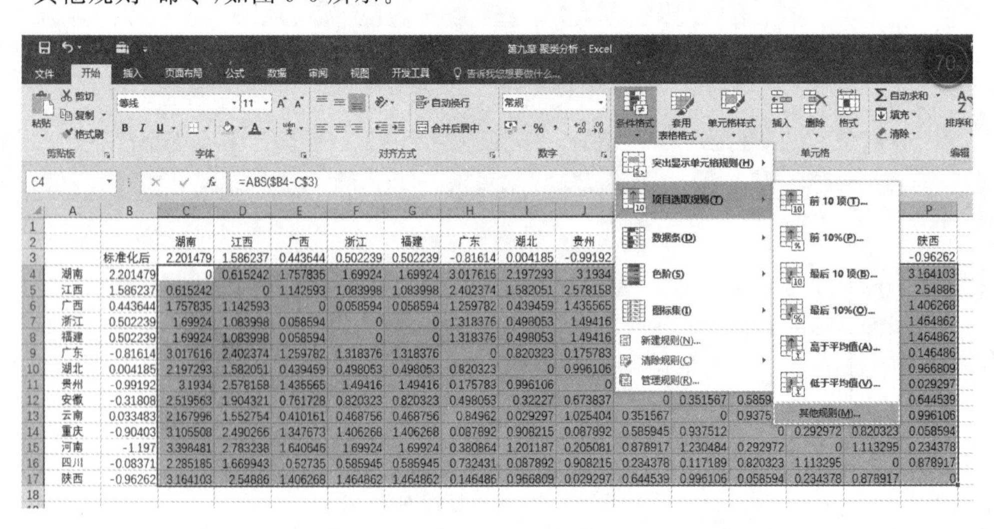

图 9-6　条件格式设置

如图 9-7 所示，在“新建格式规则”对话框中的编辑规则说明中，单击“后”“15”，格式中单击填充为“黄色”，也就是让后 15 个距离最小的值突出显示，如图 9-8 所示。

图 9-7　新建格式规则

		湖南	江西	广西	浙江	福建	广东	湖北	贵州	安徽	云南	重庆	河南	四川	陕西
	标准化后	2.201479	1.586237	0.443644	0.502239	0.502239	-0.81614	0.004185	-0.99192	-0.31808	0.033483	-0.90403	-1.197	-0.08371	-0.96262
湖南	2.201479	0	0.615242	1.757835	1.69924	1.69924	3.017616	2.197293	3.1934	2.519563	2.167996	3.105508	3.398481	2.285185	3.164103
江西	1.586237	0.615242	0	1.142593	1.083998	1.083998	2.402374	1.582051	2.578158	1.904321	1.552754	2.490266	2.783238	1.669943	2.54886
广西	0.443644	1.757835	1.142593	0	0.058594	0.058594	1.259782	0.439459	1.435565	0.761728	0.410161	1.347673	1.640646	0.52735	1.406268
浙江	0.502239	1.69924	1.083998	0.058594	0	0	1.318376	0.498053	1.49416	0.820323	0.468756	1.406268	1.69924	0.585945	1.464862
福建	0.502239	1.69924	1.083998	0.058594	0	0	1.318376	0.498053	1.49416	0.820323	0.468756	1.406268	1.69924	0.585945	1.464862
广东	-0.81614	3.017616	2.402374	1.259782	1.318376	1.318376	0	0.820323	0.175783	0.498053	0.84962	0.087892	0.380864	0.732431	0.146486
湖北	0.004185	2.197293	1.582051	0.439459	0.498053	0.498053	0.820323	0	0.996106	0.32227	0.029297	0.908215	1.201187	0.087892	0.966809
贵州	-0.99192	3.1934	2.578158	1.435565	1.49416	1.49416	0.175783	0.996106	0	0.673837	1.025404	0.087892	0.205081	0.908215	0.029297
安徽	-0.31808	2.519563	1.904321	0.761728	0.820323	0.820323	0.498053	0.32227	0.673837	0	0.351567	0.585945	0.878917	0.234378	0.644539
云南	0.033483	2.167996	1.552754	0.410161	0.468756	0.468756	0.84962	0.029297	1.025404	0.351567	0	0.937512	1.230484	0.117189	0.996106
重庆	-0.90403	3.105508	2.490266	1.347673	1.406268	1.406268	0.087892	0.908215	0.087892	0.585945	0.937512	0	0.292972	0.820323	0.058594
河南	-1.197	3.398481	2.783238	1.640646	1.69924	1.69924	0.380864	1.201187	0.205081	0.878917	1.230484	0.292972	0	1.113295	0.234378
四川	-0.08371	2.285185	1.669943	0.52735	0.585945	0.585945	0.732431	0.087892	0.908215	0.234378	0.117189	0.820323	1.113295	0	0.878917
陕西	-0.96262	3.164103	2.54886	1.406268	1.464862	1.464862	0.146486	0.966809	0.029297	0.644539	0.996106	0.058594	0.234378	0.878917	0

图 9-8　条件格式显示结果

结果显示除了对角线上的 14 个 0 以外，浙江与福建的距离最小。

(5) 在单元格 Q2 和单元格 A18 中均输入“浙江福建”，注意“浙江”与“福建”中间可用 Alt 键＋Enter 键进行强制分行，如图 9-9 所示。

单击单元格 C18，输入“＝MIN(C7,C8)”，在区域 D18:P18 中复制公式；单击单元格 Q4，输入“＝MIN(F4,G4)”，在区域 Q4:Q18 中复制公式，结果如图 9-10 所示。

(6) 为了方便读者阅读和查看实验数据，我们将区域 A2:Q18 中的所有数据利用“选择性粘贴”中的“数值”，将其复制到区域 A21:Q37 中，如图 9-11 所示。注意这里的公式已经转换为数值了。

注意：此步骤仅为了方便读者查看电子数据，读者自行实验时可省略。

	A	B	C	D	E	F	G	H	I	J	K	L	M	N	O	P	Q
1																	
2			湖南	江西	广西	浙江	福建	广东	湖北	贵州	安徽	云南	重庆	河南	四川	陕西	浙江 福建
3		标准化后	2.201479	1.586237	0.443644	0.502239	0.502239	-0.81614	0.004185	-0.99192	-0.31808	0.033483	-0.90403	-1.197	-0.08371	-0.96262	
4	湖南	2.201479	0	0.615242	1.757835	1.69924	1.69924	3.017616	2.197293	3.1934	2.519563	2.167996	3.105508	3.398481	2.285185	3.164103	
5	江西	1.586237	0.615242	0	1.142593	1.083998	1.083998	2.402374	1.582051	2.578158	1.904321	1.552754	2.490266	2.783238	1.669943	2.54886	
6	广西	0.443644	1.757835	1.142593	0	0.058594	0.058594	1.259782	0.439459	1.435565	0.761728	0.410161	1.347673	1.640646	0.52735	1.406268	
7	浙江	0.502239	1.69924	1.083998	0.058594	0	0	1.318376	0.498053	1.49416	0.820323	0.468756	1.406268	1.69924	0.585945	1.464862	
8	福建	0.502239	1.69924	1.083998	0.058594	0	0	1.318376	0.498053	1.49416	0.820323	0.468756	1.406268	1.69924	0.585945	1.464862	
9	广东	-0.81614	3.017616	2.402374	1.259782	1.318376	1.318376	0	0.820323	0.175783	0.498053	0.84962	0.087892	0.380864	0.732431	0.146486	
10	湖北	0.004185	2.197293	1.582051	0.439459	0.498053	0.498053	0.820323	0	0.996106	0.32227	0.029297	0.908215	1.201187	0.087892	0.966809	
11	贵州	-0.99192	3.1934	2.578158	1.435565	1.49416	1.49416	0.175783	0.996106	0	0.673837	1.025404	0.087892	0.205081	0.908215	0.029297	
12	安徽	-0.31808	2.519563	1.904321	0.761728	0.820323	0.820323	0.498053	0.32227	0.673837	0	0.351567	0.585945	0.878917	0.234378	0.644539	
13	云南	0.033483	2.167996	1.552754	0.410161	0.468756	0.468756	0.84962	0.029297	1.025404	0.351567	0	0.937512	1.230484	0.117189	0.996106	
14	重庆	-0.90403	3.105508	2.490266	1.347673	1.406268	1.406268	0.087892	0.908215	0.087892	0.585945	0.937512	0	0.292972	0.820323	0.058594	
15	河南	-1.197	3.398481	2.783238	1.640646	1.69924	1.69924	0.380864	1.201187	0.205081	0.878917	1.230484	0.292972	0	1.113295	0.234378	
16	四川	-0.08371	2.285185	1.669943	0.52735	0.585945	0.585945	0.732431	0.087892	0.908215	0.234378	0.117189	0.820323	1.113295	0	0.878917	
17	陕西	-0.96262	3.164103	2.54886	1.406268	1.464862	1.464862	0.146486	0.966809	0.029297	0.644539	0.996106	0.058594	0.234378	0.878917	0	
18	浙江 福建																
19																	

图 9-9　生成“浙江、福建”新类

	A	B	C	D	E	F	G	H	I	J	K	L	M	N	O	P	Q
1																	
2			湖南	江西	广西	浙江	福建	广东	湖北	贵州	安徽	云南	重庆	河南	四川	陕西	浙江 福建
3		标准化后	2.201479	1.586237	0.443644	0.502239	0.502239	-0.81614	0.004185	-0.99192	-0.31808	0.033483	-0.90403	-1.197	-0.08371	-0.96262	
4	湖南	2.201479	0	0.615242	1.757835	1.69924	1.69924	3.017616	2.197293	3.1934	2.519563	2.167996	3.105508	3.398481	2.285185	3.164103	1.69924
5	江西	1.586237	0.615242	0	1.142593	1.083998	1.083998	2.402374	1.582051	2.578158	1.904321	1.552754	2.490266	2.783238	1.669943	2.54886	1.083998
6	广西	0.443644	1.757835	1.142593	0	0.058594	0.058594	1.259782	0.439459	1.435565	0.761728	0.410161	1.347673	1.640646	0.52735	1.406268	0.058594
7	浙江	0.502239	1.69924	1.083998	0.058594	0	0	1.318376	0.498053	1.49416	0.820323	0.468756	1.406268	1.69924	0.585945	1.464862	0
8	福建	0.502239	1.69924	1.083998	0.058594	0	0	1.318376	0.498053	1.49416	0.820323	0.468756	1.406268	1.69924	0.585945	1.464862	0
9	广东	-0.81614	3.017616	2.402374	1.259782	1.318376	1.318376	0	0.820323	0.175783	0.498053	0.84962	0.087892	0.380864	0.732431	0.146486	1.318376
10	湖北	0.004185	2.197293	1.582051	0.439459	0.498053	0.498053	0.820323	0	0.996106	0.32227	0.029297	0.908215	1.201187	0.087892	0.966809	0.498053
11	贵州	-0.99192	3.1934	2.578158	1.435565	1.49416	1.49416	0.175783	0.996106	0	0.673837	1.025404	0.087892	0.205081	0.908215	0.029297	1.49416
12	安徽	-0.31808	2.519563	1.904321	0.761728	0.820323	0.820323	0.498053	0.32227	0.673837	0	0.351567	0.585945	0.878917	0.234378	0.644539	0.820323
13	云南	0.033483	2.167996	1.552754	0.410161	0.468756	0.468756	0.84962	0.029297	1.025404	0.351567	0	0.937512	1.230484	0.117189	0.996106	0.468756
14	重庆	-0.90403	3.105508	2.490266	1.347673	1.406268	1.406268	0.087892	0.908215	0.087892	0.585945	0.937512	0	0.292972	0.820323	0.058594	1.406268
15	河南	-1.197	3.398481	2.783238	1.640646	1.69924	1.69924	0.380864	1.201187	0.205081	0.878917	1.230484	0.292972	0	1.113295	0.234378	1.69924
16	四川	-0.08371	2.285185	1.669943	0.52735	0.585945	0.585945	0.732431	0.087892	0.908215	0.234378	0.117189	0.820323	1.113295	0	0.878917	0.585945
17	陕西	-0.96262	3.164103	2.54886	1.406268	1.464862	1.464862	0.146486	0.966809	0.029297	0.644539	0.996106	0.058594	0.234378	0.878917	0	1.464862
18	浙江 福建		1.69924	1.083998	0.058594	0	0	1.318376	0.498053	1.49416	0.820323	0.468756	1.406268	1.69924	0.585945	1.464862	0
19																	

图 9-10　用最短距离法计算新类与其他类之间的距离

	A	B	C	D	E	F	G	H	I	J	K	L	M	N	O	P	Q
19																	
20																	
21			湖南	江西	广西	浙江	福建	广东	湖北	贵州	安徽	云南	重庆	河南	四川	陕西	浙江福建
22		标准化后	2.201479	1.586237	0.443644	0.502239	0.502239	-0.81614	0.004185	-0.99192	-0.31808	0.033483	-0.90403	-1.197	-0.08371	-0.96262	
23	湖南	2.201479	0	0.615242	1.757835	1.69924	1.69924	3.017616	2.197293	3.1934	2.519563	2.167996	3.105508	3.398481	2.285185	3.164103	1.69924
24	江西	1.586237	0.615242	0	1.142593	1.083998	1.083998	2.402374	1.582051	2.578158	1.904321	1.552754	2.490266	2.783238	1.669943	2.54886	1.083998
25	广西	0.443644	1.757835	1.142593	0	0.058594	0.058594	1.259782	0.439459	1.435565	0.761728	0.410161	1.347673	1.640646	0.52735	1.406268	0.058594
26	浙江	0.502239	1.69924	1.083998	0.058594	0	0	1.318376	0.498053	1.49416	0.820323	0.468756	1.406268	1.69924	0.585945	1.464862	0
27	福建	0.502239	1.69924	1.083998	0.058594	0	0	1.318376	0.498053	1.49416	0.820323	0.468756	1.406268	1.69924	0.585945	1.464862	0
28	广东	-0.81614	3.017616	2.402374	1.259782	1.318376	1.318376	0	0.820323	0.175783	0.498053	0.84962	0.087892	0.380864	0.732431	0.146486	1.318376
29	湖北	0.004185	2.197293	1.582051	0.439459	0.498053	0.498053	0.820323	0	0.996106	0.32227	0.029297	0.908215	1.201187	0.087892	0.966809	0.498053
30	贵州	-0.99192	3.1934	2.578158	1.435565	1.49416	1.49416	0.175783	0.996106	0	0.673837	1.025404	0.087892	0.205081	0.908215	0.029297	1.49416
31	安徽	-0.31808	2.519563	1.904321	0.761728	0.820323	0.820323	0.498053	0.32227	0.673837	0	0.351567	0.585945	0.878917	0.234378	0.644539	0.820323
32	云南	0.033483	2.167996	1.552754	0.410161	0.468756	0.468756	0.84962	0.029297	1.025404	0.351567	0	0.937512	1.230484	0.117189	0.996106	0.468756
33	重庆	-0.90403	3.105508	2.490266	1.347673	1.406268	1.406268	0.087892	0.908215	0.087892	0.585945	0.937512	0	0.292972	0.820323	0.058594	1.406268
34	河南	-1.197	3.398481	2.783238	1.640646	1.69924	1.69924	0.380864	1.201187	0.205081	0.878917	1.230484	0.292972	0	1.113295	0.234378	1.69924
35	四川	-0.08371	2.285185	1.669943	0.52735	0.585945	0.585945	0.732431	0.087892	0.908215	0.234378	0.117189	0.820323	1.113295	0	0.878917	0.585945
36	陕西	-0.96262	3.164103	2.54886	1.406268	1.464862	1.464862	0.146486	0.966809	0.029297	0.644539	0.996106	0.058594	0.234378	0.878917	0	1.464862
37	浙江福建		1.69924	1.083998	0.058594	0	0	1.318376	0.498053	1.49416	0.820323	0.468756	1.406268	1.69924	0.585945	1.464862	0
38																	

图 9-11　移动数据

删除“浙江”和“福建”所在的行与列，此时浙江与福建就合并为一个新类，如图 9-12 所示。

(7) 重复步骤(4)，注意每一次在条件格式中单击后 N 项，$N=$实际类数$+1$，例如在图 9-13 中有 13 类，那么 $N=14$。

根据图将“陕西”与“贵州”合并为一个新类，并重复步骤(5)，形成新的表，如图 9-14 所示。

将所有数值复制、单击性粘贴为“数值”后，删除“陕西”与“贵州”的行与列，得到“陕西、贵州”的新类，如图 9-15 所示。

	A	B	C	D	E	F	G	H	I	J	K	L	M	N	O
19															
20															
21			湖南	江西	广西	广东	湖北	贵州	安徽	云南	重庆	河南	四川	陕西	浙江福建
22		标准化后	2.201479	1.586237	0.443644	-0.81614	0.004185	-0.99192	-0.31808	0.033483	-0.90403	-1.197	-0.08371	-0.96262	
23	湖南	2.201479	0	0.615242	1.757835	3.017616	2.197293	3.1934	2.519563	2.167996	3.105508	3.398481	2.285185	3.164103	1.69924
24	江西	1.586237	0.615242	0	1.142593	2.402374	1.582051	2.578158	1.904321	1.552754	2.490266	2.783238	1.669943	2.54886	1.083998
25	广西	0.443644	1.757835	1.142593	0	1.259782	0.439459	1.435565	0.761728	0.410161	1.347673	1.640646	0.52735	1.406268	0.058594
26	广东	-0.81614	3.017616	2.402374	1.259782	0	0.820323	0.175783	0.498053	0.84962	0.087892	0.380864	0.732431	0.146486	1.318376
27	湖北	0.004185	2.197293	1.582051	0.439459	0.820323	0	0.996106	0.32227	0.029297	0.908215	1.201187	0.087892	0.966809	0.498053
28	贵州	-0.99192	3.1934	2.578158	1.435565	0.175783	0.996106	0	0.673837	1.025404	0.087892	0.205081	0.908215	0.029297	1.49416
29	安徽	-0.31808	2.519563	1.904321	0.761728	0.498053	0.32227	0.673837	0	0.351567	0.585945	0.878917	0.234378	0.644539	0.820323
30	云南	0.033483	2.167996	1.552754	0.410161	0.84962	0.029297	1.025404	0.351567	0	0.937512	1.230484	0.117189	0.996106	0.468756
31	重庆	-0.90403	3.105508	2.490266	1.347673	0.087892	0.908215	0.087892	0.585945	0.937512	0	0.292972	0.820323	0.058594	1.406268
32	河南	-1.197	3.398481	2.783238	1.640646	0.380864	1.201187	0.205081	0.878917	1.230484	0.292972	0	1.113295	0.234378	1.69924
33	四川	-0.08371	2.285185	1.669943	0.52735	0.732431	0.087892	0.908215	0.234378	0.117189	0.820323	1.113295	0	0.878917	0.585945
34	陕西	-0.96262	3.164103	2.54886	1.406268	0.146486	0.966809	0.029297	0.644539	0.996106	0.058594	0.234378	0.878917	0	1.464862
35	浙江福建		1.69924	1.083998	0.058594	1.318376	0.498053	1.49416	0.820323	0.468756	1.406268	1.69924	0.585945	1.464862	0
36															

图 9-12　删除“浙江”和“福建”列形成新表

	A	B	C	D	E	F	G	H	I	J	K	L	M	N	O
19															
20															
21			湖南	江西	广西	广东	湖北	贵州	安徽	云南	重庆	河南	四川	陕西	浙江福建
22		标准化后	2.201479	1.586237	0.443644	-0.81614	0.004185	-0.99192	-0.31808	0.033483	-0.90403	-1.197	-0.08371	-0.96262	
23	湖南	2.201479	0	0.615242	1.757835	3.017616	2.197293	3.1934	2.519563	2.167996	3.105508	3.398481	2.285185	3.164103	1.69924
24	江西	1.586237	0.615242	0	1.142593	2.402374	1.582051	2.578158	1.904321	1.552754	2.490266	2.783238	1.669943	2.54886	1.083998
25	广西	0.443644	1.757835	1.142593	0	1.259782	0.439459	1.435565	0.761728	0.410161	1.347673	1.640646	0.52735	1.406268	0.058594
26	广东	-0.81614	3.017616	2.402374	1.259782	0	0.820323	0.175783	0.498053	0.84962	0.087892	0.380864	0.732431	0.146486	1.318376
27	湖北	0.004185	2.197293	1.582051	0.439459	0.820323	0	0.996106	0.32227	0.029297	0.908215	1.201187	0.087892	0.966809	0.498053
28	贵州	-0.99192	3.1934	2.578158	1.435565	0.175783	0.996106	0	0.673837	1.025404	0.087892	0.205081	0.908215	0.029297	1.49416
29	安徽	-0.31808	2.519563	1.904321	0.761728	0.498053	0.32227	0.673837	0	0.351567	0.585945	0.878917	0.234378	0.644539	0.820323
30	云南	0.033483	2.167996	1.552754	0.410161	0.84962	0.029297	1.025404	0.351567	0	0.937512	1.230484	0.117189	0.996106	0.468756
31	重庆	-0.90403	3.105508	2.490266	1.347673	0.087892	0.908215	0.087892	0.585945	0.937512	0	0.292972	0.820323	0.058594	1.406268
32	河南	-1.197	3.398481	2.783238	1.640646	0.380864	1.201187	0.205081	0.878917	1.230484	0.292972	0	1.113295	0.234378	1.69924
33	四川	-0.08371	2.285185	1.669943	0.52735	0.732431	0.087892	0.908215	0.234378	0.117189	0.820323	1.113295	0	0.878917	0.585945
34	陕西	-0.96262	3.164103	2.54886	1.406268	0.146486	0.966809	0.029297	0.644539	0.996106	0.058594	0.234378	0.878917	0	1.464862
35	浙江福建		1.69924	1.083998	0.058594	1.318376	0.498053	1.49416	0.820323	0.468756	1.406268	1.69924	0.585945	1.464862	0
36															

图 9-13　条件格式设置找出最小距离的两类

36　=MIN(C28,C34)

A	B	C	D	E	F	G	H	I	J	K	L	M	N	O	P
		湖南	江西	广西	广东	湖北	贵州	安徽	云南	重庆	河南	四川	陕西	浙江福建	陕西贵州
	标准化后	2.201479	1.586237	0.443644	-0.81614	0.004185	-0.99192	-0.31808	0.033483	-0.90403	-1.197	-0.08371	-0.96262		
湖南	2.201479	0	0.615242	1.757835	3.017616	2.197293	3.1934	2.519563	2.167996	3.105508	3.398481	2.285185	3.164103	1.69924	3.164103
江西	1.586237	0.615242	0	1.142593	2.402374	1.582051	2.578158	1.904321	1.552754	2.490266	2.783238	1.669943	2.54886	1.083998	2.54886
广西	0.443644	1.757835	1.142593	0	1.259782	0.439459	1.435565	0.761728	0.410161	1.347673	1.640646	0.52735	1.406268	0.058594	1.406268
广东	-0.81614	3.017616	2.402374	1.259782	0	0.820323	0.175783	0.498053	0.84962	0.087892	0.380864	0.732431	0.146486	1.318376	0.146486
湖北	0.004185	2.197293	1.582051	0.439459	0.820323	0	0.996106	0.32227	0.029297	0.908215	1.201187	0.087892	0.966809	0.498053	0.966809
贵州	-0.99192	3.1934	2.578158	1.435565	0.175783	0.996106	0	0.673837	1.025404	0.087892	0.205081	0.908215	0.029297	1.49416	0
安徽	-0.31808	2.519563	1.904321	0.761728	0.498053	0.32227	0.673837	0	0.351567	0.585945	0.878917	0.234378	0.644539	0.820323	0.644539
云南	0.033483	2.167996	1.552754	0.410161	0.84962	0.029297	1.025404	0.351567	0	0.937512	1.230484	0.117189	0.996106	0.468756	0.996106
重庆	-0.90403	3.105508	2.490266	1.347673	0.087892	0.908215	0.087892	0.585945	0.937512	0	0.292972	0.820323	0.058594	1.406268	0.058594
河南	-1.197	3.398481	2.783238	1.640646	0.380864	1.201187	0.205081	0.878917	1.230484	0.292972	0	1.113295	0.234378	1.69924	0.205081
四川	-0.08371	2.285185	1.669943	0.52735	0.732431	0.087892	0.908215	0.234378	0.117189	0.820323	1.113295	0	0.878917	0.585945	0.878917
陕西	-0.96262	3.164103	2.54886	1.406268	0.146486	0.966809	0.029297	0.644539	0.996106	0.058594	0.234378	0.878917	0	1.464862	0
浙江福建		1.69924	1.083998	0.058594	1.318376	0.498053	1.49416	0.820323	0.468756	1.406268	1.69924	0.585945	1.464862	0	1.464862
陕西贵州		3.164103	2.54886	1.406268	0.146486	0.966809	0	0.644539	0.996106	0.058594	0.205081	0.878917	0	1.464862	0

图 9-14　将“陕西”与“贵州”合并为一个新类

(8) 重复步骤(4)和(5)，最后得到 4 类时停止(如图 9-16～图 9-22 所示)。注意，由于需要删除数据，因此在每次计算新类与其他类之间的距离后，需要将新类距离中的公式复制粘贴为数值形式。

		湖南	江西	广西	广东	湖北	安徽	云南	重庆	河南	四川	浙江福建	陕西贵州
	标准化后	2.201479	1.586237	0.443644	−0.81614	0.004185	−0.31808	0.033483	−0.90403	−1.197	−0.08371		
湖南	2.201479	0	0.615242	1.757835	3.017616	2.197293	2.519563	2.167996	3.105508	3.398481	2.285185	1.69924	3.164103
江西	1.586237	0.615242	0	1.142593	2.402374	1.582051	1.904321	1.552754	2.490266	2.783238	1.669943	1.083998	2.54886
广西	0.443644	1.757835	1.142593	0	1.259782	0.439459	0.761728	0.410161	1.347673	1.640646	0.52735	0.058594	1.406268
广东	−0.81614	3.017616	2.402374	1.259782	0	0.820323	0.498053	0.84962	0.087892	0.380864	0.732431	1.318376	0.146486
湖北	0.004185	2.197293	1.582051	0.439459	0.820323	0	0.32227	0.029297	0.908215	1.201187	0.087892	0.498053	0.966809
安徽	−0.31808	2.519563	1.904321	0.761728	0.498053	0.32227	0	0.351567	0.585945	0.878917	0.234378	0.820323	0.644539
云南	0.033483	2.167996	1.552754	0.410161	0.84962	0.029297	0.351567	0	0.937512	1.230484	0.117189	0.468756	0.996106
重庆	−0.90403	3.105508	2.490266	1.347673	0.087892	0.908215	0.585945	0.937512	0	0.292972	0.820323	1.406268	0.058594
河南	−1.197	3.398481	2.783238	1.640646	0.380864	1.201187	0.878917	1.230484	0.292972	0	1.113295	1.69924	0.205081
四川	−0.08371	2.285185	1.669943	0.52735	0.732431	0.087892	0.234378	0.117189	0.820323	1.113295	0	0.585945	0.878917
浙江福建		1.69924	1.083998	0.058594	1.318376	0.498053	0.820323	0.468756	1.406268	1.69924	0.585945	0	1.464862
陕西贵州		3.164103	2.54886	1.406268	0.146486	0.966809	0.644539	0.996106	0.058594	0.205081	0.878917	1.464862	0

图 9-15 将“陕西”与“贵州”原类删除

		湖南	江西	广西	广东	安徽	重庆	河南	四川	浙江福建	陕西贵州	云南湖北
	标准化后	2.201479	1.586237	0.443644	−0.81614	−0.31808	−0.90403	−1.197	−0.08371			
湖南	2.201479	0	0.615242	1.757835	3.017616	2.519563	3.105508	3.398481	2.285185	1.69924	3.164103	2.167996
江西	1.586237	0.615242	0	1.142593	2.402374	1.904321	2.490266	2.783238	1.669943	1.083998	2.54886	1.552754
广西	0.443644	1.757835	1.142593	0	1.259782	0.761728	1.347673	1.640646	0.52735	0.058594	1.406268	0.410161
广东	−0.81614	3.017616	2.402374	1.259782	0	0.498053	0.087892	0.380864	0.732431	1.318376	0.146486	0.820323
安徽	−0.31808	2.519563	1.904321	0.761728	0.498053	0	0.585945	0.878917	0.234378	0.820323	0.644539	0.32227
重庆	−0.90403	3.105508	2.490266	1.347673	0.087892	0.585945	0	0.292972	0.820323	1.406268	0.058594	0.908215
河南	−1.197	3.398481	2.783238	1.640646	0.380864	0.878917	0.292972	0	1.113295	1.69924	0.205081	1.201187
四川	−0.08371	2.285185	1.669943	0.52735	0.732431	0.234378	0.820323	1.113295	0	0.585945	0.878917	0.087892
浙江福建		1.69924	1.083998	0.058594	1.318376	0.820323	1.406268	1.69924	0.585945	0	1.464862	0.468756
陕西贵州		3.164103	2.54886	1.406268	0.146486	0.644539	0.058594	0.205081	0.878917	1.464862	0	0.966809
云南湖北		2.167996	1.552754	0.410161	0.820323	0.32227	0.908215	1.201187	0.087892	0.468756	0.966809	0

图 9-16 将“云南”与“湖北”合并为一个新类

		湖南	江西	广西	广东	安徽	河南	四川	浙江福建	云南湖北	陕西贵州重庆
	标准化后	2.201479	1.586237	0.443644	−0.81614	−0.31808	−1.197	−0.08371			
湖南	2.201479	0	0.615242	1.757835	3.017616	2.519563	3.398481	2.285185	1.69924	2.167996	3.105508
江西	1.586237	0.615242	0	1.142593	2.402374	1.904321	2.783238	1.669943	1.083998	1.552754	2.490266
广西	0.443644	1.757835	1.142593	0	1.259782	0.761728	1.640646	0.52735	0.058594	0.410161	1.347673
广东	−0.81614	3.017616	2.402374	1.259782	0	0.498053	0.380864	0.732431	1.318376	0.820323	0.087892
安徽	−0.31808	2.519563	1.904321	0.761728	0.498053	0	0.878917	0.234378	0.820323	0.32227	0.585945
河南	−1.197	3.398481	2.783238	1.640646	0.380864	0.878917	0	1.113295	1.69924	1.201187	0.205081
四川	−0.08371	2.285185	1.669943	0.52735	0.732431	0.234378	1.113295	0	0.585945	0.087892	0.820323
浙江福建		1.69924	1.083998	0.058594	1.318376	0.820323	1.69924	0.585945	0	0.468756	1.406268
云南湖北		2.167996	1.552754	0.410161	0.820323	0.32227	1.201187	0.087892	0.468756	0	0.908215
陕西贵州重庆		3.105508	2.490266	1.347673	0.087892	0.585945	0.205081	0.820323	1.406268	0.908215	0

图 9-17 将“陕西、贵州”与“重庆”合并为一个新类

		湖南	江西	广东	安徽	河南	四川	云南 湖北	陕西 贵州 重庆	浙江 福建 广西
	标准化后	2.201479	1.586237	-0.81614	-0.31808	-1.197	-0.08371			
湖南	2.201479	0	0.615242	3.017616	2.519563	3.398481	2.285185	2.167996	3.105508	1.69924
江西	1.586237	0.615242	0	2.402374	1.904321	2.783238	1.669943	1.552754	2.490266	1.083998
广东	-0.81614	3.017616	2.402374	0	0.498053	0.380864	0.732431	0.820323	0.087892	1.259782
安徽	-0.31808	2.519563	1.904321	0.498053	0	0.878917	0.234378	0.32227	0.585945	0.761728
河南	-1.197	3.398481	2.783238	0.380864	0.878917	0	1.113295	1.201187	0.205081	1.640646
四川	-0.08371	2.285185	1.669943	0.732431	0.234378	1.113295	0	0.087892	0.820323	0.52735
云南 湖北		2.167996	1.552754	0.820323	0.32227	1.201187	0.087892	0	0.908215	0.410161
陕西 贵州 重庆		3.105508	2.490266	0.087892	0.585945	0.205081	0.820323	0.908215	0	1.347673
浙江 福建 广西		1.69924	1.083998	1.259782	0.761728	1.640646	0.52735	0.410161	1.347673	0

图 9-18　将“浙江、福建”与“广西”合并为一个新类

		湖南	江西	安徽	河南	四川	云南 湖北	浙江 福建 广西	陕西 贵州 重庆 广东
	标准化后	2.201479	1.586237	-0.31808	-1.197	-0.08371			
湖南	2.201479	0	0.615242	2.519563	3.398481	2.285185	2.167996	1.69924	3.017616
江西	1.586237	0.615242	0	1.904321	2.783238	1.669943	1.552754	1.083998	2.402374
安徽	-0.31808	2.519563	1.904321	0	0.878917	0.234378	0.32227	0.761728	0.498053
河南	-1.197	3.398481	2.783238	0.878917	0	1.113295	1.201187	1.640646	0.205081
四川	-0.08371	2.285185	1.669943	0.234378	1.113295	0	0.087892	0.52735	0.732431
云南 湖北		2.167996	1.552754	0.32227	1.201187	0.087892	0	0.410161	0.820323
浙江 福建 广西		1.69924	1.083998	0.761728	1.640646	0.52735	0.410161	0	1.259782
陕西 贵州 重庆 广东		3.017616	2.402374	0.498053	0.205081	0.732431	0.820323	1.259782	0

图 9-19　将“陕西、贵州”与“重庆、广东”合并为一个新类

		湖南	江西	安徽	河南	浙江 福建 广西	陕西 贵州 重庆 广东	云南 湖北 四川
	标准化后	2.201479	1.586237	-0.31808	-1.197			
湖南	2.201479	0	0.615242	2.519563	3.398481	1.69924	3.017616	2.167996
江西	1.586237	0.615242	0	1.904321	2.783238	1.083998	2.402374	1.552754
安徽	-0.31808	2.519563	1.904321	0	0.878917	0.761728	0.498053	0.234378
河南	-1.197	3.398481	2.783238	0.878917	0	1.640646	0.205081	1.113295
浙江 福建 广西		1.69924	1.083998	0.761728	1.640646	0	1.259782	0.410161
陕西 贵州 重庆 广东		3.017616	2.402374	0.498053	0.205081	1.259782	0	0.732431
云南 湖北 四川		2.167996	1.552754	0.234378	1.113295	0.410161	0.732431	0

图 9-20　将“云南、湖北”与“四川”合并为一个新类

		湖南	江西	浙江 福建 广西	陕西 贵州 重庆 广东 河南	云南 湖北 四川 安徽
	标准化后	2.201479	1.586237			
湖南	2.201479	0	0.615242	1.69924	3.017616	2.167996
江西	1.586237	0.615242	0	1.083998	2.402374	1.552754
浙江 福建 广西		1.69924	1.083998	0	1.259782	0.410161
陕西 贵州 重庆 广东 河南		3.017616	2.402374	1.259782	0	0.498053
云南 湖北 四川 安徽		2.167996	1.552754	0.410161	0.498053	0

图 9-21　将“陕西、贵州、重庆、广东”与“河南”合并为一个新类，将“云南、湖北、四川”与“安徽”合并为一个新类

		湖南	江西	陕西 贵州 重庆 广东 河南	云南 湖北 四川 安徽 浙江 福建 广西
	标准化后	2.201479	1.586237		
湖南	2.201479	0	0.615242	3.017616	1.69924
江西	1.586237	0.615242	0	2.402374	1.083998
陕西 贵州 重庆 广东 河南		3.017616	2.402374	0	0.498053
云南 湖北 四川 安徽 浙江 福建 广西		1.69924	1.083998	0.498053	0

图 9-22　将“云南、湖北、四川、安徽”与“浙江、福建、广西”合并为一个新类

【结论】油茶产地分布范围最终分为 4 类，再根据原始数值很容易推断出油茶产地分布的分类，如表 9-2 所示。

表 9-2　油茶产地分布分类

分布情况	城市
一般	陕西、贵州、重庆、广东、河南
比较集中	云南、湖北、四川、安徽、浙江、福建、广西
集中	江西
很集中	湖南

图谱分析如图 9-23 所示。

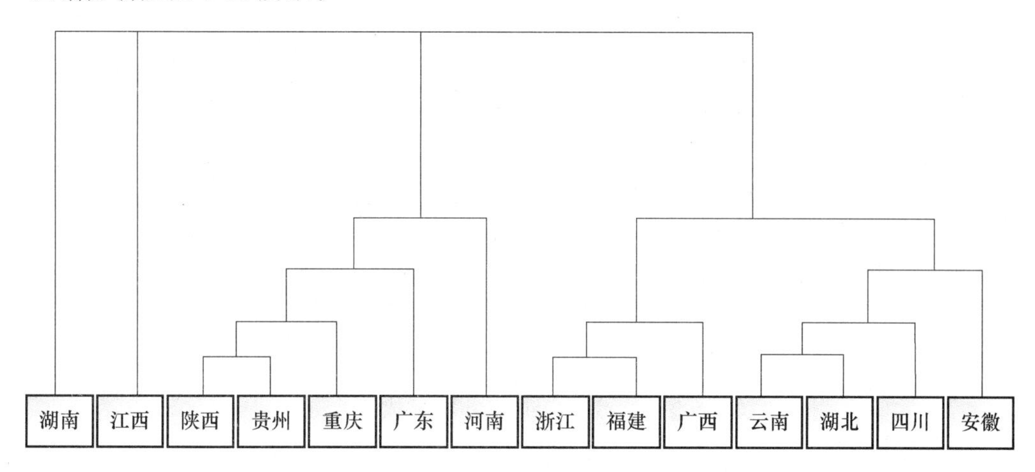

图 9-23　最小距离法油茶产地分布图谱分析

在实验过程中，我们可以看到，最小距离法分类在计算前并不能判断能将样本分为几类，也无法判断每类会有多少个样本。按照最小距离法的步骤依次循环，直到最后分为需要的 4 类，再主动停止操作。

2. 最长距离法

最长距离法和最短距离法的差别就在于类的距离的定义。最短距离法定义类 i 与 j 之间的距离为两类样本的最短距离，而最长距离法则定义类 i 与类 j 之间的距离为两类样本的最长距离。

最长距离法聚类的基本思想是：首先是 n 个样本各自成一类，然后规定类与类之间的距离，单击距离最小的 2 类合并成 1 个新类，计算新类与其他类的距离，再将距离最小的 2 类进行合并，这样每次减少 1 类，直到达到所需的分类数或所有的样本都归为 1 类为止，其中距离系数都是正数，而且 2 类之间的距离系数越小则认为两类间的关系越密切。

定义类 i 与 j 之间的距离为两类最近样品的距离：

$$D_{ij}=\max_{i,j} d_{ij}$$

若类 p 与 q 合并成一个新类记作 r，则 k 与 r 的距离为

$$D_{kr}=\max_{k,r} d_{kr}=\max\{\max d_{kp},\max d_{kq}\}=\max\{D_{kp},D_{kq}\}$$

例 9.2　最长距离法的应用

例 9.2 仍以表 9-1 的数据来进行实验，要求使用最长距离法对样本进行聚类分析，将油茶产地分布范围分为“很集中”、“集中”、“较集中”与“一般”4 个类别。最长距离法的差别在于合并新类时，计算两类之间的距离由计算最小值变为计算最大值。

【实验步骤】

步骤(1)～(4)与例 9.1 完全一致，我们从第(5)步开始。

(5) 在单元格 Q2 和单元格 A18 中均输入“浙江福建”，注意“浙江”与“福建”中间可用 Alt 键＋Enter 键进行强制分行，如图 9-24 所示。

单击单元格 C18，输入“＝MAX(C7,C8)”，在区域 C18:P18 中复制公式；单击单元格 Q4，输入“＝MAX(F4,G4)”，在区域 Q4:Q17 中复制公式，注意单元格 Q18 中的距离值为“0”，具体结果如图 9-25 所示。

	A	B	C	D	E	F	G	H	I	J	K	L	M	N	O	P	Q
1																	
2			湖南	江西	广西	浙江	福建	广东	湖北	贵州	安徽	云南	重庆	河南	四川	陕西	浙江 福建
3		标准化后	2.201479	1.586237	0.443644	0.502239	0.502239	-0.81614	0.004185	-0.99192	-0.31808	0.033483	-0.90403	-1.197	-0.08371	-0.96262	
4	湖南	2.201479	0	0.615242	1.757835	1.69924	1.69924	3.017616	2.197293	3.1934	2.519563	2.167996	3.105508	3.398481	2.285185	3.164103	
5	江西	1.586237	0.615242	0	1.142593	1.083998	1.083998	2.402374	1.582051	2.578158	1.904321	1.552754	2.490266	2.783238	1.669943	2.54886	
6	广西	0.443644	1.757835	1.142593	0	0.058594	0.058594	1.259782	0.439459	1.435565	0.761728	0.410161	1.347673	1.640646	0.52735	1.406268	
7	浙江	0.502239	1.69924	1.083998	0.058594	0	0	1.318376	0.498053	1.49416	0.820323	0.468756	1.406268	1.69924	0.585945	1.464862	
8	福建	0.502239	1.69924	1.083998	0.058594	0	0	1.318376	0.498053	1.49416	0.820323	0.468756	1.406268	1.69924	0.585945	1.464862	
9	广东	-0.81614	3.017616	2.402374	1.259782	1.318376	1.318376	0	0.820323	0.175783	0.498053	0.84962	0.087892	0.380864	0.732431	0.146486	
10	湖北	0.004185	2.197293	1.582051	0.439459	0.498053	0.498053	0.820323	0	0.996106	0.32227	0.029297	0.908215	1.201187	0.087892	0.966809	
11	贵州	-0.99192	3.1934	2.578158	1.435565	1.49416	1.49416	0.175783	0.996106	0	0.673837	1.025404	0.087892	0.205081	0.908215	0.029297	
12	安徽	-0.31808	2.519563	1.904321	0.761728	0.820323	0.820323	0.498053	0.32227	0.673837	0	0.351567	0.585945	0.878917	0.234378	0.644539	
13	云南	0.033483	2.167996	1.552754	0.410161	0.468756	0.468756	0.84962	0.029297	1.025404	0.351567	0	0.937512	1.230484	0.117189	0.996106	
14	重庆	-0.90403	3.105508	2.490266	1.347673	1.406268	1.406268	0.087892	0.908215	0.087892	0.585945	0.937512	0	0.292972	0.820323	0.058594	
15	河南	-1.197	3.398481	2.783238	1.640646	1.69924	1.69924	0.380864	1.201187	0.205081	0.878917	1.230484	0.292972	0	1.113295	0.234378	
16	四川	-0.08371	2.285185	1.669943	0.52735	0.585945	0.585945	0.732431	0.087892	0.908215	0.234378	0.117189	0.820323	1.113295	0	0.878917	
17	陕西	-0.96262	3.164103	2.54886	1.406268	1.464862	1.464862	0.146486	0.966809	0.029297	0.644539	0.996106	0.058594	0.234378	0.878917	0	
18	浙江 福建																
19																	

图 9-24 “浙江”与“福建”合并成新类

C18 =MAX(C7,C8)

	A	B	C	D	E	F	G	H	I	J	K	L	M	N	O	P	Q
1																	
2			湖南	江西	广西	浙江	福建	广东	湖北	贵州	安徽	云南	重庆	河南	四川	陕西	浙江 福建
3			2.201479	1.586237	0.443644	0.502239	0.502239	-0.81614	0.004185	-0.99192	-0.31808	0.033483	-0.90403	-1.197	-0.08371	-0.96262	
4	湖南	2.201479	0	0.615242	1.757835	1.69924	1.69924	3.017616	2.197293	3.1934	2.519563	2.167996	3.105508	3.398481	2.285185	3.164103	1.69924
5	江西	1.586237	0.615242	0	1.142593	1.083998	1.083998	2.402374	1.582051	2.578158	1.904321	1.552754	2.490266	2.783238	1.669943	2.54886	1.083998
6	广西	0.443644	1.757835	1.142593	0	0.058594	0.058594	1.259782	0.439459	1.435565	0.761728	0.410161	1.347673	1.640646	0.52735	1.406268	0.058594
7	浙江	0.502239	1.69924	1.083998	0.058594	0	0	1.318376	0.498053	1.49416	0.820323	0.468756	1.406268	1.69924	0.585945	1.464862	0
8	福建	0.502239	1.69924	1.083998	0.058594	0	0	1.318376	0.498053	1.49416	0.820323	0.468756	1.406268	1.69924	0.585945	1.464862	0
9	广东	-0.81614	3.017616	2.402374	1.259782	1.318376	1.318376	0	0.820323	0.175783	0.498053	0.84962	0.087892	0.380864	0.732431	0.146486	1.318376
10	湖北	0.004185	2.197293	1.582051	0.439459	0.498053	0.498053	0.820323	0	0.996106	0.32227	0.029297	0.908215	1.201187	0.087892	0.966809	0.498053
11	贵州	-0.99192	3.1934	2.578158	1.435565	1.49416	1.49416	0.175783	0.996106	0	0.673837	1.025404	0.087892	0.205081	0.908215	0.029297	1.49416
12	安徽	-0.31808	2.519563	1.904321	0.761728	0.820323	0.820323	0.498053	0.32227	0.673837	0	0.351567	0.585945	0.878917	0.234378	0.644539	0.820323
13	云南	0.033483	2.167996	1.552754	0.410161	0.468756	0.468756	0.84962	0.029297	1.025404	0.351567	0	0.937512	1.230484	0.117189	0.996106	0.468756
14	重庆	-0.90403	3.105508	2.490266	1.347673	1.406268	1.406268	0.087892	0.908215	0.087892	0.585945	0.937512	0	0.292972	0.820323	0.058594	1.406268
15	河南	-1.197	3.398481	2.783238	1.640646	1.69924	1.69924	0.380864	1.201187	0.205081	0.878917	1.230484	0.292972	0	1.113295	0.234378	1.69924
16	四川	-0.08371	2.285185	1.669943	0.52735	0.585945	0.585945	0.732431	0.087892	0.908215	0.234378	0.117189	0.820323	1.113295	0	0.878917	0.585945
17	陕西	-0.96262	3.164103	2.54886	1.406268	1.464862	1.464862	0.146486	0.966809	0.029297	0.644539	0.996106	0.058594	0.234378	0.878917	0	1.464862
18	浙江 福建		1.69924	1.083998	0.058594	0	0	1.318376	0.498053	1.49416	0.820323	0.468756	1.406268	1.69924	0.585945	1.464862	0
19																	

图 9-25 用最长距离法计算“浙江、福建”类与其他类的距离

(6) 将区域 C18:P18 和 P4:P17 中的公式复制粘贴为数据，然后删除浙江和福建的数据行与列，即第 8、9 行和 F、G 列，如图 9-26 所示。

		湖南	江西	广西	广东	湖北	贵州	安徽	云南	重庆	河南	四川	陕西	浙江 福建
		2.201479	1.586237	0.443644	-0.81614	0.004185	-0.99192	-0.31808	0.033483	-0.90403	-1.197	-0.08371	-0.96262	
湖南	2.201479	0	0.615242	1.757835	3.017616	2.197293	3.1934	2.519563	2.167996	3.105508	3.398481	2.285185	3.164103	1.69924
江西	1.586237	0.615242	0	1.142593	2.402374	1.582051	2.578158	1.904321	1.552754	2.490266	2.783238	1.669943	2.54886	1.083998
广西	0.443644	1.757835	1.142593	0	1.259782	0.439459	1.435565	0.761728	0.410161	1.347673	1.640646	0.52735	1.406268	0.058594
广东	-0.81614	3.017616	2.402374	1.259782	0	0.820323	0.175783	0.498053	0.84962	0.087892	0.380864	0.732431	0.146486	1.318376
湖北	0.004185	2.197293	1.582051	0.439459	0.820323	0	0.996106	0.32227	0.029297	0.908215	1.201187	0.087892	0.966809	0.498053
贵州	-0.99192	3.1934	2.578158	1.435565	0.175783	0.996106	0	0.673837	1.025404	0.087892	0.205081	0.908215	0.029297	1.49416
安徽	-0.31808	2.519563	1.904321	0.761728	0.498053	0.32227	0.673837	0	0.351567	0.585945	0.878917	0.234378	0.644539	0.820323
云南	0.033483	2.167996	1.552754	0.410161	0.84962	0.029297	1.025404	0.351567	0	0.937512	1.230484	0.117189	0.996106	0.468756
重庆	-0.90403	3.105508	2.490266	1.347673	0.087892	0.908215	0.087892	0.585945	0.937512	0	0.292972	0.820323	0.058594	1.406268
河南	-1.197	3.398481	2.783238	1.640646	0.380864	1.201187	0.205081	0.878917	1.230484	0.292972	0	1.113295	0.234378	1.69924
四川	-0.08371	2.285185	1.669943	0.52735	0.732431	0.087892	0.908215	0.234378	0.117189	0.820323	1.113295	0	0.878917	0.585945
陕西	-0.96262	3.164103	2.54886	1.406268	0.146486	0.966809	0.029297	0.644539	0.996106	0.058594	0.234378	0.878917	0	1.464862
浙江 福建		1.69924	1.083998	0.058594	1.318376	0.498053	1.49416	0.820323	0.468756	1.406268	1.69924	0.585945	1.464862	0

图 9-26 删除“浙江”与“福建”类所在的行与列

(7) 重复步骤(5)和(6)，注意每一次在条件格式中单击后 N 项，N=实际类数+1，例如在图 9-27 中有 13 类，那么 N=14(如图 9-27～图 9～35 所示)。将距离最小的两个不同类进行合并，并利用最大距离计算新类的值，直到最后只剩下四类。

		湖南	江西	广西	广东	湖北	贵州	安徽	云南	重庆	河南	四川	陕西	浙江福建
		2.201479	1.586237	0.443644	-0.81614	0.004185	-0.99192	-0.31808	0.033483	-0.90403	-1.197	-0.08371	-0.96262	
湖南	2.201479	0	0.615242	1.757835	3.017616	2.197293	3.1934	2.519563	2.167996	3.105508	3.398481	2.285185	3.164103	1.69924
江西	1.586237	0.615242	0	1.142593	2.402374	1.582051	2.578158	1.904321	1.552754	2.490266	2.783238	1.669943	2.54886	1.083998
广西	0.443644	1.757835	1.142593	0	1.259782	0.439459	1.435565	0.761728	0.410161	1.347673	1.640646	0.52735	1.406268	0.058594
广东	-0.81614	3.017616	2.402374	1.259782	0	0.820323	0.175783	0.498053	0.84962	0.087892	0.380864	0.732431	0.146486	1.318376
湖北	0.004185	2.197293	1.582051	0.439459	0.820323	0	0.996106	0.32227	0.029297	0.908215	1.201187	0.087892	0.966809	0.498053
贵州	-0.99192	3.1934	2.578158	1.435565	0.175783	0.996106	0	0.673837	1.025404	0.087892	0.205081	0.908215	0.029297	1.49416
安徽	-0.31808	2.519563	1.904321	0.761728	0.498053	0.32227	0.673837	0	0.351567	0.585945	0.878917	0.234378	0.644539	0.820323
云南	0.033483	2.167996	1.552754	0.410161	0.84962	0.029297	1.025404	0.351567	0	0.937512	1.230484	0.117189	0.996106	0.468756
重庆	-0.90403	3.105508	2.490266	1.347673	0.087892	0.908215	0.087892	0.585945	0.937512	0	0.292972	0.820323	0.058594	1.406268
河南	-1.197	3.398481	2.783238	1.640646	0.380864	1.201187	0.205081	0.878917	1.230484	0.292972	0	1.113295	0.234378	1.69924
四川	-0.08371	2.285185	1.669943	0.52735	0.732431	0.087892	0.908215	0.234378	0.117189	0.820323	1.113295	0	0.878917	0.585945
陕西	-0.96262	3.164103	2.54886	1.406268	0.146486	0.966809	0.029297	0.644539	0.996106	0.058594	0.234378	0.878917	0	1.464862
浙江福建		1.69924	1.083998	0.058594	1.318376	0.498053	1.49416	0.820323	0.468756	1.406268	1.69924	0.585945	1.464862	0

图 9-27　利用条件格式选出最小距离的两类“贵州”与“陕西”

		湖南	江西	广西	广东	湖北	安徽	云南	重庆	河南	四川	浙江福建	陕西贵州
		2.201479	1.586237	0.443644	-0.81614	0.004185	-0.31808	0.033483	-0.90403	-1.197	-0.08371		
湖南	2.201479	0	0.615242	1.757835	3.017616	2.197293	2.519563	2.167996	3.105508	3.398481	2.285185	1.69924	3.1934
江西	1.586237	0.615242	0	1.142593	2.402374	1.582051	1.904321	1.552754	2.490266	2.783238	1.669943	1.083998	2.578158
广西	0.443644	1.757835	1.142593	0	1.259782	0.439459	0.761728	0.410161	1.347673	1.640646	0.52735	0.058594	1.435565
广东	-0.81614	3.017616	2.402374	1.259782	0	0.820323	0.498053	0.84962	0.087892	0.380864	0.732431	1.318376	0.175783
湖北	0.004185	2.197293	1.582051	0.439459	0.820323	0	0.32227	0.029297	0.908215	1.201187	0.087892	0.498053	0.996106
安徽	-0.31808	2.519563	1.904321	0.761728	0.498053	0.32227	0	0.351567	0.585945	0.878917	0.234378	0.820323	0.673837
云南	0.033483	2.167996	1.552754	0.410161	0.84962	0.029297	0.351567	0	0.937512	1.230484	0.117189	0.468756	1.025404
重庆	-0.90403	3.105508	2.490266	1.347673	0.087892	0.908215	0.585945	0.937512	0	0.292972	0.820323	1.406268	0.087892
河南	-1.197	3.398481	2.783238	1.640646	0.380864	1.201187	0.878917	1.230484	0.292972	0	1.113295	1.69924	0.234378
四川	-0.08371	2.285185	1.669943	0.52735	0.732431	0.087892	0.234378	0.117189	0.820323	1.113295	0	0.585945	0.908215
浙江福建		1.69924	1.083998	0.058594	1.318376	0.498053	0.820323	0.468756	1.406268	1.69924	0.585945	0	1.49416
陕西贵州		3.1934	2.578158	1.435565	0.175783	0.996106	0.673837	1.025404	0.087892	0.234378	0.908215	1.49416	0

图 9-28　将“陕西”与“贵州”合并成新类

		湖南	江西	广西	广东	安徽	重庆	河南	四川	浙江福建	陕西贵州	云南湖北
		2.201479	1.586237	0.443644	-0.81614	-0.31808	-0.90403	-1.197	-0.08371			
湖南	2.201479	0	0.615242	1.757835	3.017616	2.519563	3.105508	3.398481	2.285185	1.69924	3.1934	2.197293
江西	1.586237	0.615242	0	1.142593	2.402374	1.904321	2.490266	2.783238	1.669943	1.083998	2.578158	1.582051
广西	0.443644	1.757835	1.142593	0	1.259782	0.761728	1.347673	1.640646	0.52735	0.058594	1.435565	0.439459
广东	-0.81614	3.017616	2.402374	1.259782	0	0.498053	0.087892	0.380864	0.732431	1.318376	0.175783	0.84962
安徽	-0.31808	2.519563	1.904321	0.761728	0.498053	0	0.585945	0.878917	0.234378	0.820323	0.673837	0.351567
重庆	-0.90403	3.105508	2.490266	1.347673	0.087892	0.585945	0	0.292972	0.820323	1.406268	0.087892	0.937512
河南	-1.197	3.398481	2.783238	1.640646	0.380864	0.878917	0.292972	0	1.113295	1.69924	0.234378	1.230484
四川	-0.08371	2.285185	1.669943	0.52735	0.732431	0.234378	0.820323	1.113295	0	0.585945	0.908215	0.117189
浙江福建		1.69924	1.083998	0.058594	1.318376	0.820323	1.406268	1.69924	0.585945	0	1.49416	0.498053
陕西贵州		3.1934	2.578158	1.435565	0.175783	0.673837	0.087892	0.234378	0.908215	1.49416	0	1.025404
云南湖北		2.197293	1.582051	0.439459	0.84962	0.351567	0.937512	1.230484	0.117189	0.498053	1.025404	0

图 9-29　将“云南”与“湖北”合并成新类

		湖南	江西	广东	安徽	重庆	河南	四川	陕西 贵州	云南 湖北	浙江 福建 广西
		2.201479	1.586237	-0.81614	-0.31808	-0.90403	-1.197	-0.08371			
湖南	2.201479	0	0.615242	3.017616	2.519563	3.105508	3.398481	2.285185	3.1934	2.197293	1.757835
江西	1.586237	0.615242	0	2.402374	1.904321	2.490266	2.783238	1.669943	2.578158	1.582051	1.142593
广东	-0.81614	3.017616	2.402374	0	0.498053	0.087892	0.380864	0.732431	0.175783	0.84962	1.318376
安徽	-0.31808	2.519563	1.904321	0.498053	0	0.585945	0.878917	0.234378	0.673837	0.351567	0.820323
重庆	-0.90403	3.105508	2.490266	0.087892	0.585945	0	0.292972	0.820323	0.087892	0.937512	1.406268
河南	-1.197	3.398481	2.783238	0.380864	0.878917	0.292972	0	1.113295	0.234378	1.230484	1.69924
四川	-0.08371	2.285185	1.669943	0.732431	0.234378	0.820323	1.113295	0	0.908215	0.117189	0.585945
陕西 贵州		3.1934	2.578158	0.175783	0.673837	0.087892	0.234378	0.908215	0	1.025404	1.49416
云南 湖北		2.197293	1.582051	0.84962	0.351567	0.937512	1.230484	0.117189	1.025404	0	0.498053
浙江 福建 广西		1.757835	1.142593	1.318376	0.820323	1.406268	1.69924	0.585945	1.49416	0.498053	0

图 9-30 将“浙江、福建”与“广西”合并成新类

		湖南	江西	安徽	河南	四川	云南 湖北	浙江 福建 广西	陕西 贵州 重庆 广东
		2.201479	1.586237	-0.31808	-1.197	-0.08371			
湖南	2.201479	0	0.615242	2.519563	3.398481	2.285185	2.197293	1.757835	3.1934
江西	1.586237	0.615242	0	1.904321	2.783238	1.669943	1.582051	1.142593	2.578158
安徽	-0.31808	2.519563	1.904321	0	0.878917	0.234378	0.351567	0.820323	0.673837
河南	-1.197	3.398481	2.783238	0.878917	0	1.113295	1.230484	1.69924	0.380864
四川	-0.08371	2.285185	1.669943	0.234378	1.113295	0	0.117189	0.585945	0.908215
云南 湖北		2.197293	1.582051	0.351567	1.230484	0.117189	0	0.498053	1.025404
浙江 福建 广西		1.757835	1.142593	0.820323	1.69924	0.585945	0.498053	0	1.49416
陕西 贵州 重庆 广东		3.1934	2.578158	0.673837	0.380864	0.908215	1.025404	1.49416	0

图 9-31 将“陕西、贵州、重庆”与“广东”合并成新类

		湖南	江西	安徽	河南	浙江 福建 广西	陕西 贵州 重庆 广东	云南 湖北 四川
		2.201479	1.586237	-0.31808	-1.197			
湖南	2.201479	0	0.615242	2.519563	3.398481	1.757835	3.1934	2.285185
江西	1.586237	0.615242	0	1.904321	2.783238	1.142593	2.578158	1.669943
安徽	-0.31808	2.519563	1.904321	0	0.878917	0.820323	0.673837	0.351567
河南	-1.197	3.398481	2.783238	0.878917	0	1.69924	0.380864	1.230484
浙江 福建 广西		1.757835	1.142593	0.820323	1.69924	0	1.49416	0.585945
陕西 贵州 重庆 广东		3.1934	2.578158	0.673837	0.380864	1.49416	0	1.025404
云南 湖北 四川		2.285185	1.669943	0.351567	1.230484	0.585945	1.025404	0

图 9-32 将“云南、湖北”与“四川”合并成新类

		湖南 2.201479	江西 1.586237	河南 -1.197	浙江 福建 广西	陕西 贵州 重庆 广东	云南 湖北 四川 安徽
湖南	2.201479	0	0.615242	3.398481	1.757835	3.1934	2.519563
江西	1.586237	0.615242	0	2.783238	1.142593	2.578158	1.904321
河南	-1.197	3.398481	2.783238	0	1.69924	0.380864	1.230484
浙江 福建 广西		1.757835	1.142593	1.69924	0	1.49416	0.820323
陕西 贵州 重庆 广东		3.1934	2.578158	0.380864	1.49416	0	1.025404
云南 湖北 四川 安徽		2.519563	1.904321	1.230484	0.820323	1.025404	0

图 9-33　将“云南、湖北、四川”与“安徽”合并成新类

		湖南 2.201479	江西 1.586237	浙江 福建 广西	云南 湖北 四川 安徽	陕西 贵州 重庆 广东 河南
湖南	2.201479	0	0.615242	1.757835	2.519563	3.398481
江西	1.586237	0.615242	0	1.142593	1.904321	2.783238
浙江 福建 广西		1.757835	1.142593	0	0.820323	1.69924
云南 湖北 四川 安徽		2.519563	1.904321	0.820323	0	1.230484
陕西 贵州 重庆 广东 河南		3.398481	2.783238	1.69924	1.230484	0

图 9-34　将“陕西、贵州、重庆、广东”与“河南”合并成新类

		浙江 福建 广西	云南 湖北 四川 安徽	陕西 贵州 重庆 广东 河南	湖南 江西
浙江 福建 广西		0	0.820323	1.69924	1.757835
云南 湖北 四川 安徽		0.820323	0	1.230484	2.519563
陕西 贵州 重庆 广东 河南		1.69924	1.230484	0	3.398481
湖南 江西		1.757835	2.519563	3.398481	0

图 9-35　将“湖南”与“江西”合并成新类

【结论】油茶产地分布范围最终分为 4 类,再根据原始数值很容易推断出油茶产地分布的分类,如表 9-3 所示。

表 9-3 油茶产地分布分类

分布情况	城市
一般	陕西、贵州、重庆、广东、河南
比较集中	云南、湖北、四川、安徽
集中	浙江、福建、广西
很集中	湖南、江西

图谱分析如图 9-36 所示。

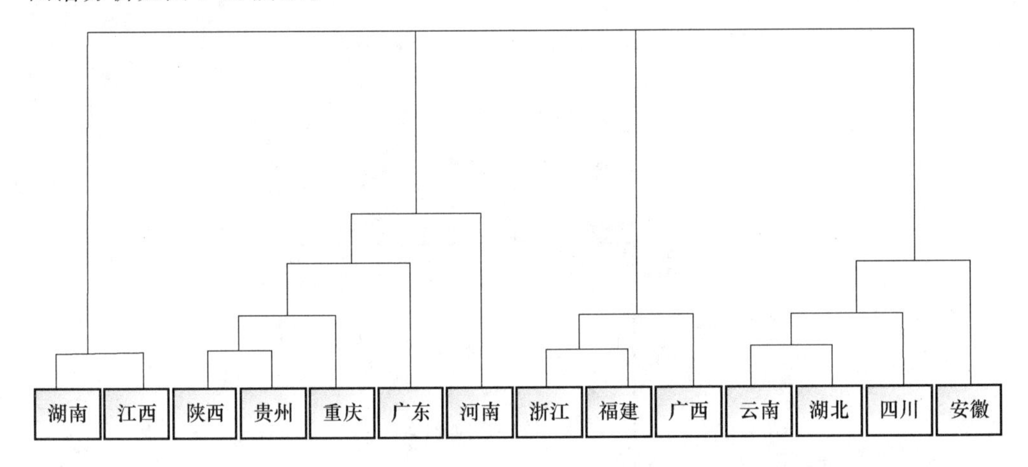

图 9-36 最长距离法油茶产地分布图谱分析

聚类分析中的举例分析法是常用的一种方法,然而聚类分析的结果具有不确定性,因为它可能本就没有正确答案,不同的方案会导致不同的分类结果。最短距离法产生的聚类可能会破坏类的“紧凑性”,而最长距离法产生的聚类有可能会破坏类的“闭合性”,也就是分配到某类的样本到其他类成员的距离比本类中的某些成员的距离更短。

在聚类分析的距离分析法中,距离测量方式的选择非常重要,由例 9.1 和例 9.2 可以看到,新类的距离测量方式不一样,分类结果也不一样。因为在进行聚类分析的举例分析法时,必须针对样本的具体特征,与实际问题对照,看哪一个结果更符合经验,由此选择合理的距离测量方式与算法,提高聚类的准确性。

关于聚类分析也有一些分类方面的建议。

建议 A:任何类都必须在邻近各级中是突出的,即各类重心之间的距离必须为极大。

建议 B:确定的类中,两类包含的元素都不过分多。

建议 C:分类的数目必须符合实用目的。

建议 D:若采用几种聚类方法,则在各自的聚类图中应发现相同的类。

由这些建议,例 9.1 和例 9.2 中,最长距离法的分类结果可能比最短距离法的分类结果更合理。

9.1.2 相关系数法

采用表示相似程度的指标,例如“相关系数”,“相关系数”越大的个体(变量)越具有相似性。

例 9.3 相关系数法

某年级某班学生某 10 项指标统计如表 9-4 所示,要求使用相关系数法对样本进行聚类分析,将该 10 项指标分为“乐观”“正常”“悲观”3 个类别。

表 9-4 某年级某班学生某 10 项指标统计

序号	学号	姓名	性别	A	B	C	D	E	F	G	H	I	J
1	98000001	张睿	男	83	81	65	79	94	71	65	89	65	82
2	98000002	李玥佳	女	65	65	76	92	94	81	90	89	56	84
3	98000003	殷文倩	女	95	62	64	91	52	77	56	53	50	75
4	98000004	王娅婷	女	58	83	79	92	82	70	87	83	54	59
5	98000005	史媛瑜	女	51	94	74	94	51	51	50	94	95	88
6	98000006	越昆	女	56	87	64	61	76	72	78	51	92	90
7	98000007	韦晓茜	女	62	81	72	72	63	72	70	68	90	95
8	98000009	牛建龙	男	67	66	78	53	94	95	57	70	69	81
9	98000010	王昱颖	女	50	59	94	89	83	85	87	90	53	82
10	98000011	贺毅轩	男	72	70	72	70	54	70	81	66	95	83
11	98000012	潘余强	男	68	82	50	79	73	53	84	66	55	82
12	98000013	李丹	女	54	91	82	60	55	83	57	59	91	57
13	98000014	王富权	男	75	55	77	90	62	78	73	59	74	60
14	98000015	赵恒	男	70	79	59	50	63	87	58	82	94	74
15	98000016	张秀群	女	84	56	53	55	79	84	92	61	65	74
16	98000017	沙丽塔娜提	女	63	64	58	86	55	82	80	69	74	87
17	98000018	牛怡晗	女	50	75	94	62	51	68	77	53	90	57
18	98000019	王蔚	男	92	92	59	82	65	75	58	58	93	87
19	98000020	杨阳	男	74	84	58	92	72	52	81	76	71	54
20	98000021	张诗玥	女	89	83	50	64	59	94	84	82	68	55
21	98000022	孙伟达	男	94	51	95	79	65	50	88	66	57	70
22	98000023	许健	男	93	93	79	52	65	75	80	84	62	54
23	98000024	朱文超	男	66	61	63	92	68	80	69	69	52	59
24	98000025	周勇	男	57	76	85	76	67	67	79	89	85	92
25	98000026	杨通贇	男	90	52	50	60	73	60	84	68	55	71
26	98000027	李淑英	女	92	56	60	58	75	65	82	91	59	66
27	98000028	李亚坤	女	90	82	90	83	69	50	91	83	79	82
28	98000029	马骁川	男	51	75	88	69	73	78	57	62	61	58
29	98000030	赵明鉥	男	77	85	88	84	80	53	92	92	94	89
30	98000031	甘曦	男	86	94	68	91	52	69	89	77	73	78
31	98000032	段宏	男	72	69	90	83	70	64	73	73	73	94
32	98000033	刘琳琳	女	51	60	89	56	78	90	79	56	69	55
33	98000034	张建志	男	63	54	79	85	83	80	76	68	71	75

续 表

序号	学号	姓名	性别	A	B	C	D	E	F	G	H	I	J
34	98000035	图拉	女	55	50	89	69	68	60	64	64	95	59
35	98000036	袁媛	女	56	64	73	74	67	72	57	63	95	54
36	98000037	赵雪莹	女	62	93	56	79	85	74	95	71	73	91
37	98000038	杨扬	女	86	88	61	57	60	58	87	73	78	52
38	98000039	李沁峰	女	54	93	62	92	64	95	52	51	66	67
39	98000040	韦丽沙	女	77	84	64	72	91	59	83	71	86	92
40	98000041	伍志婷	女	93	85	74	81	77	64	58	91	64	93
41	98000042	吴莹莹	女	67	90	52	53	52	85	67	90	82	70
42	98000044	考沙尔·阿曼	女	83	92	59	91	81	95	68	76	76	89
43	98000045	马小龙	男	82	62	57	59	59	68	92	62	80	57
44	98000046	赵振宁	男	93	57	70	90	86	90	63	65	92	76
45	98000047	孔文超	男	92	78	75	62	57	71	72	62	92	77
46	98000048	阿丽娅.克里木	女	80	89	67	61	89	77	85	86	77	53
47	98000049	刘伟	男	63	70	90	79	52	92	75	79	55	51
48	98000050	刘丽媛	女	58	64	59	70	91	52	64	74	58	81
49	98000051	邓传玉	女	66	71	62	72	70	79	54	93	80	62
50	98000052	王玉梅	女	87	94	87	83	78	85	54	66	72	50
51	98000053	韦兰春	女	71	50	79	75	85	59	67	55	61	70
52	98000054	卢博鑫	女	86	91	81	77	52	68	91	53	67	70
53	98000055	王浠	男	66	73	70	60	88	74	68	78	85	94
54	98000056	武彦秀	女	56	86	54	88	77	50	81	70	55	91
55	98000057	杨子皓	男	62	74	90	50	58	91	60	61	88	77
56	98000058	江雨	男	84	59	74	86	91	72	54	80	69	52
57	98000059	王蓓	女	78	71	74	54	91	74	67	81	75	77
58	98000060	张瑜	女	70	69	64	61	85	93	76	77	69	78
59	98000062	马媛	女	93	65	85	73	70	54	56	72	81	92

【实验步骤】

(1) 将表 9-4 的数据录入 Excel 中,如图 9-37 所示。

(2) 生成 A～J 列的相关系数,如图 9-38 所示。

通过"复制"和"选择性粘贴"中的"值",将 A～J 的相关系数表粘贴到新的工作表中,如图 9-39 所示。

(3) 选中区域 A4:K11,依次选择"开始"选项卡→"样式"组→"条件格式"→"项目选取规则"→"其他规则"命令,在"编辑格式规则"对话框中的编辑规则说明中,单击"前""11",如图 9-40 所示,格式中单击填充为"黄色",也就是让前 11 个距离最大的值突出显示。

序号	学号	姓名	性别	A	B	C	D	E	F	G	H	I	J
1	98000001	张睿	男	83	81	65	79	94	71	65	89	65	82
2	98000002	李玥佳	女	65	65	76	92	94	81	90	89	56	84
3	98000003	殷文倩	女	95	62	64	91	52	77	56	53	50	75
4	98000004	王娅婷	女	58	83	79	92	82	70	87	83	54	59
5	98000005	史媛瑜	女	51	94	74	94	51	51	50	94	95	88
6	98000006	越昆	女	56	87	64	61	76	72	78	51	92	90
7	98000007	韦晓茜	女	62	81	72	72	63	72	70	68	90	95
8	98000009	牛建龙	男	67	66	78	53	94	95	57	70	69	81
9	98000010	王昱颖	女	50	59	94	89	83	85	87	90	53	82
10	98000011	贺毅轩	男	72	70	72	70	54	70	81	66	95	83
11	98000012	潘余强	男	68	82	50	79	73	53	84	66	55	82
12	98000013	李丹	女	54	91	82	60	55	83	57	59	91	57
13	98000014	王富权	男	75	55	77	90	62	78	73	59	74	60
14	98000015	赵恒	男	70	79	59	50	63	87	58	82	94	74
15	98000016	张秀群	女	84	56	53	55	79	84	92	61	65	74
16	98000017	沙丽塔娜提	女	63	64	58	86	55	82	80	69	74	87
17	98000018	牛怡晗	女	50	75	94	62	51	68	77	53	90	57
18	98000019	王蔚	男	92	92	59	82	65	75	58	58	93	87
19	98000020	杨阳	男	74	84	58	92	72	52	81	76	71	54
20	98000021	张诗玥	女	89	83	50	64	59	94	84	82	68	55

图 9-37　按列录入数据

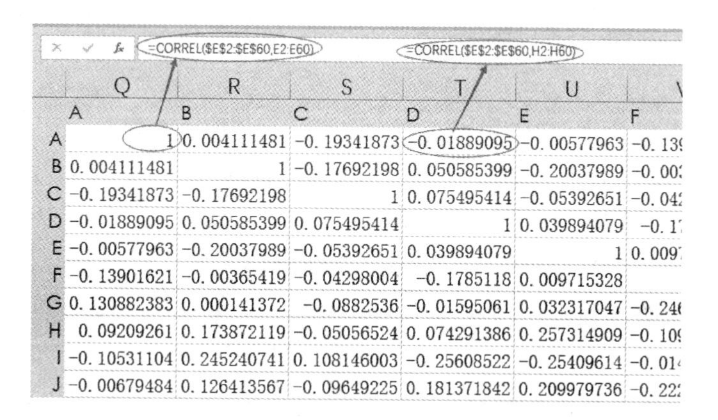

	A	B	C	D	E	F
A	1	0.004111481	-0.19341873	-0.01889095	-0.00577963	-0.139
B	0.004111481	1	-0.17692198	0.050585399	-0.20037989	-0.003
C	-0.19341873	-0.17692198	1	0.075495414	-0.05392651	-0.042
D	-0.01889095	0.050585399	0.075495414	1	0.039894079	-0.17
E	-0.00577963	-0.20037989	-0.05392651	0.039894079	1	0.009
F	-0.13901621	-0.00365419	-0.04298004	-0.1785118	0.009715328	
G	0.130882383	0.000141372	-0.0882536	-0.01595061	0.032317047	-0.24
H	0.09209261	0.173872119	-0.05056524	0.074291386	0.257314909	-0.109
I	-0.10531104	0.245240741	0.108146003	-0.25608522	-0.25409614	-0.01
J	-0.00679484	0.126413567	-0.09649225	0.181371842	0.209979736	-0.22

图 9-38　生成各类之间的相关系数

	A	B	C	D	E	F	G	H	I	J
A	1	0.004111	-0.19342	-0.01889	-0.00578	-0.13902	0.130882	0.092093	-0.10531	-0.00679
B	0.004111	1	-0.17692	0.050585	-0.20038	-0.00365	0.000141	0.173872	0.245241	0.126414
C	-0.19342	-0.17692	1	0.075495	-0.05393	-0.04298	-0.08825	-0.05057	0.108146	-0.09649
D	-0.01889	0.050585	0.075495	1	0.039894	-0.17851	-0.01595	0.074291	-0.25609	0.181372
E	-0.00578	-0.20038	-0.05393	0.039894	1	0.009715	0.032317	0.257315	-0.2541	0.20998
F	-0.13902	-0.00365	-0.04298	-0.17851	0.009715	1	-0.2468	-0.10988	-0.01499	-0.22202
G	0.130882	0.000141	-0.08825	-0.01595	0.032317	-0.2468	1	0.099274	-0.22993	0.04831
H	0.092093	0.173872	-0.05057	0.074291	0.257315	-0.10988	0.099274	1	-0.08296	0.1537
I	-0.10531	0.245241	0.108146	-0.25609	-0.2541	-0.01499	-0.22993	-0.08296	1	0.172906
J	-0.00679	0.126414	-0.09649	0.181372	0.20998	-0.22202	0.04831	0.1537	0.172906	1

图 9-39　选择性粘贴将公式变为数值

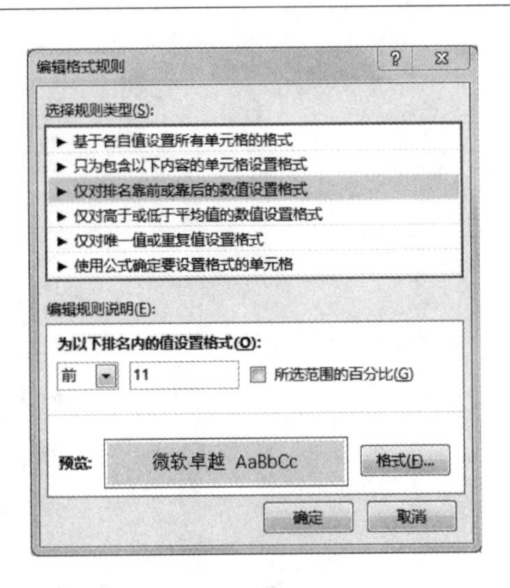

图 9-40　设置条件格式参数

单击“确定”按钮之后，结果如图 9-41 所示。

	A	B	C	D	E	F	G	H	I	J
A	1	0.004111	-0.19342	-0.01889	-0.00578	-0.13902	0.130882	0.092093	-0.10531	-0.00679
B	0.004111	1	-0.17692	0.050585	-0.20038	-0.00365	0.000141	0.173872	0.245241	0.126414
C	-0.19342	-0.17692	1	0.075495	-0.05393	-0.04298	-0.08825	-0.05057	0.108146	-0.09649
D	-0.01889	0.050585	0.075495	1	0.039894	-0.17851	-0.01595	0.074291	-0.25609	0.181372
E	-0.00578	-0.20038	-0.05393	0.039894	1	0.009715	0.032317	0.257315	-0.2541	0.20998
F	-0.13902	-0.00365	-0.04298	-0.17851	0.009715	1	-0.2468	-0.10988	-0.01499	-0.22202
G	0.130882	0.000141	-0.08825	-0.01595	0.032317	-0.2468	1	0.099274	-0.22993	0.04831
H	0.092093	0.173872	-0.05057	0.074291	0.257315	-0.10988	0.099274	1	-0.08296	0.1537
I	-0.10531	0.245241	0.108146	-0.25609	-0.2541	-0.01499	-0.22993	-0.08296	1	0.172906
J	-0.00679	0.126414	-0.09649	0.181372	0.20998	-0.22202	0.04831	0.1537	0.172906	1

图 9-41　条件格式找出最相关的两类

(4) 将 E 和 F 合并为新类，并计算新类{E、H}的相关系数，这里新类的相关系数选择合并前两类相关系数的平均值。

例如单元格 L2 表示类 A 和新类{E、H}的相关系数，输入“=AVERAGE(F2,I2)”，这里单元格 F2 内为类 A 与类 E 的相关系数，单元格 I2 内为类 A 与类 I 的相关系数。新类{E、H}的相关系数即为上述两个相关系数的平均值。

注意单元格 L12 的值表示新类{E、H}及其相关系数，因此设置为 1。

L2　=AVERAGE(F2,I2)

	A	B	C	D	E	F	G	H	I	J	K	L
1		A	B	C	D	E	F	G	H	I	J	E,H
2	A	1	0.004111	-0.19342	-0.01889	-0.00578	-0.13902	0.130882	0.092093	-0.10531	-0.00679	0.043156
3	B	0.004111	1	-0.17692	0.050585	-0.20038	-0.00365	0.000141	0.173872	0.245241	0.126414	-0.01325
4	C	-0.19342	-0.17692	1	0.075495	-0.05393	-0.04298	-0.08825	-0.05057	0.108146	-0.09649	-0.05225
5	D	-0.01889	0.050585	0.075495	1	0.039894	-0.17851	-0.01595	0.074291	-0.25609	0.181372	0.057093
6	E	-0.00578	-0.20038	-0.05393	0.039894	1	0.009715	0.032317	0.257315	-0.2541	0.20998	0.628657
7	F	-0.13902	-0.00365	-0.04298	-0.17851	0.009715	1	-0.2468	-0.10988	-0.01499	-0.22202	-0.05008
8	G	0.130882	0.000141	-0.08825	-0.01595	0.032317	-0.2468	1	0.099274	-0.22993	0.04831	0.065796
9	H	0.092093	0.173872	-0.05057	0.074291	0.257315	-0.10988	0.099274	1	-0.08296	0.1537	0.628657
10	I	-0.10531	0.245241	0.108146	-0.25609	-0.2541	-0.01499	-0.22993	-0.08296	1	0.172906	-0.16853
11	J	-0.00679	0.126414	-0.09649	0.181372	0.20998	-0.22202	0.04831	0.1537	0.172906	1	0.18184
12	E,H	0.043156	-0.01325	-0.05225	0.057093	0.628657	-0.05008	0.065796	0.628657	-0.16853	0.18184	1

=AVERAGE(B6,B9)

图 9-42　计算新类与各类之间的相关系数

将区域 A12:L12 和 L2:L12 的值通过"复制"和"选择性粘贴"中的"值"命令，将公式转换为数值。最后删除类 E 和类 F 所在的第 6、9 行与 F、I 列。

(5) 重复步骤(3)和(4)，如图 9-43～图 9-49 所示，总是将相关系数最大的两个不同类进行合并，并利用平均值公式计算新类的值，直到最后只剩下三类。

	A	B	C	D	F	G	I	J	E,H
A	1	0.004111	-0.19342	-0.01889	-0.13902	0.130882	-0.10531	-0.00679	0.043156
B	0.004111	1	-0.17692	0.050585	-0.00365	0.000141	0.245241	0.126414	-0.01325
C	-0.19342	-0.17692	1	0.075495	-0.04298	-0.08825	0.108146	-0.09649	-0.05225
D	-0.01889	0.050585	0.075495	1	-0.17851	-0.01595	-0.25609	0.181372	0.057093
F	-0.13902	-0.00365	-0.04298	-0.17851	1	-0.2468	-0.01499	-0.22202	-0.05008
G	0.130882	0.000141	-0.08825	-0.01595	-0.2468	1	-0.22993	0.04831	0.065796
I	-0.10531	0.245241	0.108146	-0.25609	-0.01499	-0.22993	1	0.172906	-0.16853
J	-0.00679	0.126414	-0.09649	0.181372	-0.22202	0.04831	0.172906	1	0.18184
E,H	0.043156	-0.01325	-0.05225	0.057093	-0.05008	0.065796	-0.16853	0.18184	1

图 9-43　将 E 与 H 合并生成新类

	A	C	D	F	G	J	E,H	B,I
A	1	-0.19342	-0.01889	-0.13902	0.130882	-0.00679	0.043156	-0.0506
C	-0.19342	1	0.075495	-0.04298	-0.08825	-0.09649	-0.05225	-0.03439
D	-0.01889	0.075495	1	-0.17851	-0.01595	0.181372	0.057093	-0.10275
F	-0.13902	-0.04298	-0.17851	1	-0.2468	-0.22202	-0.05008	-0.00932
G	0.130882	-0.08825	-0.01595	-0.2468	1	0.04831	0.065796	-0.1149
J	-0.00679	-0.09649	0.181372	-0.22202	0.04831	1	0.18184	0.14966
E,H	0.043156	-0.05225	0.057093	-0.05008	0.065796	0.18184	1	-0.09089
B,I	-0.0506	-0.03439	-0.10275	-0.00932	-0.1149	0.14966	-0.09089	1

图 9-44　将 B 与 I 合并生成新类

	A	C	D	F	G	B,I	E,H,J
A	1	-0.19342	-0.01889	-0.13902	0.130882	-0.0506	0.018181
C	-0.19342	1	0.075495	-0.04298	-0.08825	-0.03439	-0.07437
D	-0.01889	0.075495	1	-0.17851	-0.01595	-0.10275	0.119232
F	-0.13902	-0.04298	-0.17851	1	-0.2468	-0.00932	-0.13605
G	0.130882	-0.08825	-0.01595	-0.2468	1	-0.1149	0.057053
B,I	-0.0506	-0.03439	-0.10275	-0.00932	-0.1149	1	0.029384
E,H,J	0.018181	-0.07437	0.119232	-0.13605	0.057053	0.029384	1

图 9-45　将 E、H 与 J 合并生成新类

	C	D	F	B,I	E,H,J	A,G
C	1	0.075495	-0.04298	-0.03439	-0.07437	-0.14084
D	0.075495	1	-0.17851	-0.10275	0.119232	-0.01742
F	-0.04298	-0.17851	1	-0.00932	-0.13605	-0.19291
B,I	-0.03439	-0.10275	-0.00932	1	0.029384	-0.08275
E,H,J	-0.07437	0.119232	-0.13605	0.029384	1	0.037617
A,G	-0.14084	-0.01742	-0.19291	-0.08275	0.037617	1

图 9-46　将 A 与 G 合并生成新类

	C	F	B,I	A,G	E,H,J,D
C	1	-0.04298	-0.03439	-0.14084	0.000563
F	-0.04298	1	-0.00932	-0.19291	-0.15728
B,I	-0.03439	-0.00932	1	-0.08275	-0.03668
A,G	-0.14084	-0.19291	-0.08275	1	0.010098
E,H,J,D	0.000563	-0.15728	-0.03668	0.010098	1

图 9-47　将 E、H、J 与 D 合并生成新类

	C	F	B,I	E,H,J,D,A,G
C	1	-0.04298	-0.03439	-0.07014
F	-0.04298	1	-0.00932	-0.1751
B,I	-0.03439	-0.00932	1	-0.05972
E,H,J,D,A,G	-0.07014	-0.1751	-0.05972	1

图 9-48　将 E、H、J、D 与 A、G 合并成新类

	C	E,H,J,D,A,G	B,I,F
C	1	-0.07014	-0.03868
E,H,J,D,A,G	-0.07014	1	-0.11741
B,I,F	-0.03868	-0.11741	1

图 9-49　将 B、I 与 F 合并成新类

【结论】根据相关系数法进行分类，最终分为“乐观”“正常”“悲观”3 个类别，结果如表 9-5 所示。

表 9-5　10 项指标分类

分类	类
乐观	C
正常	E、H、J、D、A、G
悲观	B、I、F

图谱分析如图 9-50 所示。

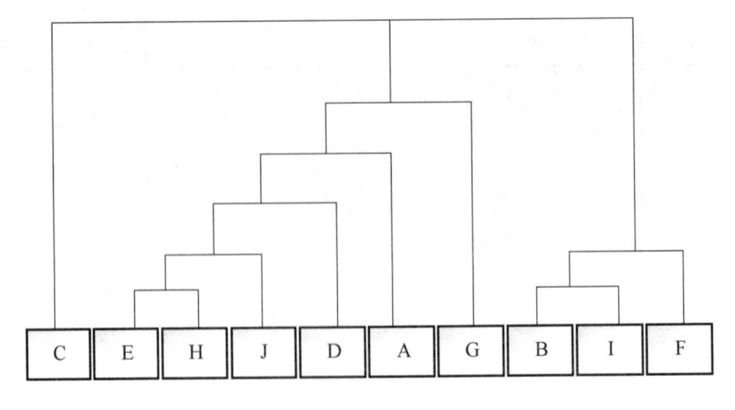

图 9-50　相关系数法分布十项指标分类图谱分析

9.2 判别分析

判别分析又称“分辨法”，是在分类确定的条件下，根据某一研究对象的各种特征值判别其类型归属问题的一种多变量统计分析方法。其基本原理是按照一定的判别准则，建立一个或多个判别函数，用研究对象的大量资料确定判别函数中的待定系数，并计算判别指标，据此即可确定某一样本属于何类。得到一个新的样品数据，要确定该样品属于已知类型中哪一类，这类问题属于判别分析问题。例如，某些昆虫的性别只有通过解剖才能够判别，但雄性和雌性昆虫在若干体表度量上有些综合的差异。人们就根据已知的雌雄昆虫体表度量得到一个标准，并以此标准来判别其他未知性别的昆虫。这样虽非100%准确的判别，但至少大部分是对的，而且用不着杀生。这个过程就是判别分析。

那么本节的判别分析和9.1节的聚类分析有何不同呢？在聚类分析中，人们一般事先并不知道应该分成几类，更别说哪几类了，聚类分析中的分类问题全根据数据确定。但判别分析是在已知对象有若干类型和一批已知样品的观测数据的基础上根据某些准则建立判别式。在判别分析中，至少有一个已经明确知道类别的“训练样本”，利用该样本来建立判别准则，并通过预测变量来为未知类别的观测值进行判别。因此，判别分析中的变量或指标必须确实与分类有关，个体的观测值必须准确，个体的数目必须足够多，实际实验的时候，可以先通过聚类分析以得知分类，然后再根据分类进行判别。

银行为了对贷款进行管理，需要预测哪些类型的客户可能不会按时归还贷款。已知过去几年中700个客户的贷款归还信誉度，据此可以将客户分成两组：可靠客户和不可靠客户。再通过收集客户的一些资料，如年龄、工资收入、教育程度、存款等，将这些资料作为自变量。通过判别分析建立判别函数。那么，如果有新客户提交贷款请求，就可以利用已经创建好的判别函数，对新客户进行判别分析。

判断分析的基本步骤：

(1) 根据研究目的确定研究对象或者研究样本及其所用的指标；

(2) 收集数据，得到训练样本；

(3) 用判别分析方法得到判别函数；

(4) 对该判别函数是否有实用价值进行考核；

(5) 实际应用。

判别函数

$$Y=a_1x_1+a_2x_2+\cdots+a_nx_n$$

其中：Y 为判别分数，即判别值；x_i 为反映研究对象特征的变量；a_i 为系数。

对于分为 m 类的研究对象，建立 m 个判别函数。

关于判别分析的假定：

(1) 预测对象服从正态分布；

(2) 预测对象没有显著的相关性；

(3) 预测对象的平均值和方差不相关；

(4) 预测对象应是连续变量，因变量是间断变量；

(5) 两个预测对象之间的相关性在不同类中是一样的。

判别分析的各阶段必须注意，事前组别类的分类标准(作为判别分析的因变量)要尽可能准确和可靠，否则会影响判别函数的准确性，从而影响判别分析的效果。所分析的自变量应是因变量的重要影响因素，应该挑选既有重要特征又有区别能力的变量，达到以最少变量获得最高辨别能力的目标。

下面介绍判别分析常用的距离判别法。

距离判别法的基本思想：首先根据已知分类的数据分别计算各类的重心(均值)，对任给的一次观测，若它与第 i 类的重心距离最近，则判断它来自第 i 类。

在距离判别法中，主要使用马氏距离。马氏距离是由印度统计学家马哈拉诺比斯提出的，表示数据的协方差距离。

$$d=(x-\mu)'\Sigma^{-1}(x-\mu)$$

马氏距离是一种有效的计算两个未知样本集的相似度的方法，与欧氏距离不同的是马氏距离考虑到各种特性之间的联系。例如，一条关于身高的信息会带来一条关于体重的信息，因为身高和体重是有关联的，这种关联与尺度无关，独立于测量尺度。如果协方差矩阵为单位矩阵，那么马氏距离就简化为欧氏距离，如果协方差矩阵为对角阵，则其也可称为正规化的欧氏距离。

设有两个 p 维类别(总体)π_1、π_2 的均值分别为 μ_1、μ_2，协方差分别为 $\Sigma_1>0$、$\Sigma_2>0$。设 x 是一个待判的 p 维样品，下面根据两种情况判断 x 属于哪一类别的样品。

1. 第一种情况，当 $\boldsymbol{\Sigma_1=\Sigma_2=\Sigma}$ 时的判别

方法 1：先计算 x 与两类别的距离 $d(x,\pi_1)$ 和 $d(x,\pi_2)$，然后根据以下规定进行判别：

$$\begin{cases} x\in\pi_1, & d(x,\pi_1)<d(x,\pi_2) \\ x\in\pi_2, & d(x,\pi_1)>d(x,\pi_2) \\ \text{待定}, & d(x,\pi_1)=d(x,\pi_2) \end{cases}$$

这个判别规则称为最小距离判别，即 x 与哪个类别的距离小，那么 x 就属于哪一类。当 $d(x,\pi_1)=d(x,\pi_2)$ 时，无法判断 x 属于哪一类。

方法 2：令 $W(x)=a'(x-\bar{\mu})$，其中 $\bar{\mu}=(\mu_1+\mu_2)/2$，$a=\Sigma^{-1}(\mu_1-\mu_2)$，然后根据以下规定进行判别：

$$\begin{cases} x\in\pi_1, & W(x)>0 \\ x\in\pi_2, & W(x)<0 \\ \text{待定}, & W(x)=0 \end{cases}$$

方法 2 实际上是方法 1 的变形，这里就不加以证明了。

当 μ_1、μ_2、Σ 未知时，可通过样本来估计：

$$\hat{\mu}_i=\frac{1}{n_i}\sum_{k=1}^{n_i}x_k^{(i)}=\bar{x}^{(i)}$$

$$\hat{\bar{\mu}}=\bar{x}=\frac{1}{2}(\bar{x}^{(1)}+\bar{x}^{(2)})$$

$$\hat{\Sigma}=\frac{1}{n_1+n_2-2}(S_1+S_2)$$

其中，$x_k^{(i)}$ 表示 π_i 的样本，$\bar{x}^{(i)}$ 表示 π_i 的样本均值，$S_i=\sum_{t=1}^{n_i}(x_t^{(i)}-\bar{x}^{(i)})(x_t^{(i)}-\bar{x}^{(i)})'$，$\bar{x}=\frac{1}{2}(\bar{x}^{(1)}+\bar{x}^{(2)})$。

2. 第二种情况，当 $\boldsymbol{\Sigma}_1 \neq \boldsymbol{\Sigma}_2$ 时的判别

方法 1：先计算 $d(x,\pi_1)=[(x-\mu_1)'\Sigma_1^{-1}(x-\mu_1)]^{1/2}$ 和 $d(x,\pi_2)=[(x-\mu_2)'\Sigma_2^{-1}(x-\mu_2)]^{1/2}$，然后根据以下规定进行判别：

$$\begin{cases} x\in\pi_1, & d(x,\pi_1)<d(x,\pi_2) \\ x\in\pi_2, & d(x,\pi_1)>d(x,\pi_2) \\ \text{待定}, & d(x,\pi_1)=d(x,\pi_2) \end{cases}$$

方法 2：若令

$$W(x)=d^2(x-\pi_2)-d^2(x-\pi_1)=(x-\mu_2)'\Sigma_1^{-1}(x-\mu_2)-(x-\mu_1)'\Sigma_1^{-1}(x-\mu_1)$$

那么按照以下规则进行判别：

$$\begin{cases} x\in\pi_1, & W(x)>0 \\ x\in\pi_2, & W(x)<0 \\ \text{待定}, & W(x)=0 \end{cases}$$

因此，我们在进行判别分析之前，必须进行协方差矩阵是否相等的假设检验。

设 $x_1,x_2,\cdots,x_n$ 是来自多元正态总体 $N_p(\mu,\Sigma)$，$n>p$，$\Sigma>0$ 的一个样本，μ 和 Σ 未知，要检验的假设是

$$H_0:\Sigma_1=\Sigma_2, H_1:\Sigma_1\neq\Sigma_2$$

取 $-2\ln\Lambda^*$ 为检验统计量，在 H_0 为真时，极限分布为 $\chi^2(p(p+1)/2)$-分布；对于给定的显著性水平 α，如果

$$-2\ln\Lambda^*\geqslant\chi^2(p(p+1)/2)$$

则拒绝原假设 H_0，否则接受原假设。

这里

$$-2\ln\Lambda^*=(n-1)[\ln|\Sigma_1|-\ln|\Sigma_2|-p+\mathrm{tr}(\Sigma_1^{-1}\Sigma_2)]。$$

例 9.4　假设已知某种动物有肉食和素食两种，现有这两种动物的 10 个样本体内两种物质含量的指标数据，以及它们所属的类别，如图 9-51 所示。要求根据两种物质的含量对 B1、B2 和 B3 三个未知样本进行类别分析。

	A	B	C	D
1	样本类型	样本名称	物质1	物质2
2	肉食	A1	2	136
3		A2	5	145
4		A3	3	157
5		A4	7	162
6		A5	4	123
7	素食	A6	6	119
8		A7	5	128
9		A8	3	143
10		A9	6	151
11		A10	7	174
12	待判别样本	B1	10	183
13		B2	9	169
14		B3	11	154

图 9-51　样本两种物质含量的指标数据表

在例 9.4 中已知肉食动物样本 A1～A5，素食动物样本 A6～A10，待判别样本 B1～B3。

【实验步骤】

1. 判断肉食动物与素食动物协方差是否相等

$$H_0:\Sigma_1=\Sigma_2, H_1:\Sigma_1\neq\Sigma_2$$

(1) 求解平均值矩阵，即求 $(\hat{\mu}_1,\hat{\mu}_2)'$。

平均值矩阵就是分别计算肉食动物和素食动物关于物质 1 和物质 2 的数据平均值，如图 9-52 所示。

- 肉食动物物质 1 的平均值为"=AVERAGE(C2:C6)"；
- 肉食动物物质 2 的平均值为"=AVERAGE(D2:D6)"；
- 素食动物物质 1 的平均值为"=AVERAGE(C7:C11)"；
- 素食动物物质 2 的平均值为"=AVERAGE(D7:D11)"。

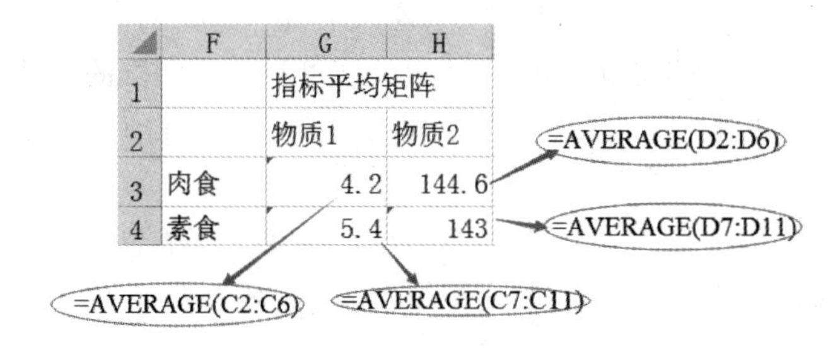

图 9-52 指标平均矩阵

(2) 计算样本协方差矩阵。

① 计算肉食动物协方差 S_1：

如图 9-53 所示，

- 肉食动物物质 1 与物质 1 的协方差为"=COVARIANCE.P(C2:C6,C2:C6)"；
- 肉食动物物质 1 与物质 2 的协方差为"=COVARIANCE.P(C2:C6,D2:D6)"；
- 肉食物质 2 与物质 2 的协方差为"=COVARIANCE.P(D2:D6,D2:D6)"。

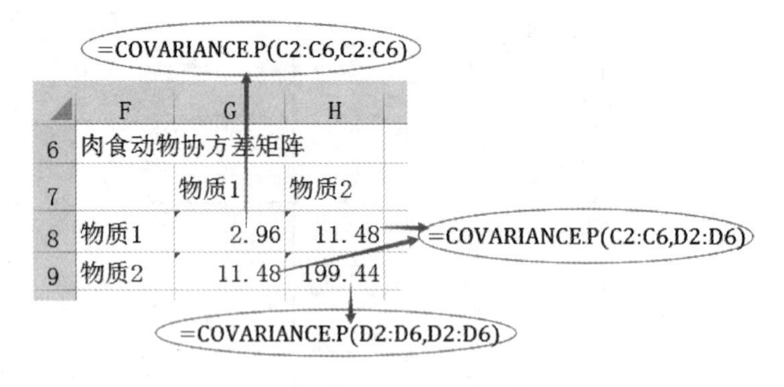

图 9-53 肉食动物协方差矩阵

注意：这里计算协方差使用 COVARIANCE.P 函数。COVARIANCE.P 函数返回总体协方差，即两个数据集中每对数据点的偏差乘积的平均数，利用协方差可以确定两个数据集之间的关系。

COVARIANCE.P 函数语法：

COVARIANCE.P(array1,array2)

COVARIANCE.P 函数语法具有下列参数：

- array1：必需，整数的第一个单元格区域。
- array2：必需，整数的第二个单元格区域。

在 Excel 2007 中，是用 COVAR 函数，现在此函数已被替换为 COVARIANCE.P 函数与 COVARIANCE.S 函数，这些新函数可提供更高的精确度。

② 计算素食动物协方差 S_2：

如图 9-54 所示，

- 素食动物物质 1 与物质 1 的协方差为“＝COVARIANCE.P(C7:C11,C7:C11)”；
- 素食动物物质 1 与物质 2 的协方差为“＝COVARIANCE.P(C7:C11,D7:D11)”；
- 素食物质 2 与物质 2 的协方差为“＝COVARIANCE.P(D7:D11,D7:D11)”。

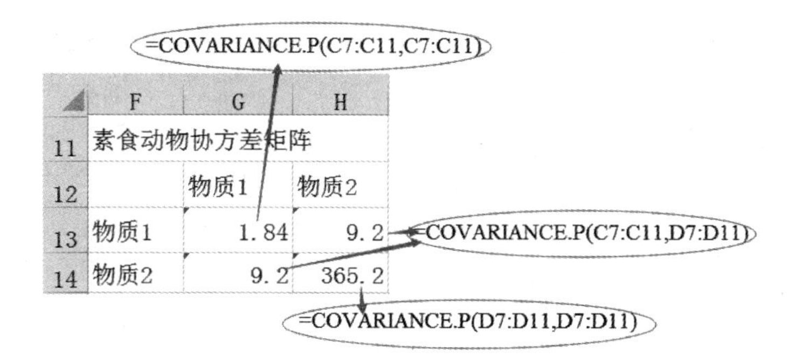

图 9-54　素食动物协方差矩阵

(3) 计算协方差行列式的值及其对应的对数值：

- 计算肉食动物协方差行列式的值为“＝MDETERM(G3:H4)”，及其对应的对数值“＝LN(F12)”。
- 计算素食动物协方差行列式的值为“＝MDETERM(G8:H9)”，及其对应的对数值“＝LN(F14)”，如图 9-55 所示。

	A	B	C	D	E	F	G	H
1	样本类型	样本名称	物质1	物质2		肉食动物协方差矩阵		
2	肉食	A1	2	136			物质1	物质2
3		A2	5	145		物质1	2.96	11.48
4		A3	3	157		物质2	11.48	199.44
5		A4	7	162				
6		A5	4	123		素食动物协方差矩阵		
7	素食	A6	6	119			物质1	物质2
8		A7	5	128		物质1	1.84	9.2
9		A8	3	143		物质2	9.2	365.2
10		A9	6	151				
11		A10	7	174		肉食动物矩阵的值	对数值	
12	待判别样本	B1	10	183		458.552		6.128074
13		B2	9	169		矩阵的值	对数值	
14		B3	11	154		587.328		6.375583

=MDETERM(G3:H4)　=LN(F12)　=LN(F14)　=MDETERM(G8:H9)

图 9-55　计算矩阵的值及其对数值

(4) 计算肉食动物协方差的逆矩阵。

① 选中 K3:L4 区域，如图 9-56 所示。

	F	G	H	I	J	K	L
1	肉食动物协方差矩阵				肉食动物协方差的逆矩阵		
2		物质1	物质2			物质1	物质2
3	物质1	2.96	11.48		物质1		
4	物质2	11.48	199.44		物质2		
5							
6	素食动物协方差矩阵				素食动物协方差的逆矩阵		
7		物质1	物质2			物质1	物质2
8	物质1	1.84	9.2		物质1		
9	物质2	9.2	365.2		物质2		

图 9-56　选中求逆矩阵区域

② 在反白单元格 K3 中输入"＝MINVERSE(G3∶H4)"，如图 9-57 所示。

G3　　=MINVERSE(G3:H4)

	F	G	H	I	J	K	L
1	肉食动物协方差矩阵				肉食动物协方差的逆矩阵		
2		物质1	物质2			物质1	物质2
3	物质1	2.96	11.48		物质1	=MINVERSE(G3:H4)	
4	物质2	11.48	199.44		物质2		
5							
6	素食动物协方差矩阵				素食动物协方差的逆矩阵		
7		物质1	物质2			物质1	物质2
8	物质1	1.84	9.2		物质1		
9	物质2	9.2	365.2		物质2		
10							

图 9-57　MINVERSE 函数

注意：这里不能直接按"Enter"键，必须按组合键"Ctrl＋Shift＋Enter"，结果如图 9-58 所示。

K3　　{=MINVERSE(G3:H4)}

	F	G	H	I	J	K	L
1	肉食动物协方差矩阵				肉食动物协方差的逆矩阵		
2		物质1	物质2			物质1	物质2
3	物质1	2.96	11.48		物质1	0.434934	-0.02504
4	物质2	11.48	199.44		物质2	-0.02504	0.006455
5							
6	素食动物协方差矩阵				素食动物协方差的逆矩阵		
7		物质1	物质2			物质1	物质2
8	物质1	1.84	9.2		物质1		
9	物质2	9.2	365.2		物质2		

图 9-58　按组合键显示结果

(5) 计算素食动物协方差的逆矩阵。

选中 K8∶L9 区域，在反白单元格 K8 中输入"＝MINVERSE(G8∶H9)"，按组合键"Ctrl＋Shift＋Enter"，结果如图 9-59 所示。

(6) 计算肉食动物协方差与素食动物协方差逆矩阵的乘积，即 $\Sigma_1^{-1} \cdot \Sigma_2$。

选中 J12∶K13 区域，在反白单元格 J12 中输入＝"MMULT(K3∶L4，G8∶H9)"，按组合键"Ctrl＋Shift＋Enter"，结果如图 9-60 所示。

K8　{=MINVERSE(G8:H9)}

	F	G	H	I	J	K	L
1	肉食动物协方差矩阵				肉食动物协方差的逆矩阵		
2		物质1	物质2			物质1	物质2
3	物质1	2.96	11.48		物质1	0.434934	-0.02504
4	物质2	11.48	199.44		物质2	-0.02504	0.006455
5							
6	素食动物协方差矩阵				素食动物协方差的逆矩阵		
7		物质1	物质2			物质1	物质2
8	物质1	1.84	9.2		物质1	0.621799	-0.01566
9	物质2	9.2	365.2		物质2	-0.01566	0.003133

图 9-59　计算素食动物协方差逆矩阵

J12　{=MMULT(K3:L4,G8:H9)}

	J	K	L	M
1	肉食动物协方差的逆矩阵			
2		物质1	物质2	
3	物质1	0.434934	-0.02504	
4	物质2	-0.02504	0.006455	
5				
6	素食动物协方差的逆矩阵			
7		物质1	物质2	
8	物质1	0.621799	-0.01566	
9	物质2	-0.01566	0.003133	
10				
11	肉食动物协方差与素食动物协方差逆矩阵的乘积			
12	0.569954	-5.14151		
13	0.013322	2.127078		

图 9-60　求 $\Sigma_1^{-1}\cdot\Sigma_2$

矩阵的迹为“＝J12＋K13”，结果为 2.697 0，如图 9-61 所示。

M13　=J12+K13

	J	K	L	M
11	肉食动物协方差与素食动物协方差逆矩阵的乘积			
12	0.569954	-5.14151		秩
13	0.013322	2.127078		2.697032

图 9-61　求矩阵的迹

(7) 计算判断函数“＝(5-1)＊(H12-H14-2＋M13)”，结果为 1.798。

函数解析：

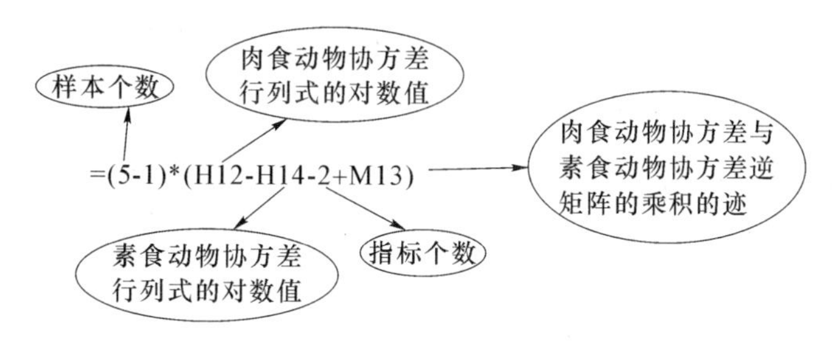

(8) 计算 $\chi^2_{1-0.05}(p(p+1)/2)$ 的值“=CHISQ.INV(0.95,2*(2+1)/2)”,结果为7.815,如图 9-62 所示。

=(5-1)*(H12-H14-2+M13)

	H	I	J	K	L	M	N	O	P
11	对数值		肉食动物协方差与素食动物协方差逆矩阵的乘积					判断函数	1.798091
12	6.1281		0.569954116	-5.14151		秩		极限值	7.814728
13	对数值		0.013321935	2.127078		2.697032			
14	6.3756								

=CHISQ.INV(0.95,2*(2+1)/2)

图 9-62　计算边界值

【结论】

因为判断函数的值 1.798<7.815,所以不能拒绝 H_0,即认为肉食动物的协方差矩阵和素食动物的协方差矩阵相等,如图 9-63 所示。

	A	B	C	D	E	F	G	H
1	样本类型	样本名称	物质1	物质2		肉食动物协方差矩阵		
2	肉食	A1	2	136			物质1	物质2
3		A2	5	145		物质1	2.96	11.48
4		A3	3	157		物质2	11.48	199.44
5		A4	7	162				
6		A5	4	123		素食动物协方差矩阵		
7	素食	A6	6	119			物质1	物质2
8		A7	5	128		物质1	1.84	9.2
9		A8	3	143		物质2	9.2	365.2
10		A9	6	151				
11		A10	7	174		肉食动物矩阵的值		对数值
12	待判别样本	B1	10	183		458.552		6.12807
13		B2	9	169		矩阵的值		对数值
14		B3	11	154		587.328		6.37558

	I	J	K	L	M	N	O	P	Q
1		肉食动物协方差的逆矩阵							
2			物质1	物质2					
3		物质1	0.4349343	-0.025035					
4		物质2	-0.025035	0.0064551					
5									
6		素食动物协方差的逆矩阵							
7			物质1	物质2					
8		物质1	0.6217991	-0.015664					
9		物质2	-0.015664	0.0031328					
10									
11		肉食动物协方差与素食动物协方差逆矩阵的乘积					判断函数	1.7980906	
12		0.569954116	-5.141506		秩		极限值	7.8147279	
13		0.013321935	2.1270783		2.6970324				
14							结论	协方差矩阵相等	

图 9-63　判断 $\Sigma_1=\Sigma_2$ 的工作表

2. 在 $\boldsymbol{\Sigma}_1=\boldsymbol{\Sigma}_2=\boldsymbol{\Sigma}$ 的条件下进行判断分析

新建一张工作表,将题设数据复制到新表中。

(1) 估计总体协方差矩阵 $\hat{\Sigma}$,如图 9-64 所示。

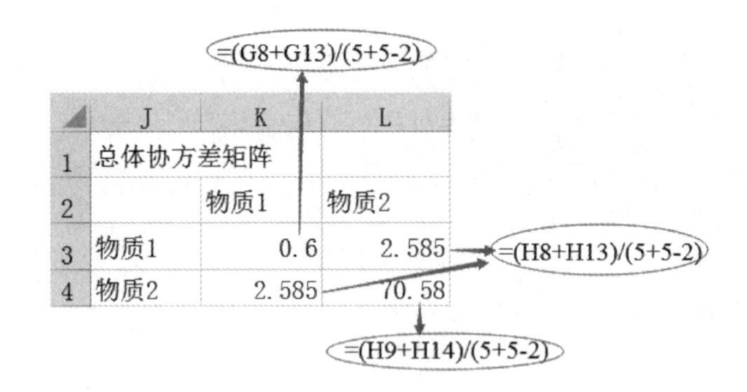

图 9-64　估计总体协方差

(2) 求解总体协方差矩阵的逆矩阵 $\hat{\Sigma}^{-1}$。

① 首先选中 K8:L9 区域,如图 9-65 所示。

	J	K	L
1	总体协方差矩阵		
2		物质1	物质2
3	物质1	0.6	2.585
4	物质2	2.585	70.58
5			
6	总体协方差的逆矩阵		
7		物质1	物质2
8	物质1		
9	物质2		

图 9-65 选中求逆矩阵区域

② 在反白的当前单元格 K8 中输入"＝MINVERSE(K3:L4)",如图 9-66 所示。

	J	K	L
1	总体协方差矩阵		
2		物质1	物质2
3	物质1	0.6	2.585
4	物质2	2.585	70.58
5			
6	总体协方差的逆矩阵		
7		物质1	物质2
8	物质1	=MINVERSE(K3:L4)	
9	物质2		

图 9-66 输入逆矩阵函数公式

注意:这里不能直接按"Enter"键,必须按组合键"Ctrl＋Shift＋Enter",结果如图 9-67 所示。

K8 {=MINVERSE(K3:L4)}

	J	K	L	M
1	总体协方差矩阵			
2		物质1	物质2	
3	物质1	0.6	2.585	
4	物质2	2.585	70.58	
5				
6	总体协方差的逆矩阵			
7		物质1	物质2	
8	物质1	1.978928	-0.07248	
9	物质2	-0.07248	0.016823	

图 9-67 求解逆矩阵

(3) 计算 $a=\Sigma^{-1}(\hat{\mu}_1-\hat{\mu}_2)$,如图 9-68 所示。

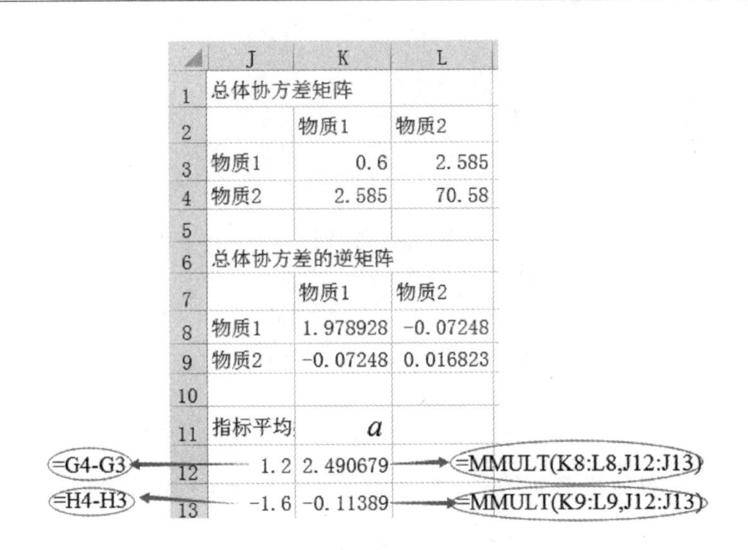

	J	K	L
1	总体协方差矩阵		
2		物质1	物质2
3	物质1	0.6	2.585
4	物质2	2.585	70.58
5			
6	总体协方差的逆矩阵		
7		物质1	物质2
8	物质1	1.978928	-0.07248
9	物质2	-0.07248	0.016823
10			
11	指标平均	a	
12	1.2	2.490679	
13	-1.6	-0.11389	

图 9-68　计算系数 a 的值

（4）计算待判样本矩阵—样本均值矩阵 $x-\bar{\mu}$，如图 9-69 所示。

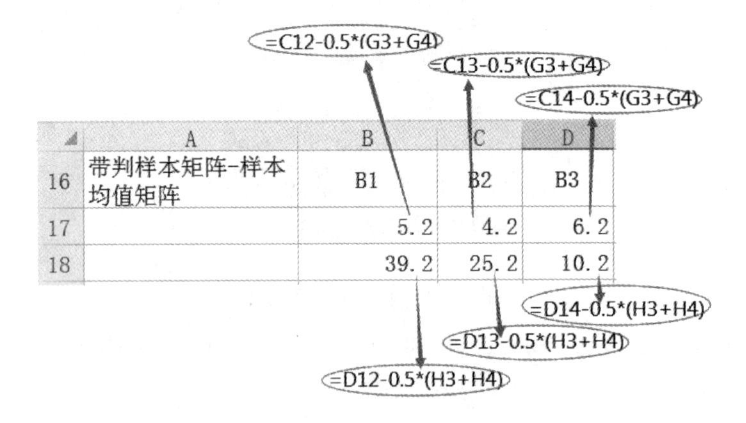

	A	B	C	D
16	带判样本矩阵-样本均值矩阵	B1	B2	B3
17		5.2	4.2	6.2
18		39.2	25.2	10.2

图 9-69　计算样本均值矩阵

（5）判别函数 $W(x)=a'(x-\bar{\mu})$，如图 9-70 所示。

	A	B	C	D
16	带判样本矩阵-样本均值矩阵	B1	B2	B3
17		5.2	4.2	6.2
18		39.2	25.2	10.2
19				
20		B1	B2	B3
21	待判函数W	8.48701591	7.5908	14.281

	K
11	a
12	2.490679
13	-0.11389

=$K$12*B17+$K$13*B18
=$K$12*C17+$K$13*C18
=$K$12*D17+$K$13*D18

图 9-70　求判别函数

【结论】判别函数的值均为正值，所以 B1、B2 和 B3 都属于肉食动物。

图 9-71 所示为判断属于素食或者肉食动物的工作表。

	A	B	C	D	E	F	G	H	I	J	K	L
1	样本类型	样本名称	物质1	物质2			指标平均矩阵					
2		A1	2	136			物质1	物质2				
3		A2	5	145		肉食	4.2	144.6				
4	肉食	A3	3	157		素食	5.4	143				
5		A4	7	162								
6		A5	4	123		肉食动物协方差矩阵				总体协方差的逆矩阵		
7		A6	6	119			物质1	物质2			物质1	物质2
8		A7	5	128		物质1	2.96	11.48		物质1	1.978928	-0.07248
9	素食	A8	3	143		物质2	11.48	199.44		物质2	-0.07248	0.016823
10		A9	6	151								
11		A10	7	174		素食动物协方差矩阵				指标平均	a	
12		B1	10	183			物质1	物质2		1.2	2.490679	2.490679
13	待判别样本	B2	9	169		物质1	1.84	9.2		-1.6	-0.11389	-0.11389
14		B3	11	154		物质2	9.2	365.2				
15												
16	带判样本矩阵-样本均值矩阵	B1	B2	B3								
17		5.2	4.2	6.2								
18		39.2	25.2	10.2								
19												
20		B1	B2	B3								
21	待判函数W	8.48701591	7.5908	14.280525								
22	结论	均为正值，所以都属于肉食动物										

图 9-71　判断属于素食或者肉食动物的工作表

附录　正态总体均值、方差的置信区间与单侧置信限

	待估参数	其他参数	n	枢轴量的分布	置信区间	单侧置信限(上/下)
一个正态总体	μ	σ^2 已知	所有 n	$Z=\dfrac{\bar{X}-\mu}{\sigma/\sqrt{n}}\sim N(0,1)$	$\left(\bar{X}\pm\dfrac{\sigma}{\sqrt{n}}z_{\alpha/2}\right)$	$\bar{\mu}=\bar{X}+\dfrac{\sigma}{\sqrt{n}}z_\alpha,\ \underline{\mu}=\bar{X}-\dfrac{\sigma}{\sqrt{n}}z_\alpha$
		σ^2 未知	$n<30$	$Z=\dfrac{\bar{X}-\mu}{S/\sqrt{n}}\sim t(n-1)$	$\left(\bar{X}\pm\dfrac{S}{\sqrt{n}}t_{\alpha/2}(n-1)\right)$	$\bar{\mu}=\bar{X}+\dfrac{S}{\sqrt{n}}t_\alpha(n-1)$ $\underline{\mu}=\bar{X}-\dfrac{S}{\sqrt{n}}t_\alpha(n-1)$
			$n\geqslant 30$	$Z=\dfrac{\bar{X}-\mu}{S/\sqrt{n}}\sim N(0,1)$	$\left(\bar{X}\pm\dfrac{S}{\sqrt{n}}z_{\alpha/2}\right)$	$\bar{\mu}=\bar{X}+\dfrac{S}{\sqrt{n}}z_\alpha,\ \underline{\mu}=\bar{X}-\dfrac{S}{\sqrt{n}}z_\alpha$
	σ^2	μ 未知	所有 n	$\chi^2=\dfrac{(n-1)S^2}{\sigma^2}\sim\chi^2(n-1)$	$\left(\dfrac{(n-1)S^2}{\chi^2_{\alpha/2}(n-1)},\dfrac{(n-1)S^2}{\chi^2_{1-\alpha/2}(n-1)}\right)$	$\overline{\sigma^2}=\dfrac{(n-1)S^2}{\chi^2_{1-\alpha}(n-1)},\ \underline{\sigma^2}=\dfrac{(n-1)S^2}{\chi^2_\alpha(n-1)}$
两个正态总体	$\mu_1-\mu_2$	σ_1^2、σ_2^2 已知	所有 n	$Z=\dfrac{(\overline{X_1}-\overline{X_2})-(\mu_1-\mu_2)}{\sqrt{\dfrac{\sigma_1^2}{n_1}+\dfrac{\sigma_2^2}{n_2}}}$ $\sim N(0,1)$	$\left((\overline{X_1}-\overline{X_2})\pm z_{\frac{\alpha}{2}}\sqrt{\dfrac{\sigma_1^2}{n_1}+\dfrac{\sigma_2^2}{n_2}}\right)$	$\overline{\mu_1-\mu_2}=(\overline{X_1}-\overline{X_2})+z_\alpha\sqrt{\dfrac{\sigma_1^2}{n_1}+\dfrac{\sigma_2^2}{n_2}}$ $\underline{\mu_1-\mu_2}=(\overline{X_1}-\overline{X_2})-z_\alpha\sqrt{\dfrac{\sigma_1^2}{n_1}+\dfrac{\sigma_2^2}{n_2}}$
	$\mu_1-\mu_2$	$\sigma_1^2=\sigma_2^2$ $=\sigma^2$，未知	所有 n	$Z=\dfrac{(\overline{X_1}-\overline{X_2})-(\mu_1-\mu_2)}{S_w\sqrt{\dfrac{1}{n_1}+\dfrac{1}{n_2}}}$ $\sim t(n_1+n_2-2)$	$\Big((\overline{X_1}-\overline{X_2})$ $\pm t_{\frac{\alpha}{2}}(n_1+n_2-2)S_w\sqrt{\dfrac{1}{n_1}+\dfrac{1}{n_2}}\Big)$	$\overline{\mu_1-\mu_2}=(\overline{X_1}-\overline{X_2})$ $+t_\alpha(n_1+n_2-2)S_w\sqrt{\dfrac{1}{n_1}+\dfrac{1}{n_2}}$ $\underline{\mu_1-\mu_2}=(\overline{X_1}-\overline{X_2})$ $-t_\alpha(n_1+n_2-2)S_w\sqrt{\dfrac{1}{n_1}+\dfrac{1}{n_2}}$
	$\dfrac{\sigma_1^2}{\sigma_2^2}$	μ_1、μ_2 未知	所有 n	$F=\dfrac{S_1^2/\sigma_1^2}{S_2^2/\sigma_2^2}\sim F(n_1-1,n_2-1)$	$\left(\dfrac{S_1^2/S_2^2}{F_{\frac{\alpha}{2}}(n_1-1,n_2-1)},\dfrac{S_1^2/S_S^2}{F_{1-\frac{\alpha}{2}}(n_1-1,n_2-1)}\right)$	$\overline{\dfrac{\sigma_1^2}{\sigma_2^2}}=\dfrac{S_1^2/S_2^2}{F_{1-\alpha}(n_1-1,n_2-1)}$，$\underline{\dfrac{\sigma_1^2}{\sigma_2^2}}=\dfrac{S_1^2/S_2^2}{F_\alpha(n_1-1,n_2-1)}$